实战从入门到精通　人邮云课堂

AutoCAD 2020

中文版 机械设计
实战从入门到精通

龙马高新教育 编著

U0277289

人民邮电出版社

北 京

图书在版编目（CIP）数据

AutoCAD 2020中文版机械设计实战从入门到精通 / 龙马高新教育编著. -- 北京 ：人民邮电出版社，2020.5
ISBN 978-7-115-53182-7

Ⅰ．①A… Ⅱ．①龙… Ⅲ．①机械设计－计算机辅助设计－AutoCAD软件 Ⅳ．①TH122

中国版本图书馆CIP数据核字(2020)第041667号

内 容 提 要

本书以服务零基础读者为宗旨，用实例引导读者学习，深入浅出地介绍了 AutoCAD 2020 中文版机械设计的相关知识和方法。

全书分为 3 篇，共 14 章。第 1 篇【绘图篇】主要介绍机械设计基础知识、AutoCAD 2020 入门、绘制二维图形、编辑二维图形、完善和高效绘图等，第 2 篇【设计篇】主要介绍标准件和常用件、齿轮、链传动和带传动、轴和联轴器、蜗杆蜗轮等，第 3 篇【案例篇】主要介绍阀体绘制、四通管绘制、计算机机箱绘制、齿轮泵装配图绘制等。

本书附赠 30 小时与图书内容同步的视频教程及所有案例的配套素材和结果文件。此外，还赠送了相关内容的视频教程和电子书，便于读者扩展学习。

本书不仅适合 AutoCAD 2020 机械设计的初、中级用户学习使用，而且可以作为各类院校相关专业学生和辅助设计培训班学员的教材或辅导用书。

◆ 编　　著　龙马高新教育
　　责任编辑　李永涛
　　责任印制　马振武

◆ 人民邮电出版社出版发行　　北京市丰台区成寿寺路 11 号
　　邮编　100164　　电子邮件　315@ptpress.com.cn
　　网址　http://www.ptpress.com.cn
　　山东百润本色印刷有限公司印刷

◆ 开本：787×1092　1/16
　　印张：23.5
　　字数：601 千字　　　　　　　　　2020 年 5 月第 1 版
　　印数：1 – 4 000 册　　　　　　　2020 年 5 月山东第 1 次印刷

定价：69.80 元

读者服务热线：(010)81055410　印装质量热线：(010)81055316
反盗版热线：(010)81055315
广告经营许可证：京东工商广登字 20170147 号

计算机是社会进入信息时代的重要标志，掌握丰富的计算机知识、正确熟练地操作计算机，已成为信息时代对每个人的要求。为满足广大读者对计算机辅助设计相关知识的学习需要，我们针对不同学习对象的接受能力，总结多位计算机辅助设计高手、高级设计师及计算机教育专家的经验，精心编写了这套"实战从入门到精通"丛书。

本书特色

◦ 零基础、入门级的讲解

无论读者是否从事辅助设计相关行业，是否了解 AutoCAD 2020 机械设计，都能从本书中找到合适的起点。本书细致的讲解可以帮助读者快速地从新手迈向高手行列。

◦ 精选内容，实用至上

全书内容经过精心选取编排，在贴近实际应用的同时，突出重点、难点，帮助读者深化理解所学知识，触类旁通。

◦ 实例为主，图文并茂

在讲解过程中，每个知识点均配有实例辅助讲解，每个操作步骤均配有对应的插图以加深认识。这种图文并茂的方法能够使读者在学习过程中直观、清晰地看到操作过程和效果，有利于读者理解和掌握。

◦ 高手指导，扩展学习

本书以"疑难解答"的形式为读者提供各种操作难题的解决思路，总结了大量系统且实用的操作方法，以便读者学习到更多内容。

◦ 双栏排版，超大容量

本书采用单双栏排版相结合的形式，大大扩充了信息容量，从而在有限的篇幅中可以为读者奉送更多的知识和实战案例。

◦ 视频教程，互动教学

本书配套的视频教程与书中知识紧密结合并相互补充，可以帮助读者体验实际工作环境，掌握日常所需的知识和技能以及处理各种问题的方法，达到学以致用的目的。

学习资源

◦ 30 小时全程同步视频教程

视频教程涵盖本书所有知识点，详细讲解每个实战案例的操作过程和关键要点，帮助读者轻松地掌握书中的知识和技巧。

◦ 超多、超值资源大放送

随书奉送 AutoCAD 2020 软件安装视频教程、AutoCAD 2020 常用命令速查手册、AutoCAD

2020 快捷键查询手册、AutoCAD 官方认证考试大纲和样题、1200 个 AutoCAD 常用图块集、110 套 AutoCAD 行业图纸、100 套 AutoCAD 设计源文件、3 小时 AutoCAD 建筑设计视频教程、6 小时 AutoCAD 机械设计视频教程、7 小时 AutoCAD 室内装潢设计视频教程、7 小时 3ds Max 视频教程、50 套精选 3ds Max 设计源文件、5 小时 Photoshop CC 视频教程等超值资源，以方便读者扩展学习。

视频教程学习方法

为了方便读者学习，本书提供了视频教程的二维码。读者使用手机上的微信、QQ 等聊天工具的"扫一扫"功能扫描二维码，即可通过手机观看视频教程。

扩展学习资源下载方法

读者可以使用微信扫描封底二维码，关注"职场研究社"公众号，发送"53182"后，将获得资源下载链接和提取码。将下载链接复制到任何浏览器中并访问下载页面，即可通过提取码下载本书的扩展学习资源。

创作团队

本书由龙马高新教育编著，参与本书编写、资料整理、多媒体开发及程序调试的人员有孔万里、周奎奎、张任、张田田、尚梦娟、李彩红、尹宗都、王果、陈小杰、左琨、邓艳丽、崔姝怡、侯蕾、左花苹、刘锦源、普宁、王常吉、师鸣若、钟宏伟、陈川、刘子威、徐永俊、朱涛和张允等。

在编写过程中，我们竭尽所能地将优秀的讲解呈现给读者，但也难免有疏漏和不妥之处，敬请广大读者不吝指正。若读者在阅读本书过程中产生疑问或有任何建议，均可发送电子邮件至 liyongtao@ptpress.com.cn。

龙马高新教育
2020 年 3 月

目录

第3篇 案例篇

赠送资源

● 赠送资源 1　AutoCAD 2020 软件安装视频教程
● 赠送资源 2　AutoCAD 2020 常用命令速查手册
● 赠送资源 3　AutoCAD 2020 快捷键查询手册
● 赠送资源 4　AutoCAD 官方认证考试大纲和样题
● 赠送资源 5　1200 个 AutoCAD 常用图块集
● 赠送资源 6　110 套 AutoCAD 行业图纸
● 赠送资源 7　100 套 AutoCAD 设计源文件
● 赠送资源 8　3 小时 AutoCAD 建筑设计视频教程
● 赠送资源 9　6 小时 AutoCAD 机械设计视频教程
● 赠送资源 10　7 小时 AutoCAD 室内装潢设计视频教程
● 赠送资源 11　7 小时 3ds Max 视频教程
● 赠送资源 12　50 套精选 3ds Max 设计源文件
● 赠送资源 13　5 小时 Photoshop CC 视频教程

第1篇
绘图篇

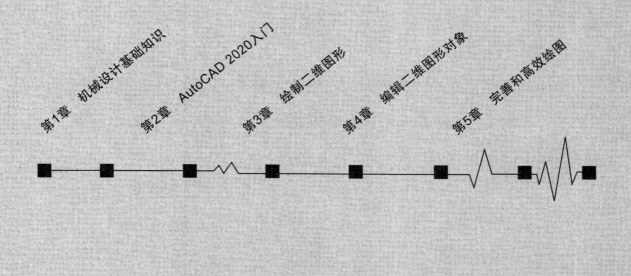

第1章　机械设计基础知识

第2章　AutoCAD 2020入门

第3章　绘制二维图形

第4章　编辑二维图形对象

第5章　完善和高效绘图

第 **1** 章

机械设计基础知识

学习目标

　　机械设计是机械工程的重要组成部分，也是决定机械性能的最主要的因素。机械设计是在各种限定条件的情况下进行构思、分析和计算，并将其转化为具体的描述以作为制造依据的工作过程，另外还需要综合考虑制造及实际使用过程中的各种问题，以达到更加优化的设计。

学习效果

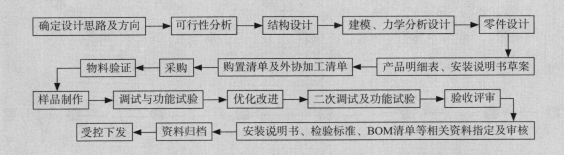

1.1 机械设计的分类

下面分别从开发型设计、适应型设计、变型设计三个方面对机械设计的分类进行介绍。

1. 开发型设计

开发型设计通常需要根据新的原理方案，使机器的工作原理发生根本性的变化，在设计中需要引入新构思、新技术，以新的物理效应代替旧的物理效应。

开发型设计要求比较高，在产品的工作原理、主体结构、所实现的功能中，至少有一项是首创的才可以认定为开发型设计，整个设计过程周期长，投资大。

随着社会的飞速发展，对机械设计的要求也会越来越高，创新已成为经济发展的抓手。从科技角度来讲，机械工业能否得到良好的创新和发展，对整个工业和社会的发展都有着举足轻重的意义和影响。为了满足社会需求，开发型设计必须朝着更高端的目标前进。作为机械设计人员，需要在平时的生活和学习中不断积累素材，对工作中的各种现象不断提出自己的质疑和见解，不放过任何一个创造性的观点，才会更容易产生开发型设计创意。

2. 适应型设计

适应型设计不需要提出新的原理，在总体方案基本保持不变的情况下，对已有产品进行局部更改，以增强产品的功能性和实用性，所需要的设计周期短，投资较小。适应型设计具有一定的创新性，同时又不需要进行功能原理设计，因而很好地综合了变型设计和开发型设计的优点，具有很大的灵活性和设计潜力。

3. 变型设计

变型设计一般不更改原有的整体设计原理和基本结构特征，通过修改参数或调整局部以变更产品的结构配置和尺寸，以实现高效率、高质量、低成本地生产新产品。为了满足市场的不断变化，快速响应市场需求，变型设计是一种使产品快速实现利益最大化的有效方式。

在变型设计中，设计者主要应该考虑已有产品的弱势，采用某些新成果或新材料对产品的功能和质量进行完善，使产品拥有更大的市场竞争力。

1.2 机械设计的流程

机械设计的基本流程如下图所示。

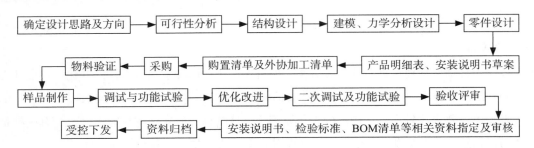

机械设计基本流程中各项的含义如下。

（1）确定设计思路及方向。

根据客户要求对产品进行剖解分析，确定设计思路及方向，汇总结果并填写评审表。

（2）可行性分析。

搜集与产品相关的厂家、图片及其他有关信息，进行资料的汇总与对比，充分考虑产品在设计过程中可能会出现的技术难题、安全隐患等内容，做出解决问题的可行性方案，对产品进行初步的成本核算之后召开评审会并上报上级领导。

（3）结构设计。

对通过可行性分析的产品进行工作原理、核心计算、绘制结构草图等工作，并召开评审会、填写结构评审表。

（4）建模、力学分析设计。

用相关软件为产品建立主要模型，进行力学分析，以此达到预期效果，并召开评审会、填写评审表。

（5）零件设计。

对产品进行零件设计，绘制出相应的加工图纸，并对图纸进行审核。

（6）产品明细表、安装说明书草案。

在总装图上填写产品明细表，并根据总装图拟写安装说明书草案。

（7）购置清单及外协加工清单。

填写产品购置清单，对于需要外协加工的零件，需要填写外协加工清单，并附上已批准的图纸。

（8）采购。

把需要购买的产品以及需要外协加工的零部件交付采购部门，由采购部门进行处理。

（9）物料验证。

由设计人员、品保人员、采购人员对购买的物品进行物料验证，对于有质量问题或结构设计不符合要求的产品及时记录，填写检验报告，并由采购部门及时进行调整。

（10）样品制作。

安装人员根据设计图纸进行安装，设计人员、品保人员给予技术支持，并对此过程中出现的问题及时解决。

（11）调试与功能试验。

对已安装成功的样品进行调试，记录重要参数，填写试验报告，对重要问题进行汇总。

（12）优化改进。

针对安装调试过程中出现的问题进行优化改进，使产品更加完善。

（13）二次调试及功能试验。

为使产品性能更加稳定，对产品进行二次调试及功能试验，记录重要参数并填写实验报告。

（14）验收评审。

申请公司对产品进行组织验收，并填写评审表。

（15）安装说明书、检验标准、BOM清单等相关资料指定及审核。

对安装说明书、检验标准、BOM清单等相关资料进行审核，以达到完善资料的目的。

（16）资料归档。

将完整的安装说明书、清单、试验报告、评审报告等资料进行归档。

（17）受控下发。

公司相关部门对产品及相关文件进行受控下发。

1.3 机械设计阶段简介

制造过程中对机器质量的要求，本质上是实现设计时对机器质量的规定，所以机器的设计阶段对机器的好坏起着关键性的作用。

机械设计过程是一个创造性的过程，需要将成功的经验与创新完美地结合起来，才能设计出高品质的机器。下面对机械设计各阶段进行介绍。

1. 计划阶段

计划阶段是预备阶段，应根据生产或生活的需要对所要设计的新机器进行充分的调查研究和分析。通过分析，进一步明确机器所应具有的功能，并为以后的决策提出由环境、经济、加工以及时限等各方面所确定的约束条件。在此基础上，明确地写出设计任务的全面要求及细节，最后形成设计任务书，作为本阶段的总结。设计任务书一般包括机器的功能、经济性及环保性的估计、制造要求方面的大致估计、基本使用要求以及完成设计任务的预计期限等。在计划阶段，对上述要求及条件通常只会给出一个合理的范围，而不是准确的数字。

2. 方案设计阶段

针对同一要求，可以拟定多种执行方案，在众多方案中，技术上可行的可能只有几个，对这几个可行的方案，要从技术方面和经济及环保等方面进行综合评价。另外，还必须对机器的可靠性进行分析，把可靠性作为一项评价的指标。

对机器的功能进行分析，包括对设计任务书提出的机器功能中必须达到的要求及希望达到的要求进行综合分析，即这些功能是否可以实现、多项功能间有无矛盾、相互间能否替代等。最后确定功能参数，作为进一步设计的依据。在这一过程中，要恰当处理需要与可能、理想与现实、发展目标与当前目标等之间可能产生的矛盾问题。确定问题后，即可提出可能的解决办法，即可能采用的方案。寻求方案时，可按原动部分、传动部分及执行部分分别进行讨论。需要注意的是，工作原理不同，所设计出来的机器会截然不同。特别应当强调的是，必须不断地研究和发展新的工作原理，这是设计技术发展的重要途径。

环境保护也是设计中必须认真考虑的重要方面。对环境造成不良影响的技术方案，必须详细地进行分析，并提出技术上成熟的解决办法。

3．技术设计阶段

技术设计阶段的目标是产生总装配草图及部件装配草图。通过草图设计确定各部件之间的连接，零、部件的外形及基本尺寸。最后绘制零件的工作图、部件装配图和总装图。

为了确定主要零件的基本尺寸，必须进行以下工作：

（1）机器的运动学设计。根据确定的结构方案，确定原动件的参数，进行运动学计算，从而确定各运动构件的运动参数。

（2）机器的动力学计算。结合各部分的结构及运动参数，计算各主要零件所受载荷的大小及特性。由于零件尚未设计出来，因而此时求出的载荷只是作用于零件上的公称（或名义）载荷。

（3）零件的工作能力设计。已知主要零件所受的公称载荷的大小和特性，即可进行零、部件的初步设计。设计所依据的工作能力准则，需参照零、部件的工作特性、环境条件等因素合理地拟定，一般有强度、刚度、振动稳定性、寿命等准则。通过计算或类比，即可决定零、部件的基本尺寸。

（4）部件装配草图及总装配草图的设计。根据已定出的主要零、部件的基本尺寸，设计出部件装配草图及总装配草图。草图上需对所有零件的外形及尺寸进行结构化设计。在此过程中，需要协调各零件的结构及尺寸，全面考虑所设计的零、部件的结构工艺性，使全部零件具有最合理的构造。

（5）主要零件的校核。有一些零件，在前期具体结构未定的情况下，难以进行详细的工作能力计算，所以只能进行初步计算及设计。在绘出部件装配草图及总装配草图以后，所有零件的结构及尺寸均为已知，相互联接的零件之间的关系也为已知。这种情况下便可以较为精确地定出作用在零件上的载荷，决定影响零件工作能力的各个细节因素。同时根据校核的结果，反复修改零件的结构及尺寸，直到满意为止。

在技术设计的各个步骤中，需要使用优化设计技术，使结构参数的选择达到最佳能力。对于少数非常重要、结构复杂且价格昂贵的零件，在必要时还需要用模型试验方法来进行设计，即按初步设计的图纸制造出模型，通过试验，找出结构上的薄弱部位或多余的截面尺寸，据此进行加强或减小来修改原设计，最后达到完善的程度。机械可靠性理论用于技术设计阶段，可以按可靠性的观点对所设计的零、部件结构及其参数作出是否满足可靠性要求的评价，提出改进设计的建议，从而进一步提高机器的设计质量。

草图设计完成以后，即可根据草图中已确定的零件基本尺寸设计零件的工作图。此时，仍有大量的零件结构细节要加以推敲和确定。设计工作图时，要充分考虑到零件的加工和装配工艺性、零件在加工过程中和加工完成后的检验要求和实施方法等。需要注重细节，例如部分零件的工作能力有不可忽略的负面影响时，还需要返回去重新校核其工作能力。最后绘制出除标准件以外的全部零件的工作图。

按最后定型的零件工作图上的结构及尺寸，重新绘制部件装配图及总装配图。通过这一工作，可以检查出零件工作图中可能隐藏的尺寸和结构上的错误。

4．技术文件编制阶段

技术文件的种类较多，常用的有机器的设计计算说明书、使用说明书、标准件明细表等。

（1）编制设计计算说明书时，应包括方案选择及技术设计的全部结论性内容。

（2）编制供用户使用的机器使用说明书时，应向用户介绍机器的性能参数范围、使用操作方法、日常保养及简单的维修方法、备用件的目录等。

（3）其他技术文件，如检验合格单、外购件明细表、验收条件等，视需要与否另行编制。

1.4 机械设计的约束条件

机械的设计具有众多的约束条件，机械设计的过程就是在满足各种约束的前提下，寻求最佳解决方案。下面分别从标准化准则、技术性能准则、安全性准则、可靠性准则等几个方面对机械设计的约束条件进行介绍。

1. 标准化准则

对于已发布的与机械零件设计有关的标准，从运用范围上来讲，可以分为国家标准、行业标准和企业标准三个等级。从使用强制性来说，可分为必须执行的和推荐使用的两种。在机械设计全过程中的所有行为，基本都要满足下述标准化的要求。

（1）概念标准化：设计过程中所涉及的名词术语、计量单位、符号等都应符合标准。

（2）方法标准化：操作方法、测量方法、试验方法等都应按相关规定实施。

（3）实物形态标准化：原材料、零部件、设备等的结构形式、尺寸、性能等，都应按统一的规定执行。

2. 技术性能准则

技术性能包括产品功能、制造和运行状况在内的一切性能，既指静态性能，也指动态性能。

（1）技术性能准则是指相关的技术性能必须达到规定的要求。

（2）振动性稳定准则是指限制机械系统或零件的相关振动参数。

（3）热特性准则是指限制各种相关的热参数在规定范围内。

3. 安全性准则

机械设计的安全性准则通常包含以下内容。

（1）零件安全性：指在规定外载荷和规定时间内零件不发生过度变形、过度磨损、断裂和不丧失稳定性等。

（2）整机安全性：指机器在规定条件下能正常实现总功能的要求。

（3）环境安全性：指对机器周围的人和环境不造成危害。

（4）工作安全性：主要指保证操作人员人身安全等。

4. 可靠性准则

可靠性准则是指所设计的产品或零部件在规定的使用条件下、在预期的寿命内应能满足规定的可靠性要求。下面分别从预防故障设计、简化设计、降额设计及余度设计几个方面进行介绍。

（1）预防故障设计。

要提高机械设计整机可靠性，首先应注重零部件的严格选择和控制，例如优先选用标准件、通用件和经过分析验证的可靠零部件，对外购件要严格按标准执行。

充分运用故障分析成果并采用成熟和经分析试验验证后的方案。

（2）简化设计。

越简单越可靠是可靠性设计的一个基本原则，在满足预定功能的前提下，机械设计构造应尽量简单、零部件数量应尽量少。值得注意的是，不能因为单纯地追求可靠性，过度减少机器零部件，致使其他零部件执行超常功能或在高应力的条件下工作，这将使简化设计达不到提高可靠性的目的。

（3）降额设计。

降额设计是使零部件的使用应力低于其额定应力的一种设计方法，大多数机械零件在低于额定承载应力条件下工作时，故障率会降低，可靠性会提高。降额设计可以通过降低零件承受的应力或提高零件的强度来实现。为了找到最佳的降额值，需要进行大量的实验研究，当机械零部件的载荷应力以及承受这些应力的具体零部件的强度在某一范围内呈不确定分布时，可以采用提高平均强度、降低平均应力、减少应力变化、减少强度变化等方法来提高可靠性，对于涉及安全的重要零部件，可以采用极限设计方法，以保证其在最恶劣的极限状态下也不会发生故障。

（4）余度设计。

余度设计是对完成规定的功能设置重复的结构、备件等，防止局部功能失效时，整机或系统不至于丧失规定功能。当机器某一部分可靠性要求很高，当前技术无法完全满足时，采用余度设计便是一种非常好的设计方法。需要注意的是，余度设计往往会使整机的体积、重量、费用均相应增加，在设计时应充分考虑到这一点。

1.5 机械设计的发展前景

 下面分别从设计理念、智能化发展、系统化发展、模块化发展、环保化发展、高精度高效化发展等几个方面对机械设计的发展前景进行介绍。

1. 设计理念

现代智能化机械设计主要涉及数学、计算机、力学等知识，遵循科学的物理与逻辑关系，从总体设计的思维方式入手，对各个设计环节进行推理与分析，并不断优化，最终完成最佳设计方案。在进行智能化机械设计时，需要结合先进的科学技术、推陈出新，设计出具有高性能、人性化的智能化机械。

2. 智能化发展

智能化是现代智能化机械设计理念的主要特点，在机械中植入可模拟人脑的智能化机器，实现人机交互，提升机械的思维能力，使机械更好地帮助人类进行工作。在智能化机械的帮助下，人们的工作能够更加完善，对于部分数据也可以进行更加详细的推理与判断，将知识、图像、数据等进行详细的数字化处理，可以使智能化机械更好地适应市场需求。

3. 系统化发展

系统化发展既要考虑到产品本身因素，还要考虑到产品、系统、环境等方面的影响，真正做到人、机械、环境等多关系互相协调。在机械中需要将机械与环境的物质流、能量流等考虑到设计环节中，实现各类信息的互动。在机械设计前期环节中，可以将机械生命周期及各阶段的性能进行考虑与设计，这种系统化的设计特点可以使人提前发现机械所存在的部分缺陷，从而减少机械故障所发生的频率。此外，系统化发展还体现在设计过程中多学科理论方面。在现代社会大环境下，机械设计已经演变成一门综合学科，包括现代设计、可靠性设计、计算机设计等，这样可以更加有效避免设计的随意性、盲目性，大幅提升设计的科学性、有效性。

4. 模块化发展

模块化发展可以使机械设计及其发展应用满足不同行业及不同产品的发展需求，在机械设计与研发过程中，要保障生产规模与产品设计标准化同时进行。将机械设计分为不同的模块进行设计，不仅可以保障设计过程的有序性与准确性，而且可以有效减少浪费，提升生产效率，为机械设计的创新提供有利条件。

5. 环保化发展

环保是生态文明建设的重要体现，对经济的长远发展意义重大。环保化发展，需要机械相关设计在当前环境下，追求经济发展的同时，更要注重保护环境，将环境因素融入到设计中，构建环境保护与机械设计的协调发展。

6. 高精度高效化发展

机械化设计中纳米技术的应用已十分广泛，除了为现代机械化设计提供了良好的基础以外，这也预示着机械设计需要更加趋向高精度化发展。此外，在现代社会中，机械通常会应用到自动化行业中，因此对高效化机械具有很大需求。高效化的发展趋势将为智能化机械的可持续发展提供保障。

1.6　现代机械设计方法

机械设计是机械产品生产的依据，设计质量的高低直接影响机械产品的性能和经济效果。传统的机械设计方法是以实践经验为基础，依据传统理论公式，运用数表、图形、手册等技术资料进行产品设计。现代设计则是用科学的设计方法代替经验的、类比的设计方法，缩短了设计周期，提高了设计质量，设计理论更加先进，同时对设计技术及方法进行了有效改进。下面对常见的现代机械设计方法进行介绍。

1. 计算机辅助设计软件系统

下面分别从系统软件、支撑软件、数据库管理系统软件三个方面对计算机辅助设计软件系统进行介绍。

（1）系统软件。

系统软件与硬件和操作系统密切相关，用于对系统资源的管理、对输入和输出设备的控制等。

（2）支撑软件。

支撑软件是系统软件基础上开发的满足用户共同需要的通用软件或工具软件，主要用于实现绘图、工程设计计算和分析等功能。

（3）数据库管理系统软件。

数据库管理软件常用于商业和事务管理，适用于CAD工程数据库的管理系统必须是管理量大、类型及关系复杂的数据，并且信息模式是动态的。

2. 优化设计

机械优化设计是机械设计理论与优化数学、电子计算机相互结合而形成的一种现代设计方法，是优化技术在机械设计领域的移植和应用。优化设计是根据机械设计的理论方法和标准规范等建立起来的，反映工程设计问题和符合数学规划要求的数学模型，可以采用数学规划方法和计算机计算技术自动找出设计问题的最优方案。

3. 有限元设计

有限元设计是利用数学近似的方法对真实物理系统进行模拟，可以用有限数量的未知量去逼近无限未知量的真实系统，可在工程设计中进行复杂结构的静态和动力分析，并准确地计算出形状复杂零件的应力分布和变形，是复杂零件强度和刚度计算的有效分析工具。

4. 仿真与虚拟设计

计算机仿真技术是在不同条件下对模型进行动态运行试验的一门综合性技术；虚拟技术则是以计算机支持的仿真技术为基础，在产品设计阶段，实时模拟产品开发全过程及其对产品设计的影响，预测产品性能、产品的可制造性、产品的可拆卸性、产品的可维护性、产品制造成本等，提高产品设计成功率的同时还可以极大地缩短产品开发周期。

5. 模糊设计

模糊设计是将模糊数学知识应用到机械中的一种设计方法。机械产品的开发在各阶段经常会遇到各种模糊问题，例如机械零部件设计中，零件的安全系数通常从保守观点出发，在其允许的范围内存在很大的模糊区间。虽然模糊问题的性质、特点等不完全相同，但所采取的模糊分析方法是相似的，可以将各因素对设计结果的影响进行全面定量的分析，得出综合的数量化指标作为设计的依据。

6. 工程数据处理方法

在机械设计过程中，经常需要查阅一些手册和文献资料，以获取有关的计算公式和大量数据。例如零部件的标准和规范、材料的机械性能等，在传统的设计方法中，主要依靠设计人员手工查询，需要耗费极大的人力和时间。鉴于计算机具有大量存储与迅速检索的功能，可以快速、精确、无遗漏地处理各种数据文件，在现代设计方法中，通常会将设计所需要的公式、大量数据、文件等预先存入计算机，以便设计时由计算机按照设计的需要自动检索，依靠计算机完成大量繁琐的工作，使设计师可以有更多的时间和精力从事创造性设计。机械设计过程中对于常用的数据表格和其他文件通常会将其转化为程序、文件或数据结构，以方便设计过程中更容易调取。

疑难解答

1. 新手该如何快速掌握机械设计

机械设计虽然总体来说比较复杂，但对于机械设计的学习技巧还是有迹可循的，新手学习机械设计应该注意以下几点。

（1）熟悉掌握零件图包含的内容

零件图是表示零件结构、大小及技术要求的图样，是工程施工的重要依据，更是工程师之间相互沟通的重要介质。一幅完整的零件图至少由图形、尺寸、技术要求、标题栏等组成。

① 图形。

运用各种相关视图表达清楚零件的内、外结构形状。

② 尺寸。

用来确定零件各部分的大小和位置关系，应明确标注出加工完成和检验零件是否合格所需要的全部尺寸。每个零件都有长、宽、高三个方向的尺寸，每个方向上都应该有一个主要基准，进行尺寸标注时，设计要求和工艺要求应综合考虑，可以参考下面的几点标注原则。

a.一般尺寸应依据工艺基准进行标注。

b.主要尺寸应依据设计基准进行标注。

c.不重要的尺寸作为尺寸链的封闭环，可以不标注。

d.毛坯面与加工面应分别标注。

③ 技术要求。

技术要求主要由指定的符号或代号及文字进行表示，主要包含零件的材料及毛坯要求、表面粗糙度要求、尺寸公差、形状和位置公差、热处理、涂镀、喷漆、检测、验收、包装等要求。

④ 标题栏。

需要按照国家标准以固定形式和尺寸绘制，用来说明零件的名称、数量、材质、编号、日期、比例、设计人员、审核人员等。

（2）识图方法

① 根据标题栏内容了解零件的名称、材质、重量、画图比例等。

② 分析视图，重点读取零件的内部、外部形状和结构。可以从基本视图中了解零件内部、外部的大概形状，结合局部视图、斜视图、剖视图等了解零件的局部或斜面形状。另外，也可以根据设计和加工要求，了解零件的结构及作用。

③ 分析尺寸和技术要求，以了解零件各部分的定形、定位尺寸和零件的总体尺寸以及注写尺寸时所用基准。另外，还需要对表面粗糙度、公差等技术要求进行读取。

④ 综合考虑读取的零件结构形状、尺寸标注和技术要求，对零件图进行全面了解。对于复杂的零件图，还需要参考有关的技术资料，例如零部件装配图及其他有关零件图等。

（3）零件结构分析方法

以设计要求和工艺要求作为出发点，对零件不同结构的作用进行分析，可以参考以下几个方面。

① 从设计方面来讲，零件的主要结构在机器中起到的作用为支撑、传动、配合、容纳、连接、安装、定位等。

② 从工艺方面来讲，零件局部结构的设计是为了便于毛坯制造、加工、测量、装配及调整等工作的顺利进行，例如可以将零件设计为圆角、倒角、起模斜度等。

③ 从实用、美观方面来讲，零件需要从美学的角度进行结构设计，不仅要使产品能够正常使用，而且要兼具经济、美观。

2. 机械设计中是否要求的精度越高越好

装配中因为误差大而出现不能装配的情况是需要设计者注意的。这种情况下，假如缩小公差范围，产品的成本从精度方面来讲会大幅上升。另外，由于尺寸链原因，几个符合精度的零件也不一定能正常装配到一起。所以不必过高地追求精度值，可以在尺寸链的某一个环节留出调整位置，用于装配时临时加工，这样就可以达到正常装配的目的。另外，过高的精度值，除了会使零件制造比较麻烦以外，还会增加维护的难度。

实战练习

（1）绘制以下图形，并计算阴影部分的面积。

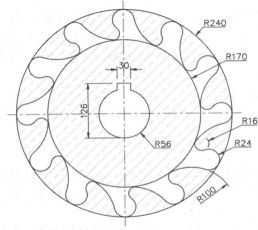

（2）绘制以下图形，并计算阴影部分的面积。

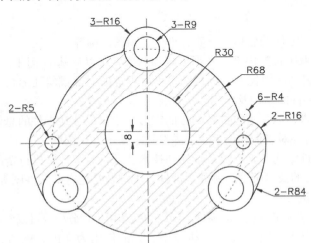

第2章

AutoCAD 2020入门

要学好AutoCAD 2020，需要对AutoCAD 2020的工作界面、文件管理、命令的调用、坐标的输入及基本设置等知识进行详细的了解。

学习效果

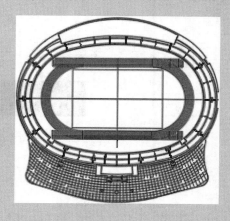

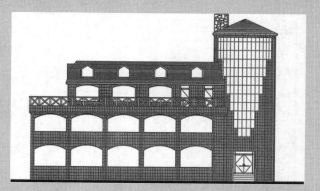

2.1 AutoCAD 2020的工作界面

AutoCAD 2020的界面由应用程序菜单、标题栏、快速访问工具栏、菜单栏、功能区、命令窗口、绘图窗口和状态栏等组成，如下图所示。

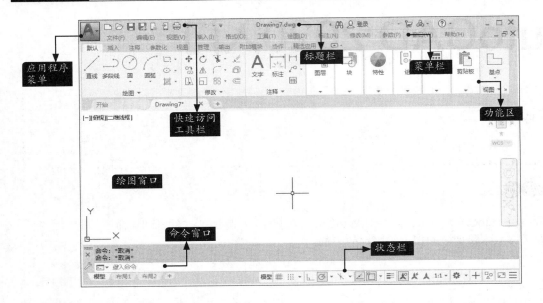

2.1.1 应用程序菜单

在应用程序菜单中，可以搜索命令、访问常用工具并浏览文件。在AutoCAD 2020界面左上方，单击【应用程序】按钮 ，弹出应用程序菜单。

可以在应用程序菜单中快速创建、打开、保存、核查、修复和清除文件，打印或发布图形，还可以单击右下方的【选项】按钮打开【选项】对话框或退出AutoCAD，如下左图所示。

在应用程序菜单上方的搜索框中，输入搜索字段，按【Enter】键确认，下方将显示搜索到的命令，如下右图所示。

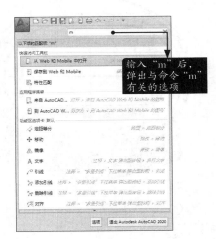

2.1.2 菜单栏

菜单栏默认为隐藏状态，可以将其显示出来，如下左图所示。AutoCAD 2020默认有12个菜单（部分可能会与用户安装的插件有关，如Express），每个菜单选项下都有各类不同的菜单命令，是AutoCAD中最常用的调用命令的方式之一，如下右图所示。

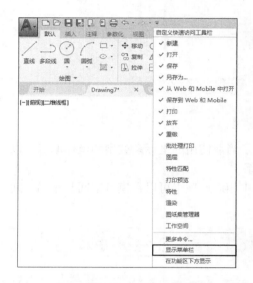 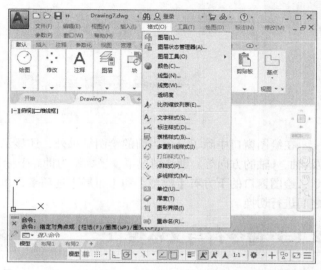

2.1.3 选项卡与面板

AutoCAD 2020根据任务标记将许多面板组织集中到某个选项卡中，面板包含很多工具和控件，如【参数化】选项卡中的【几何】面板如下图所示。

2.1.4 绘图窗口

在AutoCAD中，绘图窗口是绘图的工作区域，所有的绘图结果都反映在这个窗口中，如下图所示。可以根据需要关闭其周围和里面的各个工具栏，以增大绘图空间。如果图纸比较大，需要查看未显示部分时，可以单击窗口右边和下边滚动条上的箭头，或拖动滚动条上的滑块来移动图纸。

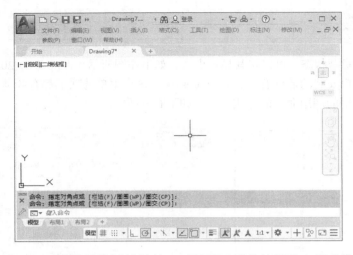

在绘图窗口中除了显示当前的绘图结果外，还显示了当前使用的坐标系类型和坐标原点，以及*x*轴、*y*轴的方向等。默认情况下，坐标系为世界坐标系。

绘图窗口的下方有【模型】和【布局】选项卡，单击相应选项卡可以在模型空间与布局空间之间进行切换。

2.1.5 命令行与文本窗口

【命令行】窗口位于绘图窗口的底部，用于接收输入的命令，并显示AutoCAD提供的信息。在AutoCAD 2020中，【命令行】窗口可以拖放为浮动窗口，如下图所示。处于浮动状态的【命令行】窗口随拖放位置的不同，其标题显示的方向也不同。

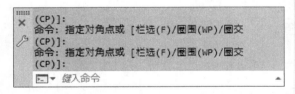

AutoCAD文本窗口是记录AutoCAD命令的窗口，是放大的【命令行】窗口，它记录了已执行的命令，也可以用来输入新命令。在AutoCAD 2020中，可以通过执行【视图】➤【显示】➤【文本窗口】菜单命令，或在命令行中输入"Textscr"命令或按【F2】键打开AutoCAD文本窗口，如右上图所示。

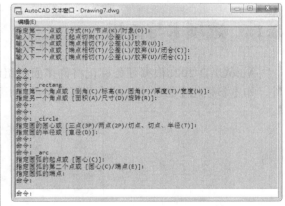

小提示

在AutoCAD 2020中，用户可以根据需要隐藏/打开命令行。隐藏/打开的方法为选择【工具】➤【命令行】命令或按"Ctrl+9"组合键，AutoCAD会弹出【命令行－关闭窗口】对话框，如下图所示。

2.1.6 状态栏

状态栏用来显示AutoCAD当前的状态，如是否使用栅格、是否使用正交模式、是否显示线宽等。状态栏位于AutoCAD界面的底部，如下图所示。

小提示

单击状态栏最右端的自定义按钮"≡"，在弹出的选项菜单上，可以选择显示或关闭状态栏的选项，如下图所示。

2.1.7 坐标系

在AutoCAD中有两个坐标系，一个是WCS（World Coordinate System），即世界坐标系，另一个是UCS（User Coordinate System），即用户坐标系。掌握这两种坐标系的使用方法对于精确绘图是十分重要的。

1. 世界坐标系

启动AutoCAD 2020后，在绘图区的左下角会看到一个坐标，即默认的世界坐标系（WCS），包含x轴和y轴，如下左图所示。如果是在三维空间中则还有一个z轴，并且沿x、y、z轴的方向规定为正方向，如下右图所示。

通常在二维视图中，世界坐标系（WCS）的x轴水平、y轴垂直，原点为x轴和y轴的交点（0，0）。

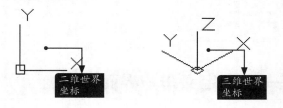

2. 用户坐标系

有时为了更方便地使用AutoCAD进行辅助设计，需要对坐标系的原点和方向进行相关设置和修改，即将世界坐标系更改为用户坐标系。更改为用户坐标系后的x、y、z轴仍然互相垂直，但是其方向和位置可以任意指定，有了很大的灵活性。

单击【工具】➤【新建UCS】➤【三点】。

指定 UCS 的原点或 [面 (F)/ 命名 (NA)/
对象 (OB)/ 上一个 (P)/ 视图 (V)/ 世界 (W)/X/Y/Z/Z 轴 (ZA)] < 世界 >: _3

指定新原点 <0,0,0>:

小提示

【指定UCS的原点】：重新指定UCS的原点以确定新的UCS。

【面】：将UCS与三维实体的选定面对齐。

【命名】：按名称保存、恢复或删除常用的UCS方向。

【对象】：指定一个实体以定义新的坐标系。

【上一个】：恢复上一个UCS。

【视图】：将新的UCS的xy平面设置在与当前视图平行的平面上。

【世界】：将当前的UCS设置成WCS。

【X/Y/Z】：确定当前的UCS绕x、y和z轴中的某一轴旋转一定的角度以形成新的UCS。

【Z轴】：将当前UCS沿z轴的正方向移动一定的距离。

2.1.8 切换工作空间

AutoCAD 2020版本软件包括"草图与注释""三维基础"和"三维建模"3种工作空间类型，用户可以根据需要切换工作空间。切换工作空间通常有以下3种方法。

方法1：单击工作界面右下角的"切换工作空间" ⚙▾ 按钮 ，在弹出的菜单中选择需要的工作空间，如下图所示。

方法2： 在快速访问工具栏中选择相应的工作空间，如下图所示。

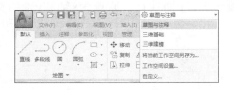

方法3：选择【工具】▶【工作空间】菜单命令，选择需要的工作空间，如下图所示。

小提示

在切换工作空间后，AutoCAD默认会将菜单栏隐藏，单击快速访问工具栏右侧的下拉按钮，弹出下拉列表，在下拉列表中选择"显示菜单栏"选项即可显示或隐藏菜单栏。

2.1.9 实战演练——自定义用户界面

使用自定义用户界面（CUI）编辑器可以创建、编辑或删除命令。还可以将新命令添加到下拉菜单、工具栏和功能区面板，或复制它们以将它们显示在多个位置。自定义用户界面的具体操作步骤如下。

步骤 01 启动AutoCAD 2020并新建一个DWG文件，如下页图所示。

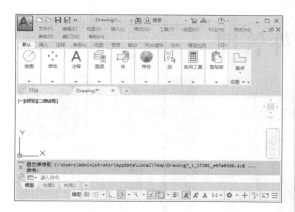

步骤 02 在命令行输入"CUI"并按空格键弹出【自定义用户界面】对话框。

步骤 03 在左侧窗口选中【工作空间】选项并单击右键,在弹出的快捷菜单上选择【新建工作空间】选项。

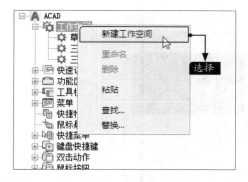

步骤 04 将新建的工作空间命名为【精简界面】,如右上图所示。

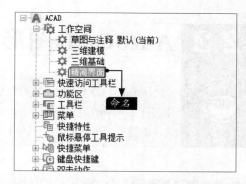

步骤 05 单击【确定】按钮关闭【用户自定义界面】对话框,回到CAD绘图界面后,单击状态栏的【切换工作空间】按钮 ☼ ,在弹出的快捷菜单上可以看到增加了【精简界面】选项。

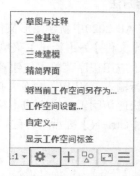

步骤 06 选择【精简界面】选项,切换到精简界面后如下图所示。

━━━ 小提示 ━━━

这里只是介绍了如何自定义用户界面的方法,如果用户希望在创建的工作空间出现菜单栏、工具栏等,需要继续自定义这些功能才可以。

用户如果对创建的自定义界面不满意,可以在用户自定义界面选中创建的内容,单击右键,在弹出的快捷菜单中选择删除或替换。

2.2 AutoCAD图形文件管理

在AutoCAD中，图形文件管理一般包括创建新文件、打开图形文件、保存文件、关闭图形文件及将文件输出为其他格式等。以下分别介绍各种图形文件的管理操作。

2.2.1 新建图形文件

下面对在AutoCAD 2020中新建图形文件的方法进行介绍。

1. 命令调用方法

在AutoCAD 2020中新建图形文件的方法通常有以下5种。

- 选择【文件】➤【新建】菜单命令。
- 单击【应用程序菜单】按钮，然后选择【新建】➤【图形】菜单命令。
- 命令行输入"NEW"命令并按空格键。
- 单击快速访问工具栏中的【新建】按钮。
- 使用【Ctrl+N】键盘组合键。

2. 命令提示

调用新建图形命令之后系统会弹出【选择样板】对话框，如下图所示。

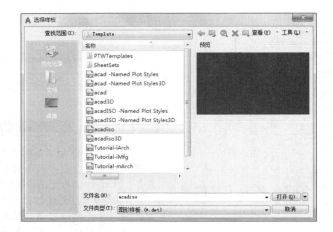

3. 知识扩展

在【选择样板】对话框中选择对应的样板后（初学者一般选择样板文件acadiso.dwt即可），单击【打开】按钮，就会以对应的样板为模板建立新的图形文件。

2.2.2 实战演练——以"acadiso.dwt"为样板创建图形文件

下面以"acadiso.dwt"为样板创建图形文件，具体操作步骤如下。

步骤 01 启动AutoCAD 2020，选择【文件】➤【新建】菜单命令，系统弹出【选择样板】对话框，选择"acadiso"样板，文件名后缀为.dwt，如下图所示。

步骤 02 单击【打开】按钮完成操作，所创建的图形文件界面如下图所示。

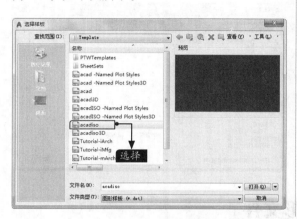

2.2.3 打开图形文件

下面对在AutoCAD 2020中打开图形文件的方法进行介绍。

1. 命令调用方法

在AutoCAD 2020中打开图形文件的方法通常有以下5种。

- 选择【文件】➤【打开】菜单命令。
- 单击【应用程序菜单】按钮![A]，然后选择【打开】➤【图形】菜单命令。
- 命令行输入"OPEN"命令并按空格键。
- 单击快速访问工具栏中的【打开】按钮![打开]。
- 使用【Ctrl+O】键盘组合键。

2. 命令提示

调用打开图形命令之后系统会弹出【选择文件】对话框，如下图所示。

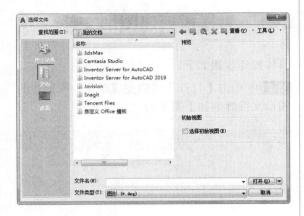

3. 知识扩展

选择要打开的图形文件，单击【打开】按钮即可打开该图形文件。

另外，利用【打开】命令可以打开和加载局部图形，包括特定视图和图层中的几何图形。在【选择文件】对话框中单击【打开】旁边的箭头，可以选择【局部打开】或【以只读方式局部打开】，如下图所示。

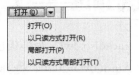

选择【局部打开】选项，将显示【局部打开】对话框，如下图所示。

2.2.4 实战演练——打开多个图形文件

下面在AutoCAD 2020中同时打开多个机械图形文件，具体操作步骤如下。

步骤 01 启动AutoCAD 2020，选择【文件】➤【打开】菜单命令，弹出【选择文件】对话框，如下图所示。

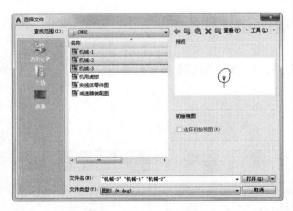

步骤 02 按住【Ctrl】键的同时在【选择文件】对话框中分别选择"机械-1""机械-2""机械-3"文件，单击【打开】按钮完成操作，如下图所示。

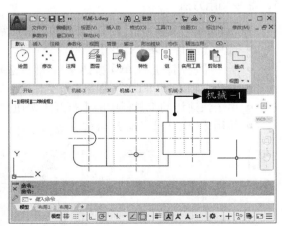

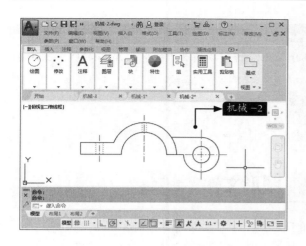
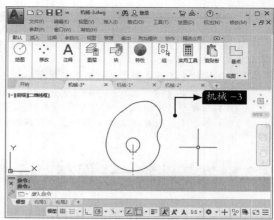

2.2.5 保存图形文件

下面对在AutoCAD 2020中保存图形文件的方法进行介绍。

1. 命令调用方法

在AutoCAD 2020中保存图形文件的方法通常有以下5种。

- 选择【文件】➤【保存】菜单命令。
- 单击【应用程序菜单】按钮，然后选择【保存】菜单命令。
- 命令行输入"QSAVE"命令并按空格键。
- 单击快速访问工具栏中的【保存】按钮。
- 使用【Ctrl+S】键盘组合键。

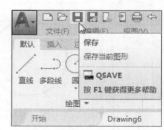

2. 命令提示

在图形第一次被保存时会弹出【图形另存为】对话框，如右图所示，需要用户确定文件的保存位置及文件名。如果图形已经保存过，只是在原有图形基础上重新对图形进行保存，则直接保存而不弹出【图形另存为】对话框。

小提示

　　如果需要将已经命名的图形以新名称进行保存时，可以执行【另存为】命令。AutoCAD 2020调用【另存为】命令的方法有以下4种。
　　（1）选择【文件】➤【另存为】菜单命令。
　　（2）单击快速访问工具栏中的【另存为】按钮 。
　　（3）在命令行中输入"SAVEAS"命令并按空格键确认。
　　（4）单击【应用程序菜单】按钮 ，然后选择【另存为】命令。

2.2.6　实战演练——保存"扳手"图形文件

　　下面对扳手图形进行保存，具体操作步骤如下。

步骤 01 打开"素材\CH02\扳手.dwg"文件，如下图所示。

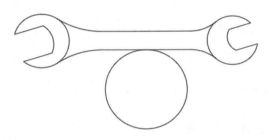

步骤 02 在绘图区域中将光标移至下图所示的圆形上面。

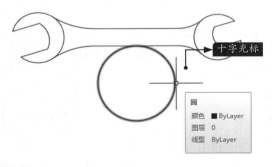

步骤 03 单击圆形，将该圆形选中，如右上图所示。

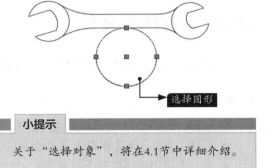

选择圆形

小提示

　　关于"选择对象"，将在4.1节中详细介绍。

步骤 04 按【Delete】键将所选圆形删除，结果如下图所示。

小提示

　　关于"删除"命令，将在4.5节中详细介绍。

步骤 05 选择【文件】➤【保存】菜单命令，完成保存操作。

2.2.7　关闭图形文件

　　下面对在AutoCAD 2020中关闭图形文件的方法进行介绍。

1. 命令调用方法

　　在AutoCAD 2020中调用【关闭】命令的方法通常有以下4种。
　　● 选择【文件】➤【关闭】菜单命令。
　　● 单击【应用程序菜单】按钮 ，然后选择【关闭】➤【当前图形】菜单命令。

- 命令行输入 "CLOSE" 命令并按空格键。
- 在绘图窗口中单击【关闭】按钮。

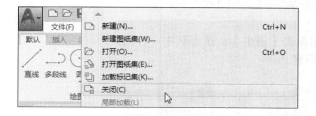

2. 命令提示

在绘图窗口中单击【关闭】按钮，弹出【AutoCAD】提示窗口，如下图所示。

3. 知识扩展

在【AutoCAD】提示窗口中，单击【是】按钮，AutoCAD会保存改动后的图形并关闭该图形；单击【否】按钮，将不保存图形并关闭该图形；单击【取消】按钮，将放弃当前操作。

2.2.8 实战演练——关闭"螺母"图形文件

下面对螺母图形进行查看，查看完成后可以将该文件关闭，具体操作步骤如下。

步骤 01 打开 "素材\CH02\螺母.dwg" 文件，如
下图所示。

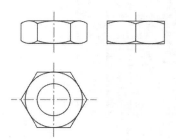

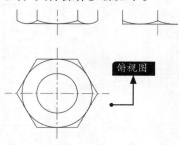

步骤 02 滚动鼠标滚轮，将螺母俯视图部分放大
查看，如右图所示。

步骤 03 在绘图窗口中单击【关闭】按钮，然
后在系统弹出的【AutoCAD】提示窗口中单击
【否】按钮，完成操作。

2.2.9 将文件输出保存为其他格式

AutoCAD中的文件除了可以保存为".dwg"文件外，还可以通过【输出】命令保存为其他格式。

1. 命令调用方法

在AutoCAD 2020中调用【输出】命令的方法通常有以下3种。

- 选择【文件】➤【输出】菜单命令。
- 单击【应用程序菜单】按钮 ，然后单击【输出】，选择其中一种格式。
- 命令行输入"EXPORT"命令并按空格键。

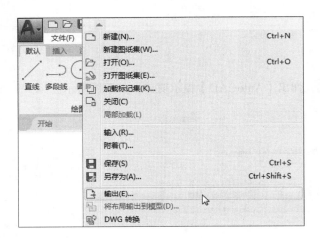 

2. 命令提示

单击【应用程序菜单】按钮 ➤【输出】，选择其中的任意一种输出格式，弹出【另存为】对话框，指定保存路径和文件名即可。

3. 知识扩展

可以使用的输出类型如表2-1所列。

表2-1 可以使用的输出类型

格式	说明	相关命令
三维 DWF (*.dwf)，3D DWFx (*.dwfx)	Autodesk Web 图形格式	3DDWF
ACIS (*.sat)	ACIS 实体对象文件	ACISOUT
位图 (*.bmp)	与设备无关的位图文件	BMPOUT
块 (*.dwg)	图形文件	WBLOCK
DXX 提取 (*.dxx)	属性提取 DXF文件	ATTEXT
封装的 PS (*.eps)	封装的 PostScript 文件	PSOUT
IGES (*.iges; *.igs)	IGES 文件	IGESEXPORT
FBX 文件 (*.fbx)	Autodesk FBX 文件	FBXEXPORT
平版印刷 (*.stl)	实体对象光固化快速成型文件	STLOUT
图元文件 (*.wmf)	Microsoft Windows图元文件	WMFOUT
V7 DGN (*.dgn)	MicroStation DGN 文件	DGNEXPORT
V8 DGN (*.dgn)	MicroStation DGN 文件	DGNEXPORT

2.2.10 实战演练——将文件输出保存为"PDF"格式

下面利用输出功能将DWG文件输出保存为PDF格式，具体操作步骤如下。

步骤 01 打开"素材\CH02\格式转换.dwg"文件，如下图所示。

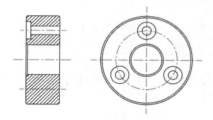

步骤 02 单击【应用程序菜单】按钮 ，然后选择【输出】▶【PDF】选项，系统弹出【另存为PDF】对话框，如右图所示。

步骤 03 指定当前文件的保存路径及名称，然后单击【保存】按钮完成操作。

2.3 命令的调用方法

通常命令的基本调用方法可分为通过菜单栏调用、通过功能区选项板调用、通过工具栏调用、通过命令行调用4种。前三种的调用方法基本相同，找到相应按钮或选项后单击即可。利用命令行调用命令则需要在命令行输入相应指令，并配合空格（或Enter）键执行。本节具体讲解AutoCAD 2020中命令的调用、退出、重复执行以及透明命令的使用方法。

2.3.1 输入命令

在命令行中输入命令即输入相关图形的指令，如直线的指令为"LINE"（或L）、圆弧的指令为"ARC"（或A）等。输入完相应指令后按【Enter】键或空格键即可对指令进行执行操作。如表2-2所列提供了部分较为常用的图形指令及其缩写，供读者参考。

表2-2 部分常用图形指令及其缩写

命令全名	简写	对应操作	命令全名	简写	对应操作
POINT	PO	绘制点	LINE	L	绘制直线
XLINE	XL	绘制射线	PLINE	PL	绘制多段线
MLINE	ML	绘制多线	SPLINE	SPL	绘制样条曲线
POLYGON	POL	绘制正多边形	RECTANGLE	REC	绘制矩形
CIRCLE	C	绘制圆	ARC	A	绘制圆弧
DONUT	DO	绘制圆环	ELLIPSE	EL	绘制椭圆
REGION	REG	面域	MTEXT	MT/T	多行文本
BLOCK	B	块定义	INSERT	I	插入块
WBLOCK	W	定义块文件	DIVIDE	DIV	定数等分
BHATCH	H	填充	COPY	CO/CP	复制
MIRROR	MI	镜像	ARRAY	AR	阵列
OFFSET	O	偏移	ROTATE	RO	旋转
MOVE	M	移动	EXPLODE	X	分解
TRIM	TR	修剪	EXTEND	EX	延伸
STRETCH	S	拉伸	SCALE	SC	比例缩放
BREAK	BR	打断	CHAMFER	CHA	倒角
PEDIT	PE	编辑多段线	DDEDIT	ED	修改文本
PAN	P	平移	ZOOM	Z	视图缩放

2.3.2 命令行提示

不论采用哪一种方法调用CAD命令，最终的结果都是相同的。下面以执行构造线命令为例进行详细介绍。

1. 菜单调用方法

在AutoCAD 2020中采用菜单栏的方式调用【构造线】命令的方法如下。

选择【绘图】➤【构造线】菜单命令。

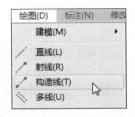

采用菜单栏的方式调用【构造线】命令后，命令行会进行如下提示。

```
命令：_xline
指定点或 [ 水平 (H)/ 垂直 (V)/ 角度 (A)/
二等分 (B)/ 偏移 (O)]：
```

> **小提示**
>
> 命令行提示指定构造线中点，并附有相应选项"水平(H)/垂直(V)/角度(A)/二等分(B)/偏移(O)"。指定相应坐标点即可指定构造线中点。在命令行中输入相应选项代码如"角度"选项代码"A"后，按【Enter】键确认，即可执行角度设置。

2. 按钮调用方法

在AutoCAD 2020中采用单击按钮的方式调用【构造线】命令的方法如下。

单击【默认】选项卡➤【绘图】面板➤【构造线】按钮。

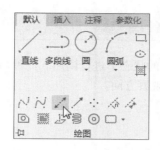

采用单击按钮的方式调用【构造线】命令后，命令行会进行如下提示。

命令：_xline
指定点或 [水平 (H)/ 垂直 (V)/ 角度 (A)/ 二等分 (B)/ 偏移 (O)]：

3. 命令行调用方法

在AutoCAD 2020中采用命令行输入缩写指令的方式调用【构造线】命令的方法如下。

命令行输入 "XL" 命令并按空格键。

采用命令行输入缩写指令的方式调用【构造线】命令后，命令行会进行如下提示。

命令：XL
XLINE
指定点或 [水平 (H)/ 垂直 (V)/ 角度 (A)/ 二等分 (B)/ 偏移 (O)]：

2.3.3 退出命令执行状态

退出命令通常分为两种情况，一种是命令执行完成后退出命令，另外一种是调用命令后不执行（即直接退出命令）。对于第一种情况，可通过按空格键、【Enter】键或【Esc】键来完成退出命令操作；对于第二种情况，通常通过按【Esc】键来完成。用户须根据实际情况选择命令退出方式。

2.3.4 重复执行命令

如果重复执行的是刚结束的上一个命令，直接按【Enter】键或空格键即可完成此操作。

单击鼠标右键，通过【重复】或【最近输入的】选项可以重复执行最近执行的命令，如下左图所示。此外，单击命令行【最近使用命令】的下拉按钮，在弹出的快捷菜单中也可以选择最近执行的命令。

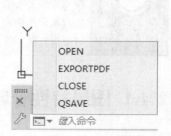

2.3.5　透明命令

对于透明命令，可以在不中断其他当前正在执行的命令的状态下进行调用。此种命令可以极大地方便用户的操作，尤其体现在对当前所绘制图形的即时观察方面。

1. 命令调用方法

在AutoCAD 2020中执行透明命令的方法通常有以下3种。
- 选择相应的菜单命令。
- 单击工具栏相应按钮。
- 通过命令行。

2. 知识扩展

为了便于操作管理，AutoCAD将许多命令赋予了透明的功能。部分透明命令如表2-3所列，用户可参考使用。需要注意的是，所有透明命令前面都带有符号"'"。

表2-3　部分透明命令

透明命令	对应操作	透明命令	对应操作	透明命令	对应操作
' Color	设置当前对象颜色	' Dist	查询距离	' Layer	管理图层
' Linetype	设置当前对象线型	' ID	点坐标	' PAN	实时平移
' Lweight	设置当前对象线宽	' Time	时间查询	' Redraw	重画
' Style	文字样式	' Status	状态查询	' Redrawall	全部重画
' Dimstyle	样注样式	' Setvar	设置变量	' Zoom	缩放
' Ddptype	点样式	' Textscr	文本窗口	' Units	单位控制
' Base	基点设置	' Thickness	厚度	' Limits	模型空间界限
' Adcenter	CAD设计中心	' Matchprop	特性匹配	' Help或' ?	CAD帮助
' Adcclose	CAD设计中心关闭	' Filter	过滤器	' About	关于CAD
' Script	执行脚本	' Cal	计算器	' Osnap	对象捕捉
' Attdisp	属性显示	' Dsettlngs	草图设置	' Plinewid	多段线变量设置
' Snapang	十字光标角度	' Textsize	文字高度	' Cursorsize	十字光标大小
' Filletrad	倒圆角半径	' Osmode	对象捕捉模式	' Clayer	设置当前层

2.4　图层

图层相当于重叠的透明图纸，每幅图纸上面的图形都具备自己的颜色、线宽、线型等特性。将所有图纸上面的图形绘制完成后，可以根据需要对其进行相应的隐藏或显示，从而得到最终的图形需求结果。为方便对AutoCAD对象进行统一管理和修改，用户可以把类型相同或相似的对象指定给同一图层。

2.4.1　图层特性管理器

图层特性管理器可以显示图形中的图层列表及其特性，可以添加、删除和重命名图层，还可以更改图层特性、设置布局视口的特性替代或添加说明等。

1. 命令调用方法

在AutoCAD 2020中打开图层特性管理器的方法通常有以下3种。

- 选择【格式】➤【图层】菜单命令。
- 命令行输入"LAYER/LA"命令并按空格键。
- 单击【默认】选项卡➤【图层】面板➤【图层特性】按钮 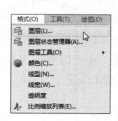。

2. 命令提示

调用图层命令之后，系统会弹出【图层特性管理器】对话框，如下图所示。

3. 知识扩展

【图层特性管理器】对话框中各选项的含义如下。

- 【新建图层】按钮 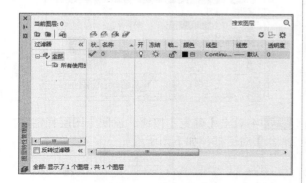：单击该按钮，AutoCAD会自动创建一个名称为"图层1"的图层，如右上图所示。

根据工作需要，可以在一个工程文件中创建多个图层，每个图层都可以控制相同属性的对象。新图层将继承图层列表中当前选定图层的特性，例如颜色或开关状态等。

- 【颜色】按钮■：单击该按钮，系统会弹出【选择颜色】对话框，如下图所示。

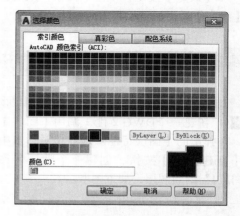

AutoCAD系统中提供了256种颜色。在设置图层的颜色时，一般会采用红色、黄色、绿色、青色、蓝色、紫色以及白色7种标准颜色。这7种颜色区别较大又有名称，便于识别和调用。

- 【线型】按钮：单击该按钮，系统会弹出【选择线型】对话框，如下图所示。

在【选择线型】对话框中单击【加载】按钮，系统会弹出【加载或重载线型】对话框，如下页图所示。

AutoCAD提供了实线、虚线及点划线等45种线型，默认的线型为"Continuous（连续）"。

● 【线宽】按钮：单击该按钮，系统会弹出【线宽】对话框，如右图所示。

AutoCAD中有20多种线宽可供选择，其中TrueType字体、光栅图像、点和实体填充（二维实体）无法显示线宽。

2.4.2 实战演练——新建"中心线"图层

下面利用【图层特性管理器】对话框新建"中心线"图层，具体操作步骤如下。

步骤01 新建一个DWG文件，调用【图层】命令，在弹出的【图层特性管理器】对话框中单击【新建图层】按钮，创建一个默认名称为"图层1"的新图层，如下图所示。

步骤02 将"图层1"的名称更改为"中心线"，结果如下图所示。

步骤03 单击"中心线"图层的【颜色】按钮■，在弹出的【选择颜色】对话框中选择"红"，如右上图所示。

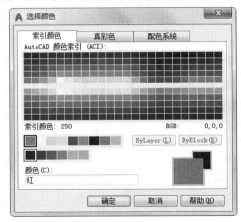

步骤04 单击【确定】按钮，返回【图层特性管理器】对话框，如下图所示。

步骤05 单击"中心线"图层的【线型】按钮，在弹出的【选择线型】对话框中单击【加载】按钮，弹出【加载或重载线型】对话框，选择"CENTER"，如下图所示。

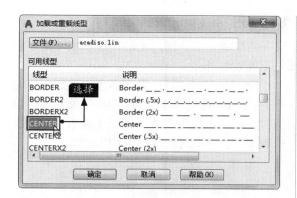

步骤06 单击【确定】按钮，返回【选择线型】对话框，选择刚才加载的线型"CENTER"，如下图所示。

步骤08 单击"中心线"图层的【线宽】按钮，在弹出的【线宽】对话框中选择"0.13mm"，如下图所示。

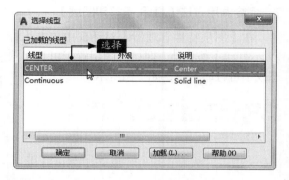

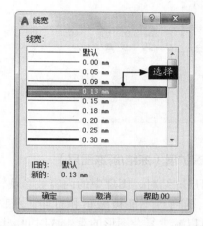

步骤07 单击【确定】按钮，返回【图层特性管理器】对话框，如右上图所示。

步骤09 单击【确定】按钮，返回【图层特性管理器】对话框，结果如下图所示。

2.4.3 更改图层的控制状态

图层可通过图层状态进行控制，以便于对图形进行管理和编辑。图层状态的控制是在【图层特性管理器】对话框中进行的。

1. 命令调用方法（打开/关闭图层）

在【图层特性管理器】对话框中单击【开/关】按钮 💡，即可将图层打开或关闭，如下图所示。

2. 知识扩展（打开/关闭图层）

通过将图层打开或关闭，可以控制图形的显示或隐藏。图层处于关闭状态时，图层中的内容将被隐藏且无法编辑和打印。

3. 命令调用方法（冻结/解冻图层）

在【图层特性管理器】对话框中单击【冻结/解冻】按钮☼，即可将图层冻结或解冻，如下图所示。

4. 知识扩展（冻结/解冻图层）

图层冻结时，图层中的内容被隐藏，且该图层上的内容不能被编辑和打印。将图层冻结，可以减少复杂图形的重生成时间。图层冻结时将以灰色的雪花图标显示，图层解冻时将以明亮的太阳图标显示。

5. 命令调用方法（锁定/解锁图层）

在【图层特性管理器】对话框中单击【锁定/解锁】按钮🔓，即可将图层锁定或解锁，如下图所示。

6. 知识扩展（锁定/解锁图层）

图层锁定后，图层上的内容依然可见，但是不能被编辑。

除了在【图层特性管理器】中控制图层的打开/关闭、冻结/解冻、锁定/解锁外，还可以通过【默认】选项卡➤【图层】面板中的图层选项来控制图层的状态，如下图所示。

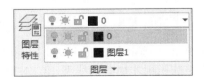

7. 命令调用方法（打印/不打印图层）

在【图层特性管理器】对话框中单击【打印/不打印】按钮🖶，即可将图层置于可打印状态或不可打印状态，如下图所示。

8. 知识扩展（打印/不打印图层）

图层的不打印设置只对图形中可见的图层（即图层是打开并且解冻的）有效。若图层设置为打印但该层是冻结或关闭的，则AutoCAD将不打印该图层。

2.4.4 实战演练——更改"机用虎钳"图层状态

下面利用【图层特性管理器】对话框编辑机用虎钳图形，具体操作步骤如下。

步骤01 打开"素材\CH02\机用虎钳.dwg"文件，如下图所示。

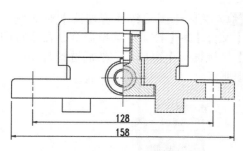

技 术 要 求
1.铸件不得有气孔、裂纹等缺陷；
2.未注圆角为R3。

步骤 02 调用【图层】命令，在弹出的【图层特性管理器】对话框中单击"标注"图层的【开/关】按钮，如下图所示。

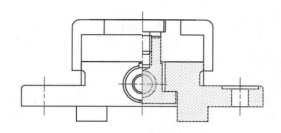

步骤 03 关闭【图层特性管理器】对话框，结果如下图所示。

技 术 要 求
1.铸件不得有气孔、裂纹等缺陷；
2.未注圆角为R3。

步骤 04 调用【图层】命令，在弹出的【图层特性管理器】对话框中单击"剖面线"图层的【冻结/解冻】按钮，如右上图所示。

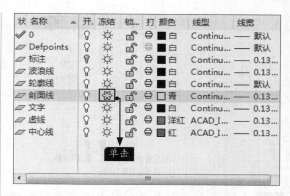

步骤 05 关闭【图层特性管理器】对话框，结果如下图所示。

技 术 要 求
1.铸件不得有气孔、裂纹等缺陷；
2.未注圆角为R3。

步骤 06 调用【图层】命令，在弹出的【图层特性管理器】对话框中单击"中心线"图层的【锁定/解锁】按钮，如下图所示。

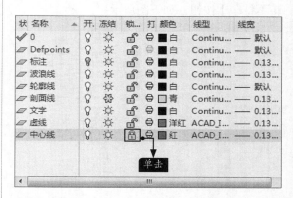

步骤 07 关闭【图层特性管理器】对话框，在绘图区域将十字光标放置到中心线图形上面，结果如下图所示。

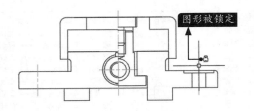

技 术 要 求
1.铸件不得有气孔、裂纹等缺陷;
2.未注圆角为R3。

步骤 08 调用【移动】命令,将绘图区域的所有对象全部作为需要移动的对象,命令行提示如下。

命令:_move
选择对象:找到 101 个
8 个在锁定的图层上。

中心线图形不可以移动,其他图形可以移动,结果如下图所示。

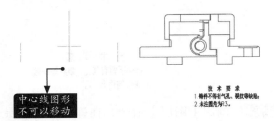

步骤 09 调用【图层】命令,在弹出的【图层特性管理器】对话框中单击"文字"图层的【打印/不打印】按钮,如下图所示。

步骤 10 关闭【图层特性管理器】对话框,选择【文件】➤【打印】菜单命令,在【打印范围】区域选择【窗口】,然后选择打印区域如下图所示。

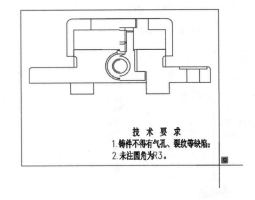

技 术 要 求
1.铸件不得有气孔、裂纹等缺陷;
2.未注圆角为R3。

步骤 11 打印结果如下图所示。

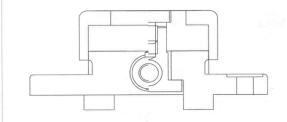

2.4.5 管理图层

对图层进行有效管理,不仅可以提高绘图效率,保证绘图质量,而且可以及时将无用图层删除,节约磁盘空间。

1. 命令调用方法(删除图层)

在【图层特性管理器】对话框中选择相应图层,然后单击【删除图层】按钮 ,即可将相应图层删除，如下图所示。

2. 知识扩展（删除图层）

系统默认的图层"0"、包含图形对象的图层、当前图层以及使用外部参照的图层，是不能被删除的。

3. 命令调用方法（改变图形对象所在图层）

在绘图区域选择相应图形对象后，单击【默认】选项卡➤【图层】面板中的图层选项选择相应图层，即可将该图形对象放置到相应图层上面。

4. 知识扩展（改变图形对象所在图层）

对于相对简单的图形而言，可以先绘制图形对象，然后利用该方法将图形对象分别放置到不同的图层上面。

5. 命令调用方法（切换当前图层）

在AutoCAD 2020中切换当前图层的方法通常有以下3种。

● 利用【图层特性管理器】对话框切换当前图层。

● 利用【图层】选项卡切换当前图层。

● 利用【图层工具】菜单命令切换当前图层。

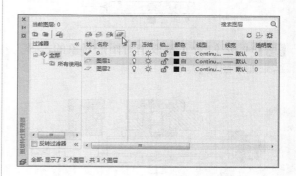

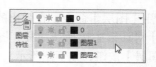

6. 知识扩展（切换当前图层）

在【图层特性管理器】对话框中选中相应图层后双击，也可以将其设置为当前图层。

2.4.6 实战演练——管理剖视图图层

下面利用图层管理功能管理剖视图图层，具体操作步骤如下。

步骤 01 打开"素材\CH02\剖视图.dwg"文件，如下图所示。

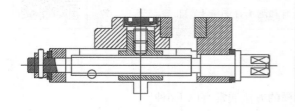

步骤 02 在绘图区域选择下图所示的部分图形对象。

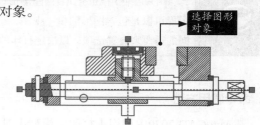

选择图形对象

步骤 03 单击【默认】选项卡➤【图层】面板中的"中心线"图层。

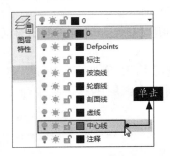

步骤 04 按【Esc】键取消对图形对象的选择，结果如下图所示。

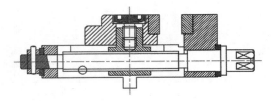

步骤 05 调用【图层】命令，在弹出的【图层特性管理器】对话框中选择"注释"图层，并单击【删除图层】按钮，如下图所示。

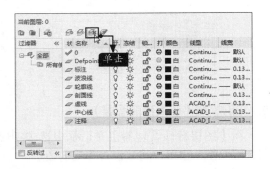

步骤 06 "注释"图层删除后，结果如右上图所示。

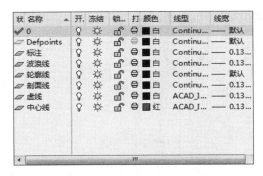

步骤 07 在【图层特性管理器】对话框中选择"轮廓线"图层，单击【置为当前】按钮，如下图所示。

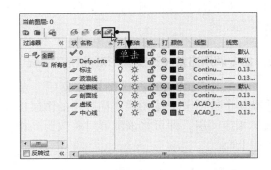

步骤 08 结果如下图所示。

2.5 打印设置

用户在使用AutoCAD创建图形以后，通常要将其打印到图纸上。打印的图形可以是包含图形的单一视图，也可以是更为复杂的视图排列。要根据不同的需要来设置选项，以决定打印的内容和图形在图纸上的布置。

1. 命令调用方法

在AutoCAD 2020中调用【打印 – 模型】对话框的方法通常有以下6种。

- 选择【文件】➤【打印】菜单命令。
- 单击【应用程序菜单】按钮，然后选择【打印】➤【打印】菜单命令。
- 命令行输入"PRINT/PLOT"命令并按空格键。
- 单击【输出】选项卡➤【打印】面板➤【打印】按钮。
- 单击快速访问工具栏中的【打印】按钮。
- 使用【Ctrl+P】键盘组合键。

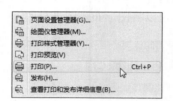

2. 命令提示

调用打印命令之后，系统会弹出【打印 – 模型】对话框，如下图所示。

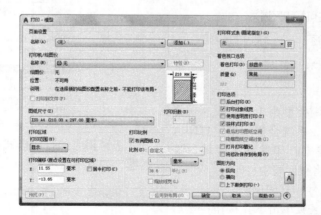

2.5.1 常用打印参数

在执行打印操作之前，通常需要对打印参数进行适当的设置。下面对常用的打印参数进行介绍。

（1）选择打印机。

在【打印 – 模型】对话框中【打印机/绘图仪】下面的【名称】下拉列表中，可以单击选择已安装的打印机，如下图所示。

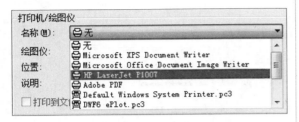

（2）更改图形方向。

在【图形方向】区域可以单击选择图形方向，如下图所示。

（3）打印区域。

在【打印 – 模型】对话框的【打印范围】下拉列表中可以选择打印区域，如下图所示。

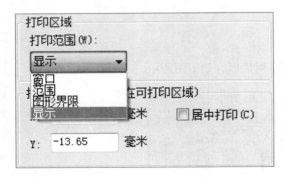

最常用的打印范围类型为【窗口】。选择【窗口】类型打印时，系统会提示指定打印区域的两个对角点。在【打印偏移】区域勾选【居中打印】，可以将图形居中打印。

（4）设置图纸尺寸和打印比例。

在【图纸尺寸】区域单击下拉按钮，然后可以选择适合打印机所使用的纸张尺寸，如右上图所示。

勾选【打印比例】区域的【布满图纸】复选框，可以将图形布满图纸打印。

（5）切换打印样式列表。

在【打印样式列表（画笔指定）】区域选择需要的打印样式，如下图所示。

选择相应的打印样式表后弹出【问题】对话框，如下图所示。

选择打印样式表后，其文本框右侧的【编辑】按钮由原来的不可用状态变为可用状态。单击此按钮，打开【打印样式编辑器】对话框，在对话框中可以编辑打印样式，如下图所示。

（6）打印预览。

打印选项设置完成后，在【打印－模型】对话框中单击【预览】按钮，可以对打印效果进行预览，如下图所示。

如果预览后没问题，单击【打印】按钮即可打印；如果对打印设置不满意，则单击【关闭预览】按钮回到【打印－模型】对话框重新设置。

2.5.2 实战演练——打印夹线体零件图

下面对夹线体零件图进行打印，具体操作步骤如下。

步骤01 打开"素材\CH02\夹线体零件图.dwg"文件，如下图所示。

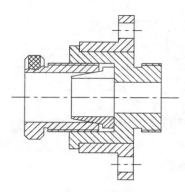

步骤02 调用【打印】命令，在系统弹出的【打印－模型】对话框中选择一台适当的打印机，如下图所示。

步骤03 在【打印区域】的【打印范围】中选择

【窗口】，并在绘图区域单击指定打印区域第一角点，如下图所示。

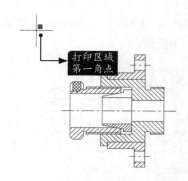

步骤04 在绘图区域单击指定打印区域第二角点，如下图所示。

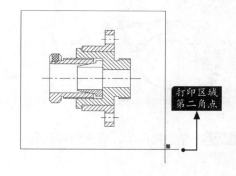

步骤 05 系统返回【打印－模型】对话框，在【打印偏移】区域勾选【居中打印】复选框，在【打印比例】区域勾选【布满图纸】复选框，【图形方向】选择【横向】，然后单击【预览】按钮，如下图所示。

步骤 06 单击鼠标右键，在弹出的快捷菜单中选择【打印】选项完成操作。

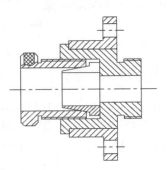

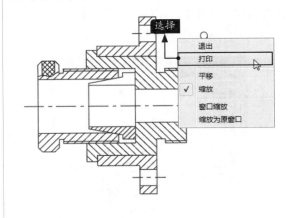

2.6 综合应用——编辑减速器装配图并将其输出保存为"PDF"文件

下面综合利用AutoCAD 2020的打开、保存、输出、关闭等功能对减速器装配图进行编辑及输出操作，具体操作步骤如下。

步骤 01 打开"素材\CH02\减速器装配图.dwg"文件，如下图所示。

步骤 02 在绘图区域将光标移至下图所示的椭圆形上面。

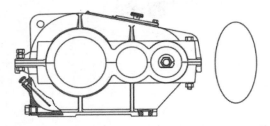

步骤 03 单击椭圆形，将该椭圆形选中，如右上图所示。

选择椭圆形

步骤 04 按【Delete】键将所选椭圆形删除，结果如下图所示。

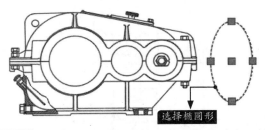

步骤 05 单击【应用程序菜单】按钮**A**，然后选择【输出】▶【PDF】选项，系统弹出【另存为PDF】对话框，如下页图所示。

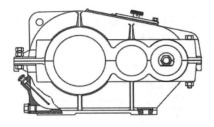

步骤 **06** 指定当前文件的保存路径及名称，然后单击【保存】按钮完成输出操作。

步骤 **07** 选择【文件】▶【保存】菜单命令，完成保存操作。然后在绘图窗口中单击【关闭】按钮█，关闭该图形文件。

 疑难解答

1.如何删除顽固图层

方法1

打开一个AutoCAD文件，将无用图层全部关闭，然后在绘图窗口中将需要的图形全部选中，并按下【Ctrl+C】键盘组合键。之后新建一个图形文件，并在新建图形文件中按下【Ctrl+V】键盘组合键，无用图层将不会被粘贴至新文件中。

方法2

步骤 **01** 打开一个AutoCAD文件，把要删除的图层关闭，在绘图窗口中只保留需要的可见图形，然后选择【文件】▶【另存为】命令，确定文件名及保存路径后，将文件类型指定为"*.dxf"格式，并在【图形另存为】对话框中选择【工具】▶【选项】命令，如下图所示。

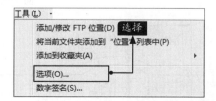

步骤 **02** 在弹出的【另存为选项】对话框中选择【DXF选项】，并勾选【选择对象】复选框，如右图所示。

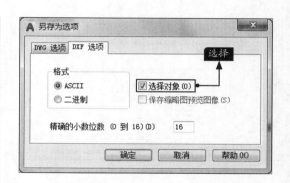

步骤 **03** 单击【另存为选项】对话框中的【确定】按钮后，系统自动返回至【图形另存为】对话框。单击【保存】按钮，系统自动进入绘图窗口，在绘图窗口中选择需要保留的图形对象，然后按【Enter】键确认并退出当前文件即可完成相应对象的保存。在新文件中无用的图层已被删除。

方法3

使用"laytrans"命令可将需删除的图层映射为0层，这个方法可以删除具有实体对象或被其他块嵌套定义的图层。

步骤 **01** 在命令行中输入"laytrans"，并按【Enter】键确认。

命令：LAYTRANS

打开【图层转换器】对话框，如下页图所示。

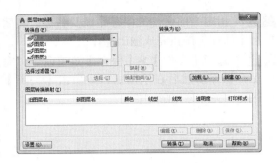

步骤 02 将需删除的图层映射为0层,单击【转换】按钮即可。

2.AutoCAD版本与CAD保存格式之间的关系

　　AutoCAD有多种保存格式,在保存文件时单击文件类型的下拉列表即可看到各种保存格式,如下图所示。

　　并不是每个版本都对应一个保存格式,AutoCAD保存格式与版本之间的对应关系如表2-4所列。

表2-4 AutoCAD保存格式与版本之间的对应关系

保存格式	适用版本
AutoCAD 2000	AutoCAD 2000～2002
AutoCAD 2004	AutoCAD 2004～2006
AutoCAD 2007	AutoCAD 2007～2009
AutoCAD 2010	AutoCAD 2010～2012
AutoCAD 2013	AutoCAD 2013～2017
AutoCAD 2018	AutoCAD 2018～2020

实战练习

　　(1)绘制以下图形,并计算出阴影部分的面积。

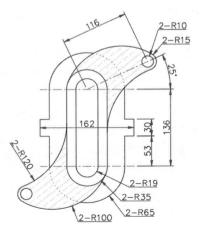

　　(2)绘制以下图形,并计算出阴影部分的面积。

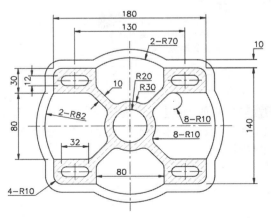

第 **3** 章

绘制二维图形

学习目标

二维图形是AutoCAD的核心功能，常见的二维绘图命令有 "直线" "圆" "矩形" "多边形" "多段线" 和 "图案填充" 等。熟练掌握二维绘图命令，不但有利于提高复杂二维图形绘制的准确度，而且能有效提高绘图效率。

学习效果

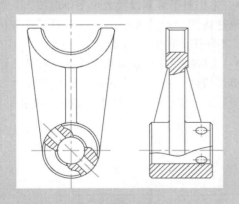

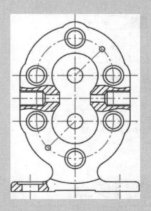

3.1 绘制点

在机械制图中，点可以作为辅助点使用，可以作为某项标识使用，也可以作为直线、圆、矩形、圆弧、椭圆的相应特征的划分点使用。

3.1.1 设置点样式

1. 命令调用方法

在AutoCAD 2020中调用【点样式】命令的方法通常有以下3种。

- 选择【格式】➤【点样式】菜单命令。
- 命令行输入"DDPTYPE/ PTYPE"命令并按空格键。
- 单击【默认】选项卡➤【实用工具】面板➤【点样式】按钮。

2. 命令提示

调用【点样式】命令之后，系统会弹出【点样式】对话框，如下图所示。

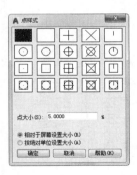

3. 知识扩展

【点样式】对话框中各选项含义如下。

- 【点大小】文本框：用于设置点在屏幕中显示的大小比例。
- 【相对于屏幕设置大小】单选按钮：选中此单选按钮，点的大小比例将相对于计算机屏幕，不随图形的缩放而改变。
- 【按绝对单位设置大小】单选按钮：选中此单选按钮，点的大小表示点的绝对尺寸。当对图形进行缩放时，点的大小也随之变化。

3.1.2 单点与多点

1. 命令调用方法

在AutoCAD 2020中调用【单点】命令的方法通常有以下两种。

- 选择【绘图】➤【点】➤【单点】菜单命令。
- 命令行输入"POINT/PO"命令并按空格键。

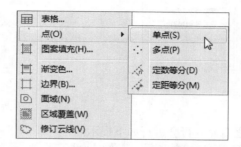

在AutoCAD 2020中调用【多点】命令的方法通常有以下两种。

- 选择【绘图】➤【点】➤【多点】菜单命令。
- 单击【默认】选项卡➤【绘图】面板➤【多点】按钮·∴。

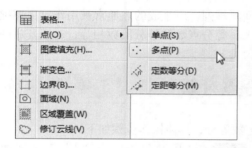

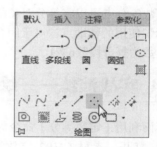

2. 命令提示

调用【单点】命令之后，命令行会进行如下提示。

```
命令：_point
当前点模式：PDMODE=0  PDSIZE=0.0000
指定点：
```

调用【多点】命令之后，命令行会进行如下提示。

```
命令：_point
当前点模式：PDMODE=0  PDSIZE=0.0000
指定点：
```

3. 知识扩展

绘制多点时按【Esc】键可以终止多点命令。

3.1.3 定数等分点

1. 命令调用方法

在AutoCAD 2020中调用【定数等分】命令的方法通常有以下3种。

- 选择【绘图】➤【点】➤【定数等分】菜单命令。
- 命令行输入"DIVIDE/DIV"命令并按空格键。
- 单击【默认】选项卡➤【绘图】面板➤【定数等分】按钮。

2. 命令提示

调用【定数等分】命令之后命令行会进行如下提示。

命令：_divide
选择要定数等分的对象：

3. 知识扩展

定数等分点可以将等分对象的长度或周长等间隔排列，所生成的点通常被用作对象捕捉点或某种标识使用的辅助点。对于闭合图形（比如圆），等分点数和等分段数相等；对于开放图形，等分点数为等分段数n减1。

3.1.4　实战演练——绘制定数等分点对象

下面利用【定数等分】命令为直线对象进行定数等分，具体操作步骤如下。

步骤 01 打开"素材\CH03\定数等分.dwg"文件，如下图所示。

步骤 03 线段数目指定为"4"，结果如下图所示。

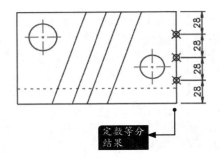

步骤 02 调用【定数等分】命令，在绘图区域选择如下图所示的直线作为需要定数等分的对象。

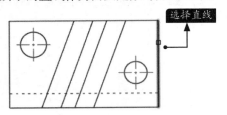

3.1.5　实战演练——绘制垫圈图形

下面利用【定数等分】命令绘制垫圈图形，具体操作步骤如下。

步骤 01 打开"素材\CH03\垫圈.dwg"文件，如下页图所示。

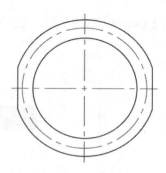

步骤 02 调用【定数等分】命令，在绘图区域选择下图所示的圆弧作为需要定数等分的对象。

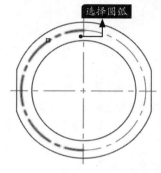

步骤 03 线段数目指定为"8"，结果如下图所示。

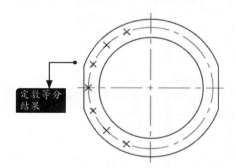

步骤 04 重复 **步骤 02**～**步骤 03** 的操作，结果如下图所示。

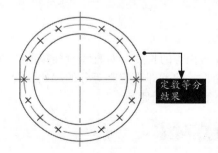

步骤 05 选择【绘图】➤【圆】➤【圆心、半径】菜单命令，捕捉右上图所示的节点作为圆心。

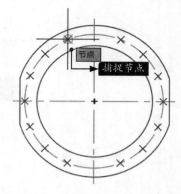

步骤 06 半径指定为"2.2"，按【Enter】键确认，结果如下图所示。

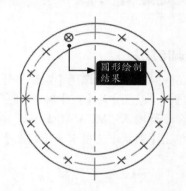

<table>
<tr><td>小提示</td></tr>
</table>

关于"圆"命令将在3.4节中详细介绍。

步骤 07 重复 **步骤 05**～**步骤 06** 的操作，结果如下图所示。

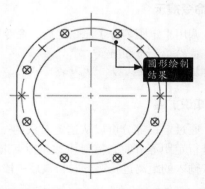

步骤 08 在绘图区域选择所有节点对象，如下页图所示。

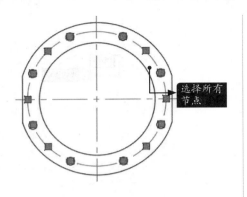

步骤 09 按【Delete】键将所选对象删除，结果如右图所示。

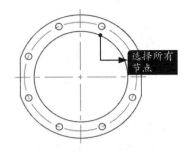

3.1.6 定距等分点

1. 命令调用方法

在AutoCAD 2020中调用【定距等分】命令的方法通常有以下3种。

- 选择【绘图】▶【点】▶【定距等分】菜单命令。
- 命令行输入"MEASURE/ME"命令并按空格键。
- 单击【默认】选项卡▶【绘图】面板▶【定距等分】按钮 。

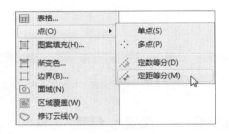

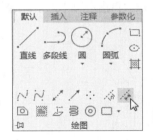

2. 命令提示

调用【定距等分】命令之后，命令行会进行如下提示。

```
命令：_measure
选择要定距等分的对象：
```

3. 知识扩展

通过定距等分可以从选定对象的一个端点划分出相等的长度。对直线、样条曲线等非闭合图形进行定距等分时，需要注意光标点选对象的位置，此位置即为定距等分的起始位置，当不能完全按输入的距离进行等分时，最后一段的距离通常会小于等分距离。

3.1.7 实战演练——绘制定距等分点对象

下面利用【定距等分】命令对直线对象进行定距等分，具体操作步骤如下。

步骤 01 打开"素材\CH03\定距等分.dwg"文件，如下图所示。

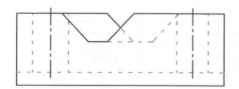

步骤 02 调用【定距等分】命令，在绘图区域单击选择右上图所示的直线对象作为需要定距等分的对象。

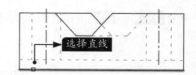

步骤 03 在命令行中指定线段长度为"50"，按【Enter】键确认，结果如下图所示。

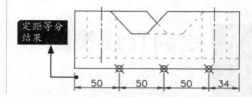

3.1.8 实战演练——绘制钳口板图形

下面利用【定距等分】命令绘制钳口板图形，具体操作步骤如下。

步骤 01 打开"素材\CH03\钳口板.dwg"文件，如下图所示。

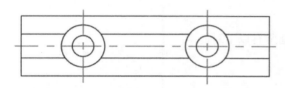

步骤 02 调用【定距等分】命令，在绘图区域单击选择下图所示的直线对象作为需要定距等分的对象。

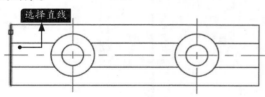

步骤 03 在命令行中指定线段长度为"2"，按【Enter】键确认，结果如下图所示。

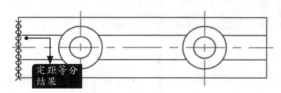

步骤 04 重复 **步骤 02**~**步骤 03** 的操作，结果如右上图所示。

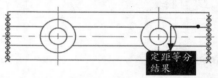

步骤 05 选择【绘图】➤【直线】菜单命令，捕捉下图所示的节点作为直线的起点。

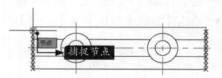

步骤 06 捕捉下图所示的节点作为直线的下一点。

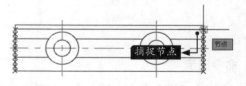

步骤 07 按【Enter】键确认，结果如下图所示。

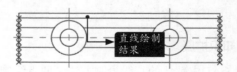

> **小提示**
>
> 关于"直线"命令将在3.2节中详细介绍。

步骤 08 重复 步骤 05~ 步骤 07 的操作，结果如下图所示。

步骤 09 选择所有节点，按【Delete】键将其删除，结果如下图所示。

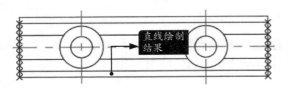

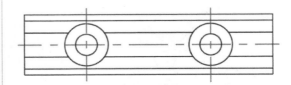

3.2 绘制直线类图形

在绘图中经常会使用到各种线段，例如直线、射线、构造线等。

3.2.1 直线

1. 命令调用方法

在AutoCAD 2020中调用【直线】命令的方法通常有以下3种。

- 选择【绘图】➤【直线】菜单命令。
- 命令行输入"LINE/L"命令并按空格键。
- 单击【默认】选项卡➤【绘图】面板➤【直线】按钮 。

2. 命令提示

调用【直线】命令之后，命令行会进行如下提示。

```
命令：_line
指定第一个点：
```

3. 知识扩展

CAD中默认的直线绘制方法是两点绘制，即连接任意两点即可绘制一条直线。除了通过连接两点绘制直线外，还可以通过绝对坐标、相对直角坐标、相对极坐标等方法来绘制直线。具体绘制方法如表3-1所列。

表3-1 直线的绘制方法

绘制方法	绘制步骤	结果图形	相应命令行显示
通过输入绝对坐标绘制直线	（1）指定第一个点（或输入绝对坐标确定第一个点）； （2）依次输入第二点、第三点……的绝对坐标	(500,1000) (500,500) (1000,500)	命令: _LINE 指定第一个点: 500,500 指定下一点或 [放弃(U)]: 500,1000 指定下一点或 [放弃(U)]: 1000,500 指定下一点或 [闭合(C)/放弃(U)]: c //闭合图形

通过输入相对直角坐标绘制直线	（1）指定第一个点（或输入绝对坐标确定第一个点）；
	（2）依次输入第二点、第三点……的相对前一点的直角坐标
		第二点
		第一点 第三点
			命令: _LINE
			指定第一个点:
			//任意点击一点作为第一点
			指定下一点或 [放弃(U)]: @0,500
			指定下一点或 [放弃(U)]: @500,−500
			指定下一点或 [闭合(C)/放弃(U)]: c
			//闭合图形

通过输入相对极坐标绘制直线	（1）指定第一个点（或输入绝对坐标确定第一个点）；
	（2）依次输入第二点、第三点……的相对前一点的极坐标
		第三点
		第二点 第一点
			命令:_ LINE
			指定第一个点:
			//任意点击一点作为第一点
			指定下一点或 [放弃(U)]: @500<180
			指定下一点或 [放弃(U)]: @500<90
			指定下一点或 [闭合(C)/放弃(U)]: c
			//闭合图形

3.2.2 实战演练——绘制直线图形

下面利用捕捉端点的方式绘制直线图形，具体操作步骤如下。

步骤 01 打开"素材\CH03\绘制直线.dwg"文件，如下图所示。

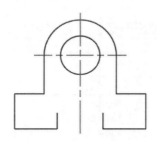

步骤 02 调用【直线】命令，分别捕捉底部的两个端点作为直线的第一个点和下一点，按【Enter】键确认，结果如下图所示。

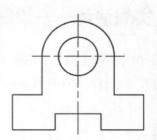

3.2.3 实战演练——绘制定位套图形

下面利用【直线】命令绘制定位套图形，具体操作步骤如下。

步骤 01 打开"素材\CH03\定位套.dwg"文件，如右图所示。

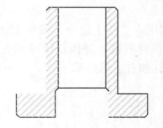

步骤 02 调用【直线】命令，捕捉下图所示的端点作为直线的第一个点。

示的端点作为直线的第一个点。

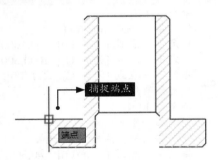

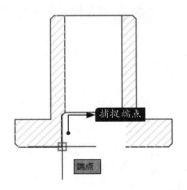

命令行提示如下。

指定下一点或 [放弃 (U)]: @20, 0
指定下一点或 [退出 (E)/ 放弃 (U)]: @0, 58
指定下一点或 [关闭 (C)/ 退出 (X)/ 放弃 (U)]: // 按【Enter】键结束直线命令
结果如下图所示。

命令行提示如下。

指定下一点或 [放弃 (U)]: @36<0
指定下一点或 [退出 (E)/ 放弃 (U)]: @18<90
指定下一点或 [关闭 (C)/ 退出 (X)/ 放弃 (U)]: // 按【Enter】键结束直线命令
结果如下图所示。

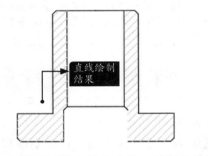

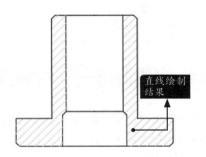

步骤 03 重复调用【直线】命令，捕捉右上图所

3.2.4 实战演练——绘制连杆图形

下面利用【直线】命令绘制连杆图形，具体操作步骤如下。

步骤 01 打开"素材\CH03\连杆.dwg"文件，如下图所示。

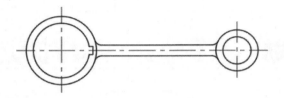

步骤 02 调用【直线】命令，按住【Shift】键的同时单击鼠标右键，弹出快捷菜单，选择"切点"选项，如右上图所示。

步骤 03 在适当的位置处捕捉切点，如下图所示。

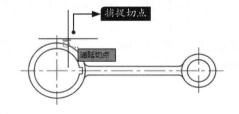

步骤 04 继续调用"切点"快捷选项，如下图所示。

步骤 05 在适当的位置处捕捉切点，如下图所示。

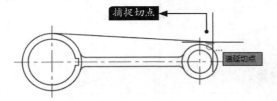

步骤 06 按【Enter】键结束直线命令，结果如下图所示。

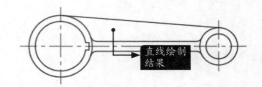

步骤 07 重复 步骤 02~ 步骤 06 的操作，结果如下图所示。

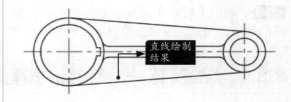

3.2.5 射线

1. 命令调用方法

在AutoCAD 2020中调用【射线】命令的方法通常有以下3种。

- 选择【绘图】➤【射线】菜单命令。
- 命令行输入"RAY"命令并按空格键。
- 单击【默认】选项卡➤【绘图】面板➤【射线】按钮。

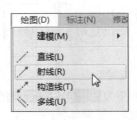

2. 命令提示

调用【射线】命令之后，命令行会进行如下提示。

命令：_ray 指定起点：

3. 知识扩展

射线有端点，但是射线没有中点。绘制射线时，指定的第一点就是射线的端点。

3.2.6 实战演练——绘制射线图形

下面利用【射线】命令绘制开关符号图形，具体操作步骤如下。

步骤01 打开"素材\CH03\开关符号.dwg"文件，如下图所示。

步骤02 调用【射线】命令，捕捉圆心作为射线的起点，在垂直方向上单击指定射线的通过

点，按【Enter】键确认，结果如下图所示。

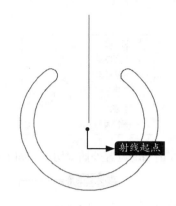

3.2.7 实战演练——绘制轴承座图形

下面利用【射线】命令绘制轴承座图形，具体操作步骤如下。

步骤01 打开"素材\CH03\轴承座.dwg"文件，如下图所示。

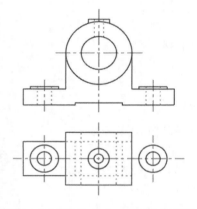

步骤02 调用【射线】命令，捕捉下图所示的端点作为射线的起点。

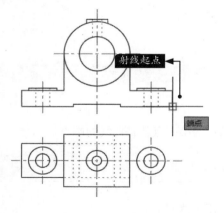

步骤03 垂直向下单击指定射线的通过点，按【Enter】键确认，结果如下图所示。

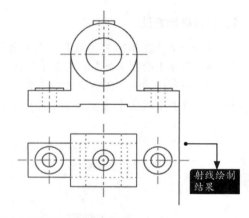

步骤04 重复**步骤02**~**步骤03**的操作，绘制一条水平射线，结果如下图所示。

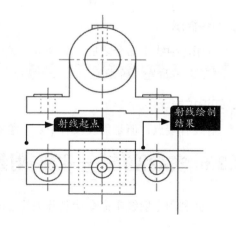

步骤 05 调用【直线】命令，捕捉下图所示的交点作为直线的第一个点。

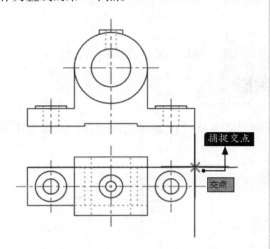

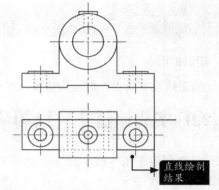

步骤 06 选择两条射线对象，按【Delete】键将其删除，结果如下图所示。

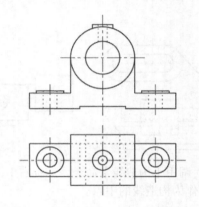

命令行提示如下。

指定下一点或 [放弃 (U)]: @-18,0
指定下一点或 [退出 (E)/ 放弃 (U)]: @0,-15
指定下一点或 [关闭 (C)/ 退出 (X)/ 放弃 (U)]: @18,0
指定下一点或 [关闭 (C)/ 退出 (X)/ 放弃 (U)]: c

结果如右上图所示。

3.2.8 构造线

1. 命令调用方法

在AutoCAD 2020中调用【构造线】命令的方法通常有以下3种。

- 选择【绘图】➤【构造线】菜单命令。
- 命令行输入"XLINE/XL"命令并按空格键。
- 单击【默认】选项卡➤【绘图】面板➤【构造线】按钮 。

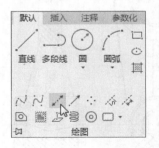

2. 命令提示

调用【构造线】命令之后，命令行会进行如下提示。

```
命令：_xline
指定点或 [ 水平(H)/ 垂直(V)/ 角度(A)/ 二等分(B)/ 偏移(O)]:
```

3. 知识扩展

构造线没有端点，但是构造线有中点。绘制构造线时，指定的第一点就是构造线的中点。

3.2.9 实战演练——绘制构造线图形

下面利用【构造线】命令绘制参考线，用于确认两视图之间是否相互对齐，具体操作步骤如下。

步骤 01 打开"素材\CH03\绘制构造线.dwg"文件，如下图所示。

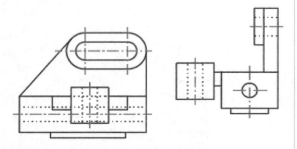

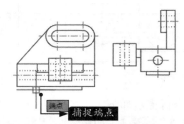

步骤 03 在水平方向上单击指定构造线的通过点，按【Enter】键确认，结果如下图所示，可见两视图之间并未对齐。

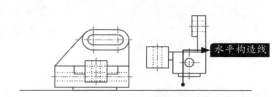

步骤 02 调用【构造线】命令，捕捉右上图所示的端点作为构造线的中点。

3.2.10 实战演练——绘制齿轮拨叉零件图

下面利用【构造线】命令绘制齿轮拨叉零件图，具体操作步骤如下。

步骤 01 打开"素材\CH03\齿轮拨叉零件图.dwg"文件，如下图所示。

端点作为构造线的中点。

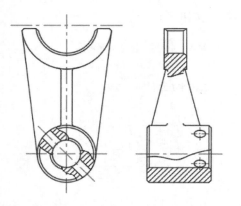

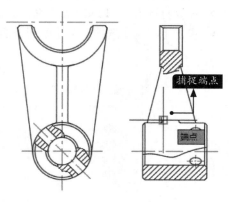

步骤 02 调用【构造线】命令，捕捉右图所示的

步骤 03 在竖直方向上单击指定构造线的通过点，按【Enter】键确认，结果如下页图所示。

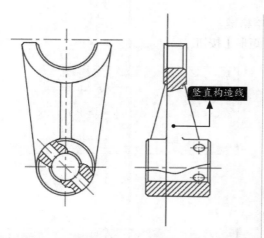

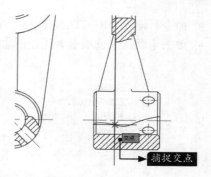

步骤 06 按【Enter】键结束直线命令，并将构造线对象删除，结果如下图所示。

步骤 04 调用【直线】命令，捕捉下图所示的交点作为直线的第一个点。

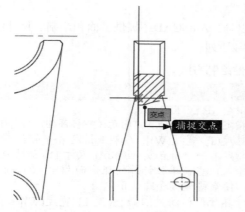

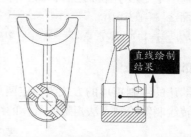

步骤 07 重复 **步骤** 02~**步骤** 06 的操作，结果如下图所示。

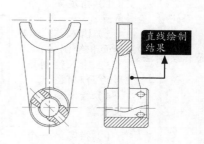

步骤 05 捕捉右上图所示的交点作为直线的下一个点。

3.3 绘制矩形和多边形

 矩形为4条线段首尾相接且4个角均为直角的四边形；正多边形是由至少三条线段首尾相接组合而成的规则图形，正多边形的概念范围内包括矩形。

3.3.1 矩形

1. 命令调用方法

在AutoCAD 2020中调用【矩形】命令的方法通常有以下3种。

● 选择【绘图】➤【矩形】菜单命令。

- 命令行输入"RECTANG/REC"命令并按空格键。
- 单击【默认】选项卡➤【绘图】面板➤【矩形】按钮囗。

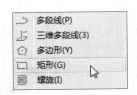

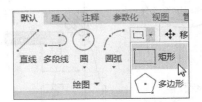

2. 命令提示

调用【矩形】命令之后，命令行会进行如下提示。

```
命令：_rectang
指定第一个角点或 [倒角 (C)/ 标高 (E)/ 圆角 (F)/ 厚度 (T)/ 宽度 (W)]:
```

3. 知识扩展

默认的绘制矩形的方式为指定两点绘制。除此以外，AutoCAD还提供了面积绘制、尺寸绘制和旋转绘制等绘制方法矩形的具体的绘制方法如表3-2所列。

表3-2 矩形的其他绘制方法

绘制方法	绘制步骤	结果图形	相应命令行显示
面积绘制法	（1）指定第一个角点； （2）输入"a"选择面积绘制法； （3）输入绘制矩形的面积值； （4）指定矩形的长或宽	8 12.5	命令:_RECTANG 指定第一个角点或 [倒角(C)/标高(E)/圆角(F)/厚度(T)/宽度(W)]: //单击指定第一角点 指定另一个角点或 [面积(A)/尺寸(D)/旋转(R)]: a 输入以当前单位计算的矩形面积 <100.0000>: //按空格键接受默认值 计算矩形标注时依据 [长度(L)/宽度(W)] <长度>: //按空格键接受默认值 输入矩形长度 <10.0000>: 8
尺寸绘制法	（1）指定第一个角点； （2）输入"d"选择尺寸绘制法； （3）指定矩形的长度和宽度； （4）拖动鼠标指定矩形的放置位置	8 12.5	命令:_RECTANG 指定第一个角点或 [倒角(C)/标高(E)/圆角(F)/厚度(T)/宽度(W)]: //单击指定第一角点 指定另一个角点或 [面积(A)/尺寸(D)/旋转(R)]: d 指定矩形的长度 <8.0000>: 8 指定矩形的宽度 <12.5000>: 12.5 指定另一个角点或 [面积(A)/尺寸(D)/旋转(R)]: //拖动鼠标指定矩形的放置位置
旋转绘制法	（1）指定第一个角点； （2）输入"r"选择旋转绘制法； （3）输入旋转的角度； （4）拖动鼠标指定矩形的另一角点或输入"a""d"通过面积或尺寸确定矩形的另一角点	45°	命令:_RECTANG 指定第一个角点或 [倒角(C)/标高(E)/圆角(F)/厚度(T)/宽度(W)]: //单击指定第一角点 指定另一个角点或 [面积(A)/尺寸(D)/旋转(R)]: r 指定旋转角度或 [拾取点(P)] <0>: 45 指定另一个角点或 [面积(A)/尺寸(D)/旋转(R)]: //拖动鼠标指定矩形的另一个角点

3.3.2 实战演练——完善矩形图形

下面利用【矩形】命令完善轴承座图形，具体操作步骤如下。

步骤 01 打开"素材\CH03\绘制矩形.dwg"文件，如下图所示。

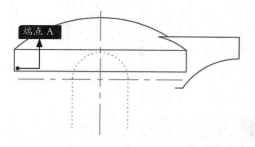

步骤 02 调用【矩形】命令，命令行提示如下。

> 命令：_rectang
> 指定第一个角点或 [倒角(C)/ 标高(E)/
> 圆角(F)/ 厚度(T)/ 宽度(W)]: fro
> 　基点：// 捕捉端点 A
> 　< 偏移 >：@8,0
> 　指定另一个角点或 [面积(A)/ 尺寸(D)/
> 旋转(R)]: @108,-24
> 　命令：_rectang
> 　指定第一个角点或 [倒角(C)/ 标高(E)/

> 圆角(F)/ 厚度(T)/ 宽度(W)]: fro
> 　基点：// 捕捉端点 A
> 　< 偏移 >：@26,-24
> 　指定另一个角点或 [面积(A)/ 尺寸(D)/
> 旋转(R)]：@72,-8
> 　命令：_rectang
> 　指定第一个角点或 [倒角(C)/ 标高(E)/
> 圆角(F)/ 厚度(T)/ 宽度(W)]: fro
> 　基点：// 捕捉端点 A
> 　< 偏移 >：@18,-32
> 　指定另一个角点或 [面积(A)/ 尺寸(D)/
> 旋转(R)]：@88,-10
> 结果如下图所示。

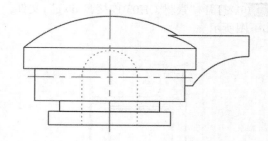

3.3.3 实战演练——绘制阀体零件图

下面利用【矩形】命令绘制阀体零件图，具体操作步骤如下。

步骤 01 打开"素材\CH03\阀体.dwg"文件，如下图所示。

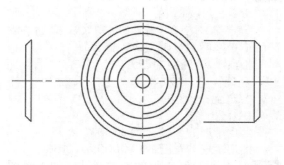

步骤 02 调用【矩形】命令，捕捉右上图所示的端点作为矩形第一个角点。

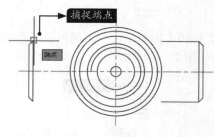

步骤 03 在命令行输入"@36，-60"后按【Enter】键确认，结果如下图所示。

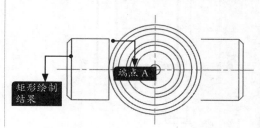

步骤 04 调用【矩形】命令，命令行提示如下。

> 命令：_rectang
> 指定第一个角点或 [倒角 (C)/ 标高 (E)/ 圆角 (F)/ 厚度 (T)/ 宽度 (W)]: c
> 指定矩形的第一个倒角距离 <0.0000>: 4
> 指定矩形的第二个倒角距离 <4.0000>: 4
> 指定第一个角点或 [倒角 (C)/ 标高 (E)/ 圆角 (F)/ 厚度 (T)/ 宽度 (W)]: fro
> 基点： // 捕捉端点 A
> < 偏移 >: @0,14
> 指定另一个角点或 [面积 (A)/ 尺寸 (D)/ 旋转 (R)]: @88,-88

结果如下图所示。

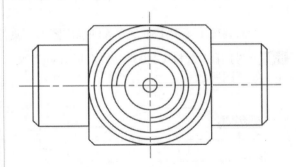

3.3.4 实战演练——绘制连接盘图形

下面利用【矩形】命令绘制连接盘图形，具体操作步骤如下。

步骤 01 打开"素材\CH03\连接盘.dwg"文件，如下图所示。

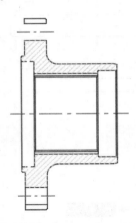

步骤 02 调用【矩形】命令，捕捉下图所示的端点作为矩形第一个角点。

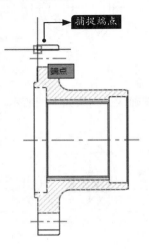

捕捉端点

端点

步骤 03 在命令行输入"@30,-24"后按【Enter】键确认，结果如下图所示。

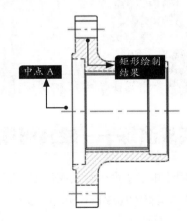

中点 A

矩形绘制结果

步骤 04 调用【矩形】命令，命令行提示如下。

> 命令：_rectang
> 指定第一个角点或 [倒角 (C)/ 标高 (E)/ 圆角 (F)/ 厚度 (T)/ 宽度 (W)]: fro
> 基点： // 捕捉中点 A
> < 偏移 >: @7.5,78
> 指定另一个角点或 [面积 (A)/ 尺寸 (D)/ 旋转 (R)]: d
> 指定矩形的长度 <10.0000>: 4
> 指定矩形的宽度 <10.0000>: -156

步骤 05 在所绘制矩形的右侧单击，如下页图所示。

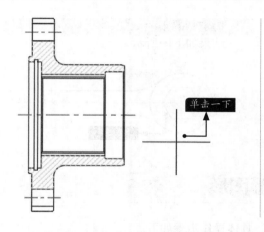

结果如下图所示。

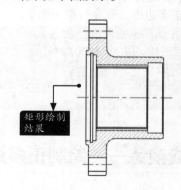

3.3.5 多边形

1. 命令调用方法

在AutoCAD 2020中调用【多边形】命令的方法通常有以下3种。

- 选择【绘图】➤【多边形】菜单命令。
- 命令行输入"POLYGON/POL"命令并按空格键。
- 单击【默认】选项卡➤【绘图】面板➤【多边形】按钮⬠。

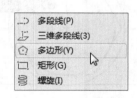

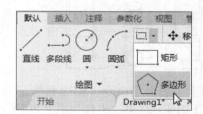

2. 命令提示

调用【多边形】命令之后，命令行会进行如下提示。

命令：_polygon 输入侧面数 <4>：

3. 知识扩展

多边形的绘制方法可以分为外切于圆和内接于圆两种。外切于圆是将多边形的边与圆相切，内接于圆则是将多边形的顶点与圆相接。

3.3.6 实战演练——绘制多边形图形

下面以"内接于圆"方式绘制正多边形对象，具体操作步骤如下。

步骤 01 打开"素材\CH03\绘制多边形.dwg"文件，如右图所示。

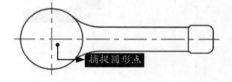

步骤 02 调用【多边形】命令，使用"内接于圆"方式绘制正多边形，命令行提示如下。

命令：_polygon 输入侧面数 <4>：6
指定正多边形的中心点或 [边 (E)]：// 捕捉左侧圆形的中心点
输入选项 [内接于圆 (I)/ 外切于圆 (C)] <I>：i

指定圆的半径：15
结果如下图所示。

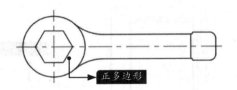

3.3.7 实战演练——绘制正多边形图形

下面以"外切于圆"方式绘制正多边形对象，具体操作步骤如下。

步骤 01 打开"素材\CH03\减速器装配图.dwg"文件，如下图所示。

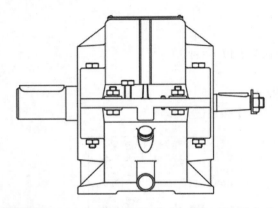

步骤 02 调用【多边形】命令，侧面数指定为"6"，捕捉下图所示的圆心点作为正多边形的中心点。

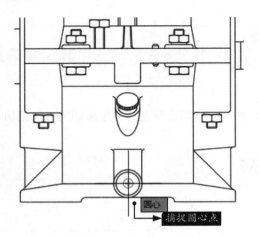

步骤 03 在命令行提示下输入"c"后按【Enter】键确认，捕捉下图所示的象限点以指定圆的半径。

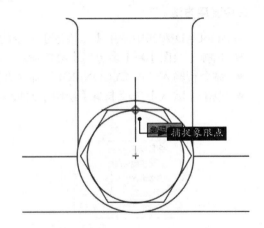

结果如下图所示。

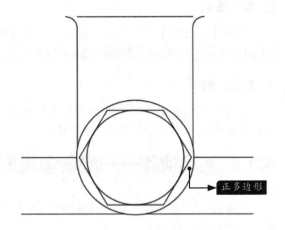

3.4 绘制圆类图形

在机械制图中，AutoCAD提供了几种常用圆类图形的绘制方法，其中主要包括"圆""圆弧""椭圆"和"椭圆弧"等。

3.4.1 圆

1. 命令调用方法

在AutoCAD 2020中调用【圆】命令的方法通常有以下3种。

* 选择【绘图】➤【圆】菜单命令，然后选择一种绘制圆的方式。
* 命令行输入"CIRCLE/C"命令并按空格键。
* 单击【默认】选项卡➤【绘图】面板➤【圆】按钮，然后选择一种绘制圆的方式。

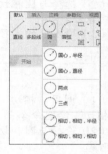

2. 命令提示

调用【圆】命令之后，命令行会进行如下提示。

命令：_circle
指定圆的圆心或 [三点 (3P)/ 两点 (2P)/ 切点、切点、半径 (T)]:

3. 知识扩展

圆的各种绘制方法如表3-3所列（"相切、相切、相切"绘圆命令只能通过菜单命令或面板调用，命令行无这一选项）。

表3-3 圆的各种绘制方法

绘制方法	绘制步骤	结果图形	相应命令行显示
圆心、半径/直径	（1）指定圆心； （2）输入圆的半径/直径		命令:_ CIRCLE 指定圆的圆心或 [三点(3P)/两点(2P)/切点、切点、半径(T)]: 指定圆的半径或 [直径(D)]: 45

绘制方法	绘制步骤	结果图形	相应命令行显示

两点绘圆	（1）调用两点绘圆命令；
	（2）指定直径上的第一点；
	（3）指定直径上的第二点或输入圆的直径
			命令：_circle
			指定圆的圆心或 [三点(3P)/两点(2P)/切点、切点、半径(T)]：_2p
			指定圆直径的第一个端点：
			//指定第一点
			指定圆直径的第二个端点：80
			//输入直径长度或指定第二点

三点绘圆	（1）调用三点绘圆命令； （2）指定圆周上第一个点； （3）指定圆周上第二个点； （4）指定圆周上第三个点		命令：_circle 指定圆的圆心或 [三点(3P)/两点(2P)/切点、切点、半径(T)]：_3p 指定圆上的第一个点： 指定圆上的第二个点： 指定圆上的第三个点：
相切、相切、半径	（1）调用"相切、相切、半径"绘圆命令； （2）选择与圆相切的两个对象； （3）输入圆的半径		命令：_circle 指定圆的圆心或 [三点(3P)/两点(2P)/切点、切点、半径(T)]：_ttr 指定对象与圆的第一个切点： 指定对象与圆的第二个切点： 指定圆的半径 <35.0000>：45
相切、相切、相切	（1）调用"相切、相切、相切"绘圆命令； （2）选择与圆相切的三个对象		命令：_circle 指定圆的圆心或 [三点(3P)/两点(2P)/切点、切点、半径(T)]：_3p 指定圆上的第一个点：_tan 到 指定圆上的第二个点：_tan 到 指定圆上的第三个点：_tan 到

3.4.2 实战演练——绘制圆形

下面利用【相切、相切、半径】和【两点】绘制圆的方式绘制圆形，具体操作步骤如下。

步骤 01 打开"素材\CH03\绘制圆形.dwg"文件，如下图所示。

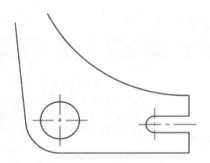

步骤 02 调用【相切、相切、半径】绘制圆的方式，在适当的位置处捕捉切点，如下图所示。

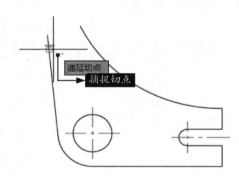

步骤 03 继续在适当的位置处捕捉切点，如下图所示。

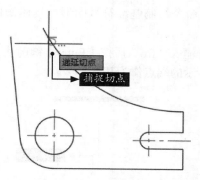

步骤 04 圆的半径指定为"16"，结果如下图所示。

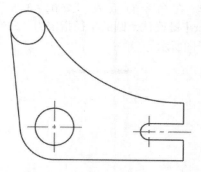

步骤 05 调用【两点】绘制圆的方式，在命令行

输入"fro"后按【Enter】键确认，并捕捉下图所示的象限点作为基点。

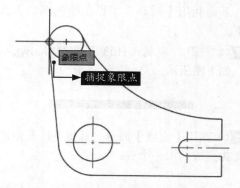

步骤 06 调用【两点】绘制圆的方式，在命令行输入"@8.5，0""@15，0"后分别按【Enter】键确认，结果如下图所示。

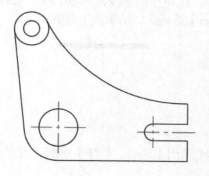

3.4.3 实战演练——完善法兰盘图形

下面利用【圆心、直径】绘制圆的方式完善法兰盘图形，具体操作步骤如下。

步骤 01 打开"素材\CH03\法兰盘.dwg"文件，如下图所示。

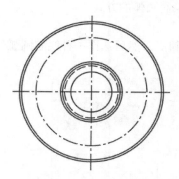

步骤 02 调用【圆心、直径】绘制圆的方式，分

别捕捉相应交点作为圆的圆心点，绘制4个等直径的圆形，直径指定为"6"，结果如下图所示。

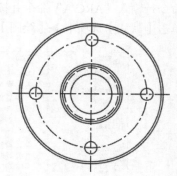

3.4.4 实战演练——绘制基准符号图形

下面利用【圆心、半径】绘制圆的方式和【直线】命令绘制基准符号图形，具体操作步骤如下。

步骤01 打开"素材\CH03\基准符号.dwg"文件，如下图所示。

步骤02 调用【直线】命令，捕捉下图所示的中点作为直线的第一个点。

步骤03 在命令行输入"@0,−7"后按两次【Enter】键确认，结果如下图所示。

步骤04 调用【圆心、半径】绘制圆的方式，在

命令行输入"fro"后按【Enter】键确认，捕捉下图所示的端点作为基点。

步骤05 在命令行输入"@0,−3.5"后按【Enter】键确认，圆的半径指定为"3.5"，结果如下图所示。

3.4.5 圆弧

1. 命令调用方法

在AutoCAD 2020中调用【圆弧】命令的方法通常有以下3种。

- 选择【绘图】➤【圆弧】菜单命令，然后选择一种绘制圆弧的方式。
- 命令行输入"ARC/A"命令并按空格键。
- 单击【默认】选项卡➤【绘图】面板➤【圆弧】按钮，然后选择一种绘制圆弧的方式。

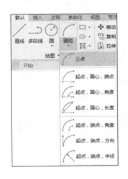

2. 命令提示

调用【圆弧】命令之后命令行会进行如下提示。

> 命令：_arc
> 指定圆弧的起点或 [圆心 (C)]:

3. 知识扩展

绘制圆弧时，输入的半径和圆心角有正负之分。对于半径，当输入的半径为正时，生成的圆弧是劣弧；反之，生成的圆弧是优弧。对于圆心角，当角度为正值时，系统沿逆时针方向绘制圆弧；反之，系统沿顺时针方向绘制圆弧。圆弧的各种绘制方法如表3-4所列。

表3-4　圆弧的各种绘制方法

绘制方法	绘制步骤	结果图形	相应命令行显示
三点	（1）调用三点画弧命令； （2）指定不在同一条直线上的三个点即可完成圆弧的绘制		命令: _arc 指定圆弧的起点或 [圆心(C)]: 指定圆弧的第二个点或 [圆心(C)/端点(E)]: 指定圆弧的端点:
起点、圆心、端点	（1）调用"起点、圆心、端点"画弧命令； （2）指定圆弧的起点； （3）指定圆弧的圆心； （4）指定圆弧的端点		命令: _arc 指定圆弧的起点或 [圆心(C)]: 指定圆弧的第二个点或 [圆心(C)/端点(E)]: _c 指定圆弧的圆心: 指定圆弧的端点或 [角度(A)/弦长(L)]:
起点、圆心、角度	（1）调用"起点、圆心、角度"画弧命令； （2）指定圆弧的起点； （3）指定圆弧的圆心； （4）指定圆弧所包含的角度 提示：当输入的角度为正值时，圆弧沿起点方向逆时针生成；当输入的角度为负值时，圆弧沿起点方向顺时针生成		命令: _arc 指定圆弧的起点或 [圆心(C)]: 指定圆弧的第二个点或 [圆心(C)/端点(E)]: _c 指定圆弧的圆心: 指定圆弧的端点或 [角度(A)/弦长(L)]: _a 指定包含角: 120
起点、圆心、长度	（1）调用"起点、圆心、长度"画弧命令； （2）指定圆弧的起点； （3）指定圆弧的圆心； （4）指定圆弧的弦长 提示：当弦长为正值时，得到的弧为劣弧（小于180°）；当弦长为负值时，得到的弧为优弧（大于180°）		命令: _arc 指定圆弧的起点或 [圆心(C)]: 指定圆弧的第二个点或 [圆心(C)/端点(E)]: _c 指定圆弧的圆心: 指定圆弧的端点或 [角度(A)/弦长(L)]: _l 指定弦长: 30

绘制方法	绘制步骤	结果图形	相应命令行显示
起点、端点、角度	（1）调用"起点、端点、角度"画弧命令； （2）指定圆弧的起点； （3）指定圆弧的端点； （4）指定圆弧的角度 提示：当输入的角度为正值时，起点和端点沿圆弧层逆时针关系；当输入的角度为负值时，起点和端点沿圆弧成顺时针关系		命令: _arc 指定圆弧的起点或 [圆心(C)]: 指定圆弧的第二个点或 [圆心(C)/端点(E)]: _e 指定圆弧的端点: 指定圆弧的圆心或 [角度(A)/方向(D)/半径(R)]: _a 指定包含角: 137
起点、端点、方向	（1）调用"起点、端点、方向"画弧命令； （2）指定圆弧的起点； （3）指定圆弧的端点； （4）指定圆弧的起点切向		命令: _arc 指定圆弧的起点或 [圆心(C)]: 指定圆弧的第二个点或 [圆心(C)/端点(E)]: _e 指定圆弧的端点: 指定圆弧的圆心或 [角度(A)/方向(D)/半径(R)]: _d 指定圆弧的起点切向:
起点、端点、半径	（1）调用"起点、端点、半径"画弧命令； （2）指定圆弧的起点； （3）指定圆弧的端点； （4）指定圆弧的半径 提示：当输入的半径为正值时，得到的圆弧是劣弧；当输入的半径为负值时，得到的圆弧为优弧		命令: _arc 指定圆弧的起点或 [圆心(C)]: 指定圆弧的第二个点或 [圆心(C)/端点(E)]: _e 指定圆弧的端点: 指定圆弧的圆心或 [角度(A)/方向(D)/半径(R)]: _r 指定圆弧的半径: 140
圆心、起点、端点	（1）调用"圆心、起点、端点"画弧命令； （2）指定圆弧的圆心； （3）指定圆弧的起点； （4）指定圆弧的端点		命令: _arc 指定圆弧的起点或 [圆心(C)]: _c 指定圆弧的圆心: 指定圆弧的起点: 指定圆弧的端点或 [角度(A)/弦长(L)]:
圆心、起点、角度	（1）调用"圆心、起点、角度"画弧命令； （2）指定圆弧的圆心； （3）指定圆弧的起点； （4）指定圆弧的角度		命令: _arc 指定圆弧的起点或 [圆心(C)]: _c 指定圆弧的圆心: 指定圆弧的起点: 指定圆弧的端点或 [角度(A)/弦长(L)]: _a 指定包含角: 170

续表

绘制方法	绘制步骤	结果图形	相应命令行显示
圆心、起点、长度	（1）调用"圆心、起点、长度"画弧命令； （2）指定圆弧的圆心； （3）指定圆弧的起点； （4）指定圆弧的弦长 提示：当弦长为正值时，得到的弧为劣弧（小于180°）；当弦长为负值时，得到的弧为优弧（大于180°）	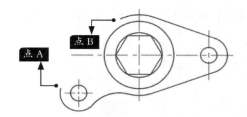	命令：_arc 指定圆弧的起点或[圆心(C)]：_c 指定圆弧的圆心： 指定圆弧的起点： 指定圆弧的端点或[角度(A)/弦长(L)]：_l 指定弦长：60

3.4.6 实战演练——绘制圆弧图形

下面利用【起点、端点、半径】画圆弧方式绘制圆弧图形，具体操作步骤如下。

步骤 01 打开"素材\CH03\绘制圆弧.dwg"文件，如下图所示。

分别捕捉点A、点B作为圆弧的起点和端点，圆弧半径指定为"100"，结果如下图所示。

步骤 02 调用【起点、端点、半径】画圆弧方式，

3.4.7 实战演练——绘制泵体图形

下面利用【起点、端点、角度】和【圆心、起点、端点】画圆弧方式绘制泵体图形，具体操作步骤如下。

步骤 01 打开"素材\CH03\泵体.dwg"文件，如下图所示。

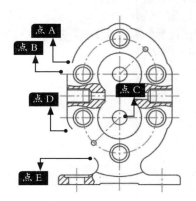

步骤 02 调用【起点、端点、角度】画圆弧方式，命令行提示如下。

> 命令：_arc
> 指定圆弧的起点或[圆心(C)]：// 捕捉点A
> 指定圆弧的第二个点或[圆心(C)/端点(E)]：_e
> 指定圆弧的端点：// 捕捉点B
> 指定圆弧的中心点（按住【Ctrl】键以切换方向）或[角度(A)/方向(D)/半径(R)]：_a
> 指定夹角（按住【Ctrl】键以切换方向）：47
> 结果如下页图所示。

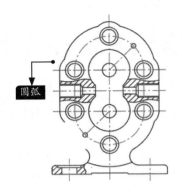

圆弧

指定圆弧的起点：// 捕捉点 D

指定圆弧的端点 (按住【 Ctrl 】键以切换方向) 或 [角度 (A)/ 弦长 (L)]: // 捕捉点 E

结果如下图所示。

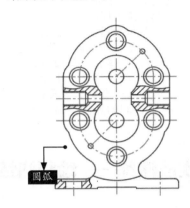

圆弧

步骤 03 调用【圆心、起点、端点】画圆弧方式，命令行提示如下。

```
命令：_arc
指定圆弧的起点或 [ 圆心 (C)]: _c
指定圆弧的圆心：// 捕捉点 C
```

3.4.8 实战演练——绘制通盖图形

下面利用【起点、端点、半径】和【圆心、起点、角度】画圆弧方式绘制通盖图形，具体操作步骤如下。

步骤 01 打开 "素材\CH03\通盖.dwg" 文件，如下图所示。

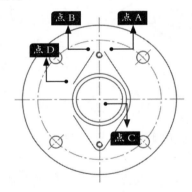

点 B   点 A

点 D

点 C

步骤 02 调用【起点、端点、半径】画圆弧方式，命令行提示如下。

```
命令：_arc
指定圆弧的起点或 [ 圆心 (C)]: // 捕捉点 A
指定圆弧的第二个点或 [ 圆心 (C)/ 端点
(E)]: _e
指定圆弧的端点：// 捕捉点 B
指定圆弧的中心点 ( 按住【Ctrl】键以切
换方向 ) 或 [ 角度 (A)/ 方向 (D)/ 半径 (R)]: _r
指定圆弧的半径 ( 按住【Ctrl】键以切换
方向 ): 4
```

结果如右上图所示。

圆弧

步骤 03 调用【圆心、起点、角度】画圆弧方式，命令行提示如下。

```
命令：_arc
指定圆弧的起点或 [ 圆心 (C)]: _c
指定圆弧的圆心：// 捕捉点 C
指定圆弧的起点：// 捕捉点 D
指定圆弧的端点 ( 按住 【Ctrl 】键以切换
方向 ) 或 [ 角度 (A)/ 弦长 (L)]: _a
指定夹角 ( 按住【Ctrl 】键以切换方向 ): 64
```

结果如下图所示。

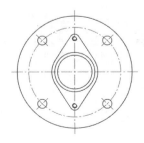

3.4.9 实战演练——绘制搭钩图形

下面利用【起点、端点、半径】和【起点、端点、角度】画圆弧方式绘制搭钩图形，具体操作步骤如下。

步骤 01 打开 "素材\CH03\搭钩.dwg" 文件，如下图所示。

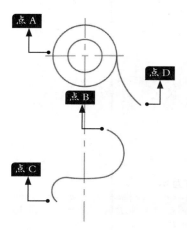

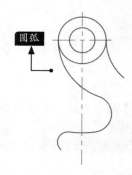

步骤 02 调用【起点、端点、半径】画圆弧方式，命令行提示如下。

命令 : _arc
指定圆弧的起点或 [圆心 (C)]: // 捕捉点 A
指定圆弧的第二个点或 [圆心 (C)/ 端点 (E)]: _e
指定圆弧的端点 : // 捕捉点 B
指定圆弧的中心点 (按住 【Ctrl 】键以切换方向) 或 [角度 (A)/ 方向 (D)/ 半径 (R)]: _r
指定圆弧的半径 (按住 【Ctrl 】键以切换方向): 58
结果如右上图所示。

步骤 03 调用【起点、端点、角度】画圆弧方式，命令行提示如下。

命令 : _arc
指定圆弧的起点或 [圆心 (C)]: // 捕捉点 C
指定圆弧的第二个点或 [圆心 (C)/ 端点 (E)]: _e
指定圆弧的端点 : // 捕捉点 D
指定圆弧的中心点 (按住 【 Ctrl 】 键以切换方向) 或 [角度 (A)/ 方向 (D)/ 半径 (R)]: _a
指定夹角 (按住 【Ctrl】键以切换方向): 179
结果如下图所示。

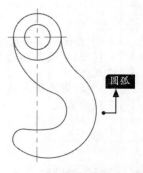

3.4.10 椭圆

1. 命令调用方法

在AutoCAD 2020中调用【椭圆】命令的方法通常有以下3种。

- 选择【绘图】➤【椭圆】菜单命令，然后选择一种绘制椭圆的方式。
- 命令行输入 "ELLIPSE/EL" 命令并按空格键。
- 单击【默认】选项卡 ➤【绘图】面板 ➤【椭圆】按钮，然后选择一种绘制椭圆的方式。

 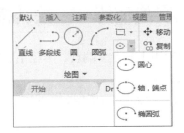

2. 命令提示

调用【椭圆】命令之后，命令行会进行如下提示。

```
命令：_ellipse
指定椭圆的轴端点或[圆弧(A)/中心点(C)]:
```

3. 知识扩展

椭圆的各种绘制方法如表3-5所列。

表3-5 椭圆的各种绘制方法

绘制方法	绘制步骤	结果图形	相应命令行显示
圆心	（1）指定椭圆的中心； （2）指定一条轴的端点； （3）指定或输入另一条半轴的长度		命令: _ellipse 指定椭圆的轴端点或 [圆弧(A)/中心点(C)]: _c 指定椭圆的中心点: 指定轴的端点: 指定另一条半轴长度或 [旋转(R)]: 65
轴、端点	（1）指定一条轴的端点； （2）指定该条轴的另一端点； （3）指定或输入另一条半轴的长度		命令: _ellipse 指定椭圆的轴端点或 [圆弧(A)/中心点(C)]: 指定轴的另一个端点: 指定另一条半轴长度或 [旋转(R)]: 32

3.4.11 实战演练——绘制椭圆图形

下面利用【圆心】绘制椭圆的方式绘制椭圆图形，具体操作步骤如下。

步骤 01 打开"素材\CH03\绘制椭圆.dwg"文件，如下图所示。

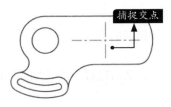

步骤 02 调用【圆心】绘制椭圆的方式，命令行提示如下。

```
命令：_ellipse
指定椭圆的轴端点或[圆弧(A)/中心点(C)]: _c
指定椭圆的中心点: //捕捉两条中心线交点
```

指定轴的端点：@46,0
指定另一条半轴长度或 [旋转 (R)]: 23
结果如右图所示。

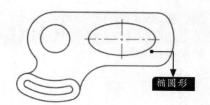

椭圆形

3.4.12 椭圆弧

1. 命令调用方法

在AutoCAD 2020中调用【椭圆弧】命令的方法通常有以下3种。

- 选择【绘图】▶【椭圆】▶【圆弧】菜单命令。
- 命令行输入 "ELLIPSE/EL" 命令并按空格键，然后输入 "a" 绘制圆弧。
- 单击【默认】选项卡▶【绘图】面板▶【椭圆弧】按钮⌒。

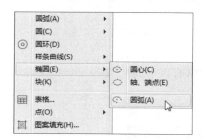

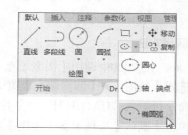

2. 命令提示

调用【椭圆】命令之后，命令行会进行如下提示。

命令：_ellipse
指定椭圆的轴端点或 [圆弧 (A)/ 中心点 (C)]: _a
指定椭圆弧的轴端点或 [中心点 (C)]:

3. 知识扩展

椭圆弧为椭圆上从某一角度到另一角度的一段，在绘制椭圆弧前必须绘制一个椭圆。

3.4.13 实战演练——绘制椭圆弧图形

下面绘制椭圆弧图形，具体操作步骤如下。

步骤 01 打开 "素材\CH03\绘制椭圆弧.dwg" 文件，如下图所示。

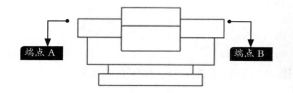

端点 A

端点 B

步骤 02 调用【椭圆弧】命令，命令行提示如下。

命令：_ellipse
指定椭圆的轴端点或 [圆弧 (A)/ 中心点 (C)]: _a
指定椭圆弧的轴端点或 [中心点 (C)]:   // 捕捉端点 A
指定轴的另一个端点：   // 捕捉端点 B
指定另一条半轴长度或 [旋转 (R)]: 24

指定起点角度或 [参数 (P)]: 180
指定端点角度或 [参数 (P)/ 夹角 (I)]: 0
结果如右图所示。

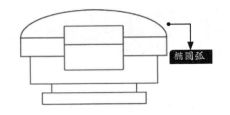

椭圆弧

3.5 绘制和编辑图案填充

使用填充图案、实体填充或渐变填充可以填充封闭区域或选定对象。图案填充常用来表示断面或材料特征。

3.5.1 图案填充的创建与编辑

1. 命令调用方法

在AutoCAD 2020中调用【图案填充】命令的方法通常有以下3种。

- 选择【绘图】➤【图案填充】菜单命令。
- 命令行输入"HATCH/H"命令并按空格键。
- 单击【默认】选项卡➤【绘图】面板➤【图案填充】按钮 。

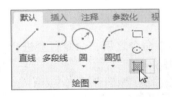

在AutoCAD 2020中调用【编辑图案填充】命令的方法通常有以下3种。

- 选择【修改】➤【对象】➤【图案填充】菜单命令。
- 命令行输入"HATCHEDIT/HE"命令并按空格键。
- 单击【默认】选项卡➤【修改】面板➤【编辑图案填充】按钮 。

2. 命令提示

调用【图案填充】命令之后，系统会弹出【图案填充创建】选项卡，如下页图所示。

调用【编辑图案填充】命令之后，命令行会进行如下提示。

命令：_hatchedit
选择图案填充对象：

3.5.2 实战演练——创建图案填充对象

下面创建图案填充对象，具体操作步骤如下。

步骤01 打开"素材\CH03\图案填充.dwg"文件，如下图所示。

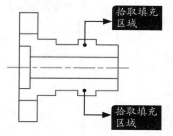

步骤02 调用【图案填充】命令，在【图案填充创

建】选项卡中设置填充图案为"ANSI31"，填充比例为"1"，填充角度为"0"，在绘图区域拾取适当的填充区域，结果如下图所示。

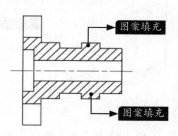

3.5.3 实战演练——绘制夹线体剖面图

下面为夹线体剖面图创建图案填充对象，具体操作步骤如下。

步骤01 打开"素材\CH03\夹线体.dwg"文件，如下图所示。

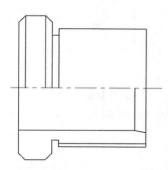

步骤02 调用【图案填充】命令，在【图案填充创建】选项卡中设置填充图案为"ANSI31"，填充比例为"1"，填充角度为"90"，在绘图区域拾取适当的填充区域，结果如右上图所示。

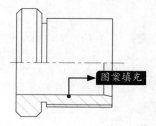

步骤03 重复**步骤02**的操作，设置填充图案为"ANSI37"，填充比例为"1"，填充角度为"0"，在绘图区域拾取适当的填充区域，结果如下图所示。

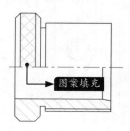

3.6 综合应用——绘制泵盖图形

绘制泵盖图形主要需应用到圆、构造线、直线、圆弧、矩形、图案填充等命令，具体操作步骤如下。

步骤 01 打开 "素材\CH03\泵盖.dwg" 文件，如下图所示。

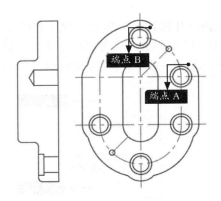

步骤 02 选择【绘图】▶【圆弧】▶【起点、端点、半径】菜单命令，命令行提示如下。

> 命令：_arc
> 指定圆弧的起点或 [圆心 (C)]: // 捕捉端点 A
> 指定圆弧的第二个点或 [圆心 (C)/ 端点 (E)]: _e
> 指定圆弧的端点：// 捕捉端点 B
> 指定圆弧的中心点 (按住【Ctrl】键以切换方向) 或 [角度 (A)/ 方向 (D)/ 半径 (R)]: _r
> 指定圆弧的半径 (按住【Ctrl】键以切换方向): 40

结果如下图所示。

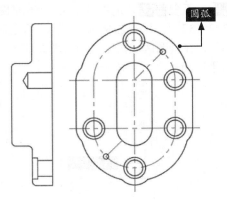

步骤 03 选择【绘图】▶【圆】▶【圆心、半径】菜单命令，捕捉下图所示的交点作为圆心点。

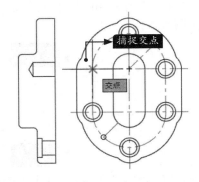

步骤 04 分别绘制半径为 "6" 和 "8" 的两个同心圆，结果如下图所示。

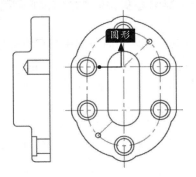

步骤 05 选择【绘图】▶【构造线】菜单命令，捕捉下图所示的圆心点作为构造线的中点。

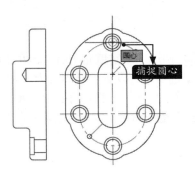

步骤 06 在水平方向上单击指定构造线的通过点，按【Enter】键确认，结果如下图所示。

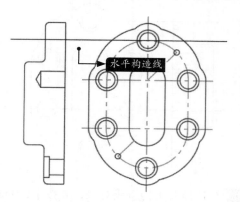

步骤 07 继续捕捉圆心点进行水平构造线的绘制，结果如下图所示。

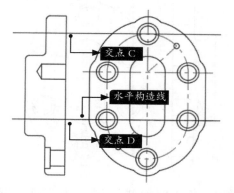

步骤 08 选择【绘图】➤【直线】菜单命令，命令行提示如下。

```
命令：_line
指定第一个点：fro
基点： // 捕捉交点 C
< 偏移 >: @0,6
指定下一点或 [ 放弃 (U)]: @–11,0
指定下一点或 [ 退出 (E)/ 放弃 (U)]: // 按
【Enter】键结束直线命令
命令：_line
指定第一个点：fro
基点： // 捕捉交点 C
< 偏移 >: @0,–6
指定下一点或 [ 放弃 (U)]: @–11,0
指定下一点或 [ 退出 (E)/ 放弃 (U)]: // 按
【Enter】键结束直线命令
命令：_line
```

```
指定第一个点：fro
基点： // 捕捉交点 D
< 偏移 >: @0,6
指定下一点或 [ 放弃 (U)]: @–18,0
指定下一点或 [ 退出 (E)/ 放弃 (U)]: @0,–12
指定下一点或 [ 关闭 (C)/ 退出 (X)/ 放弃
(U)]: @18,0
指定下一点或 [ 关闭 (C)/ 退出 (X)/ 放弃
(U)]: // 按【Enter】键结束直线命令
```
结果如下图所示。

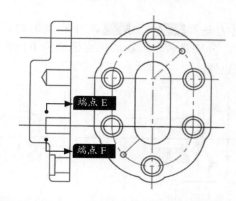

步骤 09 重复调用【直线】命令，捕捉端点E作为直线的第一个点，在命令行提示下输入"<60"后按【Enter】键确认，拖动鼠标在适当的位置处单击指定直线的下一个点，并按【Enter】键结束直线命令，结果如下图所示。

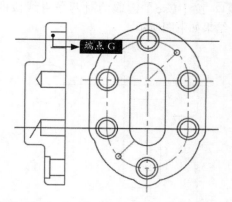

步骤 10 重复调用【直线】命令，捕捉端点F作为直线的第一个点，在命令行提示下输入"<120"后按【Enter】键确认，拖动鼠标在适当的位置处单击指定直线的下一个点，并按【Enter】键结束直线命令，结果如下页图所示。

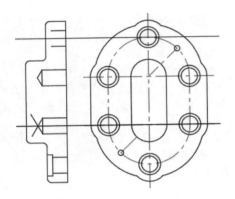

结果如下图所示。

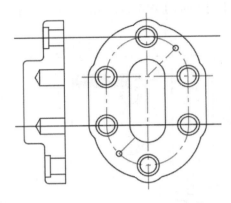

步骤⑪ 选择**步骤⑨**～**步骤⑩** 中得到的两条直线段，分别将两个适当的夹点拖动到下图所示的交点处。

步骤⑭ 选择两条构造线对象，并按【Delete】键将其删除，结果如下图所示。

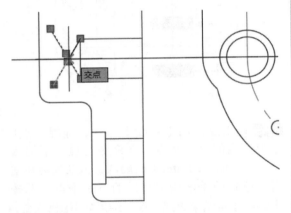

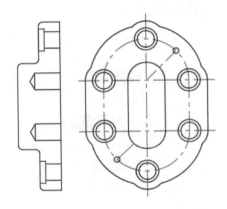

步骤⑫ 按【Esc】键取消对两条直线段的选择，结果如下图所示。

步骤⑮ 将"剖面线"层置为当前，选择【绘图】▶【图案填充】菜单命令，在【图案填充创建】选项卡中设置填充图案为"ANSI31"，填充比例为"1"，填充角度为"0"，在绘图区域拾取适当的填充区域，结果如下图所示。

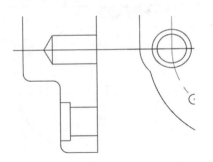

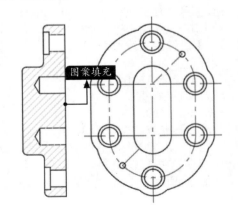

步骤⑬ 选择【绘图】▶【矩形】菜单命令，命令行提示如下。

```
命令：_rectang
指定第一个角点或 [ 倒角 (C)/ 标高 (E)/
圆角 (F)/ 厚度 (T)/ 宽度 (W)]: fro
基点：// 捕捉端点 G
< 偏移 >: @0,2
指定另一个角点或 [ 面积 (A)/ 尺寸 (D)/
旋转 (R)]: @-4,-16
```

疑难解答

1. 如何填充个性化图案

除了AutoCAD软件自带的填充图案之外，用户还可以自定义图案，将其放置到AutoCAD安装路径的"Support"文件夹中，这样便可以将其作为填充图案进行填充，如下图所示。

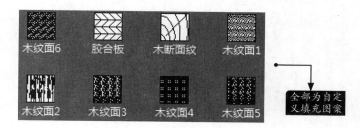

2. 如何绘制底边不与水平方向平齐的正多边形

在用输入半径绘制多边形时，所绘制的多边形底边都与水平方向平齐，这是因为多边形底边自动与事先设定好的捕捉旋转角度对齐，而这个角度AutoCAD默认为0°。通过输入半径绘制底边不与水平方向平齐的多边形，有两种方法，一是通过输入相对极坐标绘制，二是通过修改系统变量绘制。下面绘制一个外切圆半径为200、底边与水平方向成30°的正六边形。

新建一个图形文件，然后在命令行输入"Pol"并按空格键，根据命令行提示进行如下操作。

> 命令：POLYGON 输入侧面数 <4>：6
> 指定正多边形的中心点或 [边 (E)]：
> // 任意单击一点作为圆心
> 输入选项 [内接于圆 (I)/ 外切于圆 (C)]
> <I>：c
> 指定圆的半径：@200<60

正六边形绘制完成后，结果如下图所示。

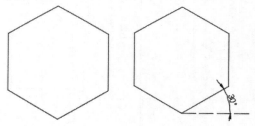

小提示

除了输入极坐标的方法外，通过修改系统参数"SNAPANG"也可以完成上述多边形的绘制，操作步骤如下。

（1）在命令行输入"SANPANG"命令并按空格键，将新的系统值设置为30°。

命令：SANPANG

输入 SANPANG 的新值 <0>：30

（2）在命令行输入"Pol"命令并按空格键，AutoCAD提示如下。

命令：POLYGON 输入侧面数 <4>：6

指定正多边形的中心点或 [边 (E)]：　　　　　　　　// 任意单击一点作为多边形的中心

输入选项 [内接于圆 (I)/ 外切于圆 (C)] <I>：c

指定圆的半径：200

实战练习

（1）绘制以下图形，并计算出阴影部分的面积。

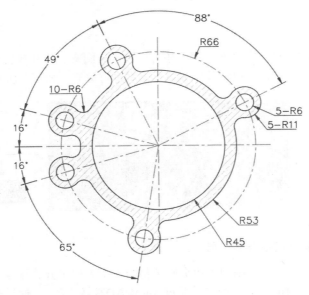

（2）绘制以下图形，并计算出阴影部分的面积。

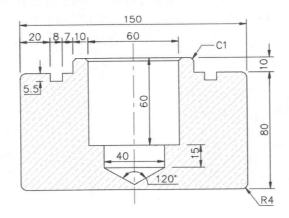

第**4**章

编辑二维图形对象

学习目标

单纯地使用绘图命令，只能创建一些基本的图形对象。如果要绘制复杂的图形，在很多情况下必须借助图形编辑命令。AutoCAD 2020提供了强大的图形编辑功能，可以帮助用户合理地构造和组织图形，既保证绘图的精确性，又简化绘图的操作，从而极大地提高绘图效率。

学习效果

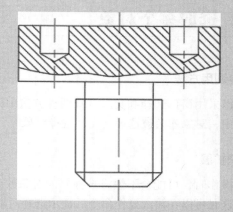

4.1 选择对象

在AutoCAD中创建的每个几何图形都是一个AutoCAD对象。AutoCAD对象具有很多形式，例如直线、圆、标注、文字、多边形和矩形等都是对象。

在AutoCAD中，选择对象是一个非常重要的环节，通常在执行编辑命令前先选择对象。因此，选择命令会频繁使用。

4.1.1 单个选取对象

1. 命令调用方法

将十字光标移至需要选择的图形对象上面单击即可选中该对象。

2. 知识扩展

选择对象时可以选择单个对象，也可以通过多次选择单个对象实现对多个对象的选择。对于重叠对象，可以利用【选择循环】功能进行相应对象的选择，如下图所示。

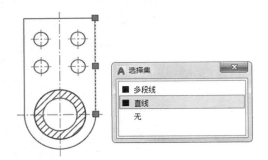

4.1.2 选取多个对象

1. 命令调用方法

可以采用窗口选择和交叉选择两种方法中的任意一种。窗口选择对象时，只有整个对象都在选择框中，对象才会被选择；交叉选择对象时，只要对象和选择框相交就会被选择。

2. 知识扩展

在操作时，可能会不慎将选择好的对象放弃掉。如果选择对象很多，一个一个重新选择将太繁琐，这时可以在输入操作命令后提示选择时输入"P"，重新选择上一步的所有选择对象。

4.1.3 实战演练——同时选择多个图形对象

下面分别采用窗口选择和交叉选择的方式对多个图形对象同时进行选择，具体操作步骤如下。

1. 窗口选择

步骤 01 打开"素材\CH04\选择对象.dwg"文件，如下图所示。

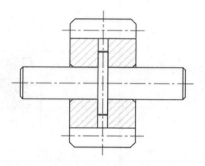

步骤 02 在绘图区域左边空白处单击鼠标，确定矩形窗口的第一点，如下图所示。

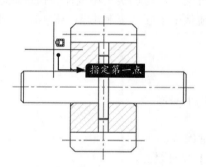

步骤 03 从左向右拖曳鼠标，展开一个矩形窗口，如下图所示。

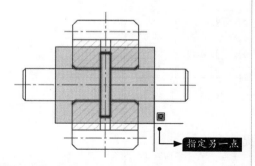

步骤 04 单击鼠标后，完全位于窗口内的对象即被选择，如右上图所示。

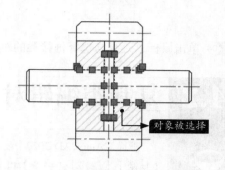

2. 交叉选择

步骤 01 打开"素材\CH04\选择对象.dwg"文件，如下图所示。

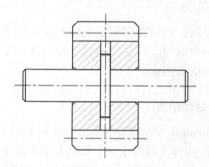

步骤 02 在绘图区右边空白处单击鼠标，确定矩形窗口的第一点，如下图所示。

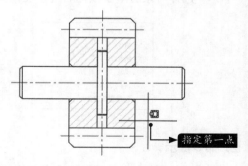

步骤 03 从右向左拖曳鼠标，展开一个矩形窗口，如下页图所示。

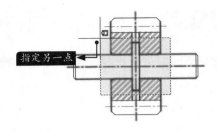

部被选择，如下图所示。

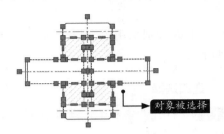

对象被选择

步骤 04 单击鼠标，凡是与选择框接触的对象全

4.2 复制类编辑对象

下面对AutoCAD 2020中复制类图形对象的编辑方法进行详细介绍，包括【复制】【偏移】【镜像】和【阵列】等。

4.2.1 复制

复制，通俗地讲就是把原对象变成多个完全一样的对象。这与现实当中复印身份证或求职简历是一个道理。例如，通过【复制】命令，可以很轻松地从单个楼梯复制出多个楼梯，实现相同楼梯的快速创建。

1. 命令调用方法

在AutoCAD 2020中调用【复制】命令的常用方法有以下4种。

- 选择【修改】▶【复制】菜单命令。
- 在命令行中输入"COPY/CO/CP"命令并按空格键确认。
- 单击【默认】选项卡▶【修改】面板中的【复制】按钮。
- 选择对象后单击鼠标右键，在快捷菜单中选择【复制选择】命令。

2. 命令提示

调用【复制】命令之后，命令行会进行如下提示。

```
命令：_copy
选择对象：
```

3. 知识扩展

执行一次【复制】命令，可以连续复制多次同一个对象，退出【复制】命令后终止复制操作。

4.2.2 实战演练——复制图形对象

下面利用【复制】命令编辑楼梯剖面图，具体操作步骤如下。

步骤 01 打开"素材\CH04\复制图形对象.dwg"文件，如下图所示。

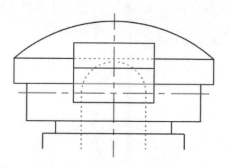

步骤 02 调用【复制】命令，在绘图区域选择下图所示的对象作为需要复制的对象，按【Enter】键确认。

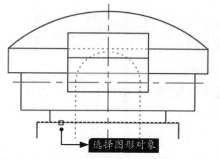

步骤 03 在绘图区域捕捉右上图所示的端点作为复制基点。

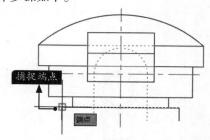

步骤 04 在绘图区域捕捉下图所示的端点作为复制的第二个点。

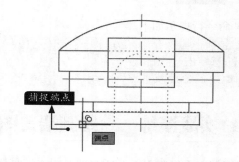

步骤 05 按【Enter】键结束复制命令，结果如下图所示。

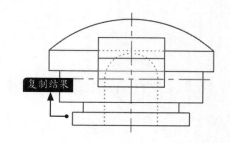

4.2.3 实战演练——绘制四角支架图形

下面利用【复制】命令绘制四角支架图形，具体操作步骤如下。

步骤 01 打开"素材\CH04\四角支架.dwg"文件，如右图所示。

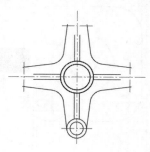

步骤 02 调用【复制】命令，在绘图区域选择下图所示的对象作为需要复制的对象，按【Enter】键确认。

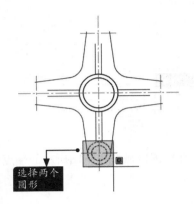

选择两个圆形

步骤 03 命令行提示如下。

> 指定基点或 [位移 (D)/ 模式 (O)] < 位移 >： // 任意单击一点即可
> 指定第二个点或 [阵列 (A)] < 使用第一个

点作为位移 >：@48,48
> 指定第二个点或 [阵列 (A)/ 退出 (E)/ 放弃 (U)] < 退出 >：@–48,48
> 指定第二个点或 [阵列 (A)/ 退出 (E)/ 放弃 (U)] < 退出 >：@0,96
> 指定第二个点或 [阵列 (A)/ 退出 (E)/ 放弃 (U)] < 退出 >： // 按【Enter】键结束复制命令

结果如下图所示。

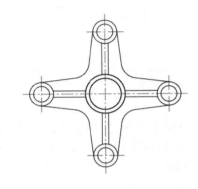

4.2.4 实战演练——绘制端盖图形

下面利用【复制】命令绘制端盖图形，具体操作步骤如下。

步骤 01 打开"素材\CH04\端盖.dwg"文件，如下图所示。

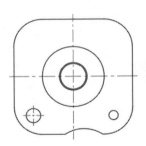

步骤 02 调用【复制】命令，在绘图区域选择下图所示的对象作为需要复制的对象，按【Enter】键确认。

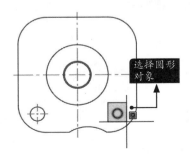

选择图形对象

步骤 03 在绘图区域捕捉下图所示的圆心点作为复制基点。

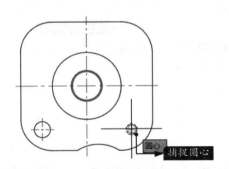

圆心　捕捉圆心

步骤 04 在绘图区域捕捉下图所示的圆心点作为复制的第二个点。

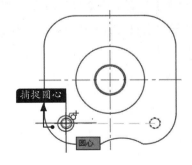

捕捉圆心

圆心

步骤 05 按【Enter】键结束【复制】命令，结果如下图所示。

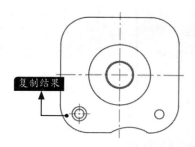

步骤 06 调用【复制】命令，在绘图区域选择如下图所示的对象作为需要复制的对象，按【Enter】键确认。

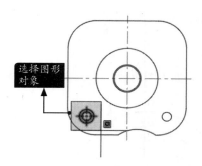

步骤 07 命令行提示如下。

```
    指定基点或 [ 位移 (D)/ 模式 (O)] < 位移
>： // 任意单击一点即可
    指定第二个点或 [ 阵列 (A)] < 使用第一个
点作为位移 >： @78,0
    指定第二个点或 [ 阵列 (A)/ 退出 (E)/ 放
弃 (U)] < 退出 >： @0,78
    指定第二个点或 [ 阵列 (A)/ 退出 (E)/ 放
弃 (U)] < 退出 >： @78,78
    指定第二个点或 [ 阵列 (A)/ 退出 (E)/ 放
弃 (U)] < 退出 >： // 按【Enter】键结束复制
命令
```

结果如下图所示。

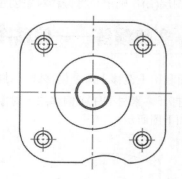

4.2.5 偏移

通过偏移可以创建与原对象造型平行的新对象。在AutoCAD中，如果偏移的对象为直线，那么偏移的结果相当于复制；偏移的对象如果是圆，偏移的结果是一个与源对象同心的同心圆，偏移距离即为两个圆的半径差；偏移的对象如果是矩形，偏移结果还是一个与源对象同中心的矩形，偏移距离即为两个矩形平行边之间的距离。

1. 命令调用方法

在AutoCAD 2020中调用【偏移】命令的常用方法有以下3种。

- 选择【修改】➤【偏移】菜单命令。
- 在命令行中输入"OFFSET/O"命令并按空格键确认。
- 单击【默认】选项卡➤【修改】面板中的【偏移】按钮 ⊑。

2. 命令提示

调用【偏移】命令之后，命令行会进行如下提示。

```
命令：_offset
当前设置：删除源 = 否  图层 = 源  OFFSETGAPTYPE=0
指定偏移距离或 [ 通过 (T)/ 删除 (E)/ 图层 (L)] < 通过 >：
```

3. 知识扩展

命令行中各选项的含义如下。

- 指定偏移距离：指定需要被偏移的距离值。
- 通过(T)：可以指定一个已知点，偏移后生成的新对象将通过该点。
- 删除(E)：控制是否在执行偏移命令后将源对象删除。
- 图层(L)：确定是将偏移对象创建在当前图层上还是创建在源对象所在的图层上。

4.2.6 实战演练——偏移图形对象

下面利用【偏移】命令偏移圆形对象，具体操作步骤如下。

步骤 01 打开"素材\CH04\偏移图形对象.dwg"文件，如下图所示。

移方向，结果如下图所示。

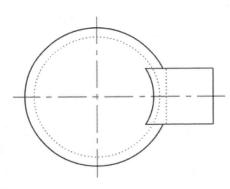

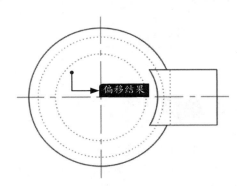

步骤 02 调用【偏移】命令，偏移距离指定为"15"，选择下图所示的圆形对象进行偏移。

步骤 04 依次将偏移得到的圆形向内侧偏移，共计偏移3次，按【Enter】键结束偏移命令，结果如下图所示。

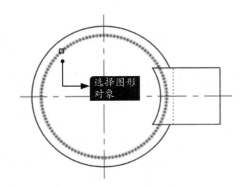

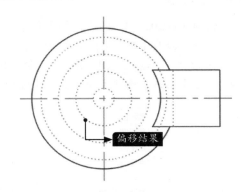

步骤 03 在所选圆形对象的内侧单击，以指定偏

4.2.7 实战演练——绘制平行上托辊图形

下面利用【偏移】命令绘制平行上托辊图形，具体操作步骤如下。

步骤 01 打开"素材\CH04\平行上托辊.dwg"文件，如下图所示。

步骤 02 调用【偏移】命令，偏移距离指定为"170"，选择下图所示的直线对象进行偏移。

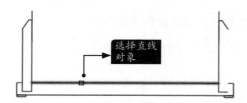

步骤 03 在所选直线对象的上侧单击，以指定偏移方向，按【Enter】键结束偏移命令，结果如下图所示。

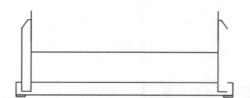

步骤 04 继续将偏移得到的直线向上侧偏移，偏移距离指定为"230"，结果如下图所示。

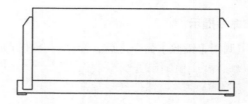

步骤 05 调用【偏移】命令，偏移距离指定为"1100"，选择下图所示的直线对象进行偏移。

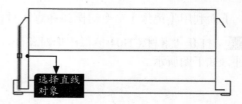

步骤 06 在所选直线对象的右侧单击，以指定偏移方向，按【Enter】键结束偏移命令，结果如下图所示。

4.2.8 镜像

镜像对创建对称的对象非常有用。通常可以快速地绘制半个对象，然后将其镜像，而不必绘制整个对象。

1. 命令调用方法

在AutoCAD 2020中调用【镜像】命令的常用方法有以下3种。

- 选择【修改】➤【镜像】菜单命令。
- 在命令行中输入"MIRROR/MI"命令并按空格键确认。
- 单击【默认】选项卡➤【修改】面板中的【镜像】按钮△。

2. 命令提示

调用【镜像】命令之后，命令行会进行如下提示。

```
命令：_mirror
选择对象：
```

4.2.9 实战演练——镜像图形对象

下面利用【镜像】命令对圆弧和直线对象进行镜像操作，具体操作步骤如下。

步骤 01 打开"素材\CH04\镜像图形对象.dwg"文件，如下图所示。

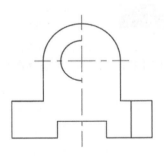

步骤 02 调用【镜像】命令，在绘图区域选择下图所示的圆弧和直线作为需要镜像的对象，并按【Enter】键确认。

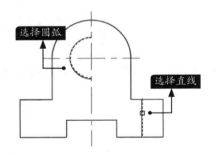

步骤 03 捕捉右上图所示的端点作为镜像线的第一点。

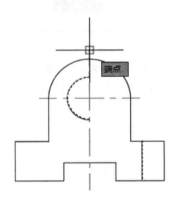

步骤 04 在竖直方向单击指定镜像线的第二点，当命令行提示是否删除"源对象"时，输入"N"并按【Enter】键确认，结果如下图所示。

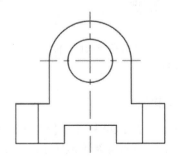

4.2.10 实战演练——绘制立柱支架图形

下面利用【镜像】命令绘制立柱支架图形，具体操作步骤如下。

步骤 01 打开"素材\CH04\立柱支架.dwg"文件，如下图所示。

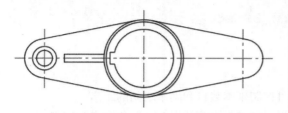

步骤 02 调用【镜像】命令，在绘图区域选择下图所示的图形作为需要镜像的对象，并按【Enter】键确认。

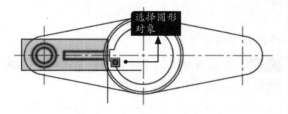

步骤 03 捕捉右上图所示的端点作为镜像线的

第一点。

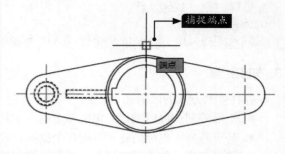

步骤 04 在竖直方向单击指定镜像线的第二点，当命令行提示是否删除"源对象"时，输入"N"并按【Enter】键确认，结果如下图所示。

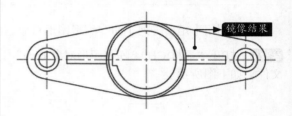

4.2.11 阵列

阵列功能可以为对象快速创建多个副本。在AutoCAD 2020中，阵列可以分为矩形阵列、路径阵列以及环形阵列（极轴阵列）。

1. 命令调用方法

在AutoCAD 2020中调用【阵列】命令的常用方法有以下3种。

- 选择【修改】➤【阵列】菜单命令，然后选择一种阵列方式。
- 在命令行中输入"ARRAY/AR"命令并按空格键确认，选择需要阵列的对象后可以选择一种阵列方式。
- 单击【默认】选项卡➤【修改】面板中的【阵列】按钮，然后选择一种阵列方式。

2. 命令提示

调用【AR】命令之后，在绘图区域选择需要阵列的对象并按【Enter】键确认，命令行会进行如下提示。

命令：ARRAY
选择对象：找到 1 个
选择对象：
输入阵列类型 [矩形 (R)/ 路径 (PA)/ 极轴 (PO)] < 矩形 >：

3. 知识扩展

各种阵列方式的区别如下。

- 矩形阵列：可以创建对象的多个副本，并可控制副本数目和副本之间的距离。
- 环形阵列：也可创建对象的多个副本，并可对副本是否旋转以及旋转角度进行控制。
- 路径阵列：在路径阵列中，项目将均匀地沿路径或部分路径分布。

4.2.12　实战演练——阵列图形对象

下面利用【矩形阵列】命令编辑图形对象，具体操作步骤如下。

步骤01 打开 "素材\CH04\阵列图形对象.dwg" 文件，如下图所示。

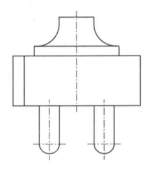

步骤02 调用【矩形阵列】命令，在绘图区域选择下图所示的直线作为需要矩形阵列的对象，按【Enter】键确认。

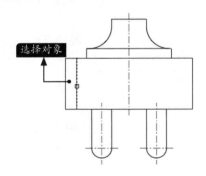

步骤03 在系统弹出的【阵列创建】选项卡中进行相关参数设置，如下图所示。

⊞ 列数：	4		🗏 行数：	1
🔢 介于：	28.0000　f_x		🗏 介于：	63.0000
🔢 总计：	84.0000		🗏 总计：	63.0000
	列			行 ▼

步骤04 单击【关闭阵列】按钮，结果如下图所示。

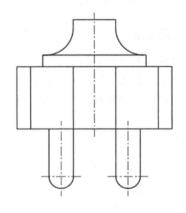

4.2.13　实战演练——绘制三角支架图形

下面利用【路径阵列】命令编辑三角支架图形，具体操作步骤如下。

步骤 01 打开"素材\CH04\三角支架.dwg"文件，如下图所示。

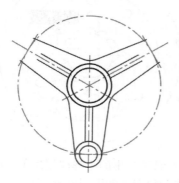

步骤 02 调用【路径阵列】命令，在绘图区域选择下图所示的两个圆形作为需要路径阵列的对象，按【Enter】键确认。

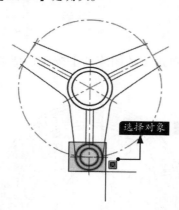

选择对象

步骤 03 在绘图区域选择路径曲线，如下图所示。

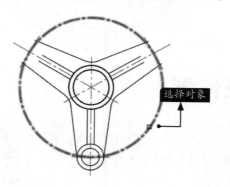

选择对象

步骤 04 在系统弹出的【阵列创建】选项卡中进行相关参数设置，如下图所示。

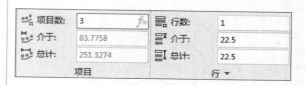

项目数:	3		行数:	1
介于:	83.7758		介于:	22.5
总计:	251.3274		总计:	22.5
项目			行 ▾	

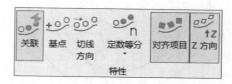

关联　基点　切线方向　定数等分　对齐项目　Z方向
特性

步骤 05 单击【关闭阵列】按钮，结果如下图所示。

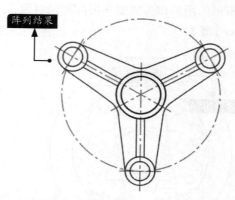

阵列结果

步骤 06 选择 **步骤 03** 中作为路径曲线的圆形，按【Delete】键将其删除，结果如下图所示。

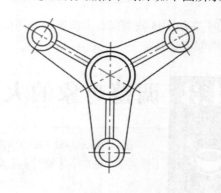

4.2.14 实战演练——绘制盘花图案

下面利用【环形阵列】命令编辑盘花图案，具体操作步骤如下。

步骤 01 打开"素材\CH04\盘花图案.dwg"文件，如下图所示。

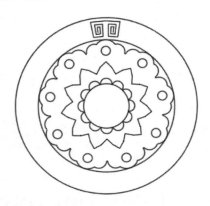

步骤 02 调用【环形阵列】命令，在绘图区域选择下图所示的图形作为需要环形阵列的对象，按【Enter】键确认。

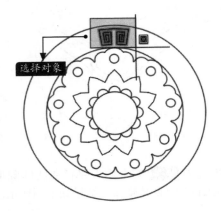

选择对象

步骤 03 在绘图区域捕捉右上图所示的圆心点作为阵列的中心点。

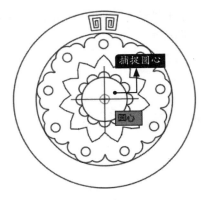

捕捉圆心

圆心

步骤 04 在系统弹出的【阵列创建】选项卡中进行相关参数设置，如下图所示。

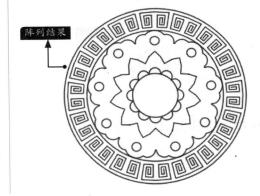

	项目数:	16		行数:	1
	介于:	23	f_x	介于:	22.2265
	填充:	360		总计:	22.2265
	项目			行 ▼	

步骤 05 单击【关闭阵列】按钮，结果如下图所示。

阵列结果

4.3 调整对象的大小或位置

 　　下面对AutoCAD 2020中调整对象大小或位置的方法进行详细介绍，包括【移动】【缩放】【旋转】【修剪】【延伸】【拉伸】和【拉长】等。

4.3.1 移动

　　【移动】命令可以将源对象以指定的距离和角度移动到任何位置，从而实现对象的组合以形成一个新的对象。

1. 命令调用方法

在AutoCAD 2020中调用【移动】命令的常用方法有以下4种。

- 选择【修改】➤【移动】菜单命令。
- 在命令行中输入"MOVE/M"命令并按空格键。
- 单击【默认】选项卡➤【修改】面板中的【移动】按钮✥。
- 选择对象后单击鼠标右键，在快捷菜单中选择【移动】命令。

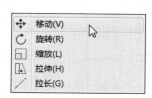 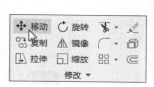 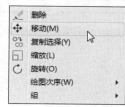

2. 命令提示

调用【移动】命令之后，命令行会进行如下提示。

```
命令：_move
选择对象：
```

4.3.2 实战演练——移动图形对象

下面利用【移动】命令对图形进行编辑操作，具体操作步骤如下。

步骤01 打开"素材\CH04\移动图形对象.dwg"文件，如下图所示。

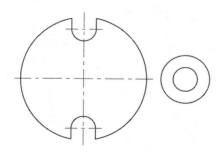

步骤02 调用【移动】命令，在绘图区域选择下图所示的图形作为需要移动的对象，按【Enter】键确认。

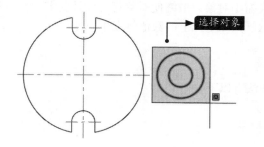

步骤03 在绘图区域任意单击一点作为移动对象的基点，在命令行输入"@-50,0"后按【Enter】键确认，以指定移动对象的第二个点，结果如下图所示。

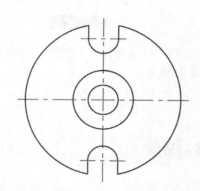

4.3.3 实战演练——绘制减速箱体半剖视图

下面利用【移动】命令对减速箱体半剖视图进行编辑操作，具体操作步骤如下。

步骤 01 打开"素材\CH04\减速箱体半剖视图.dwg"文件，如下图所示。

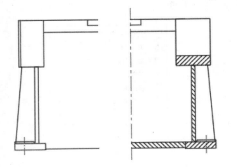

步骤 02 调用【移动】命令，在绘图区域选择下图所示的图形作为需要移动的对象，按【Enter】键确认。

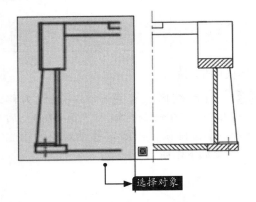

步骤 03 在绘图区域捕捉右上图所示的端点作为移动对象的基点。

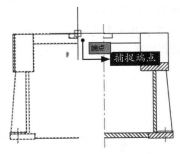

步骤 04 捕捉下图所示的端点作为移动对象的第二个点。

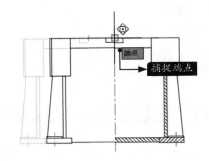

结果如下图所示。

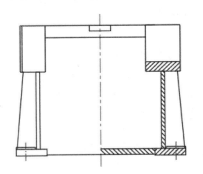

4.3.4 缩放

【缩放】命令可以在x、y和z坐标上同比放大或缩小对象，最终使对象符合设计要求。在对对象进行缩放操作时，对象的比例保持不变，但其在x、y、z坐标上的数值将发生改变。

1. 命令调用方法

在AutoCAD 2020中调用【缩放】命令的常用方法有以下4种。

- 选择【修改】➤【缩放】菜单命令。
- 在命令行中输入"SCALE/SC"命令并按空格键。

- 单击【默认】选项卡➤【修改】面板中的【缩放】按钮🔲。
- 选择对象后单击鼠标右键，在快捷菜单中选择【缩放】命令。

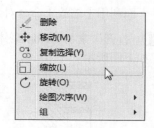

2. 命令提示

调用【缩放】命令之后，命令行会进行如下提示。

```
命令：_scale
选择对象：
```

4.3.5 实战演练——缩放图形对象

下面利用【缩放】命令对图形进行编辑操作，具体操作步骤如下。

步骤 01 打开"素材\CH04\缩放图形对象.dwg"文件，如下图所示。

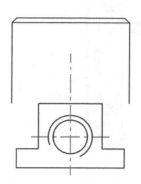

步骤 02 调用【缩放】命令，在绘图区域选择下图所示的图形作为需要缩放的对象，按【Enter】键确认。

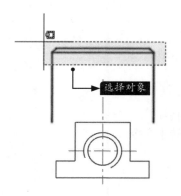

步骤 03 捕捉下图所示的交点作为缩放的基点。

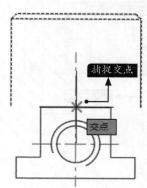

步骤 04 在命令行中输入指定缩放比例因子为"0.5"，按【Enter】键确认，结果如下图所示。

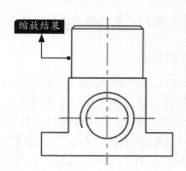

4.3.6 实战演练——绘制泵体剖视图

下面利用【缩放】命令对泵体剖视图进行编辑操作，具体操作步骤如下。

步骤 01 打开"素材\CH04\泵体剖视图.dwg"文件，如下图所示。

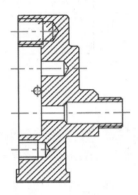

步骤 02 调用【缩放】命令，在绘图区域选择下图所示的图形作为需要缩放的对象，按【Enter】键确认。

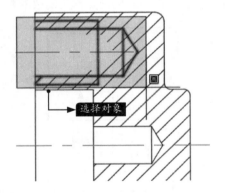

选择对象

步骤 03 捕捉下图所示的交点作为缩放的基点。

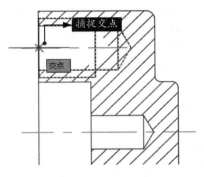

捕捉交点
交点

步骤 04 命令行提示如下。

> 指定比例因子或 [复制 (C)/ 参照 (R)]: r
> 指定参照长度 <1.0000>: 1.3
> 指定新的长度或 [点 (P)] <1.0000>: 1
> 结果如下图所示。

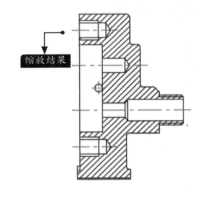

缩放结果

4.3.7 旋转

旋转是指绕指定基点旋转图形中的对象。

1. 命令调用方法

在AutoCAD 2020中调用【旋转】命令的常用方法有以下4种。

- 选择【修改】▶【旋转】菜单命令。
- 在命令行中输入"ROTATE/RO"命令并按空格键。
- 单击【默认】选项卡▶【修改】面板中的【旋转】按钮 ↻。
- 选择对象后单击鼠标右键，在快捷菜单中选择【旋转】命令。

  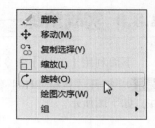

2. 命令提示

调用【旋转】命令之后，命令行会进行如下提示。

命令：_rotate
当前的正角方向：ANGDIR= 逆时针 ANGBASE=0
选择对象：

4.3.8 实战演练——旋转图形对象

下面利用【旋转】命令对图形进行编辑操作，具体操作步骤如下。

步骤01 打开"素材\CH04\旋转图形对象.dwg"文件，如下图所示。

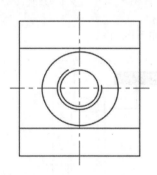

步骤02 调用【旋转】命令，在绘图区域选择下图所示的部分图形对象作为需要旋转的对象，按【Enter】键确认。

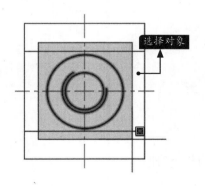

步骤03 捕捉下图所示的圆心点以指定图形对象的旋转基点。

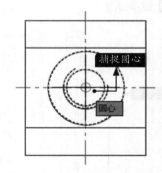

步骤04 在命令行中指定旋转角度为"-145"，按【Enter】键确认，结果如下图所示。

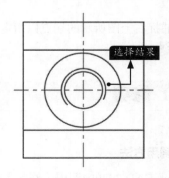

4.3.9 实战演练——绘制端盖剖视图

下面利用【旋转】命令对端盖剖视图进行编辑操作，具体操作步骤如下。

步骤 01 打开"素材\CH04\端盖剖视图.dwg"文件，如下图所示。

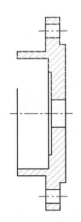

步骤 02 调用【旋转】命令，在绘图区域选择下图所示的部分图形对象作为需要旋转的对象，按【Enter】键确认。

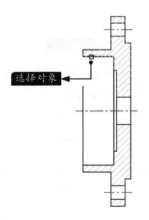

选择对象

步骤 03 捕捉右上图所示的端点以指定图形对象的旋转基点。

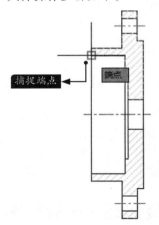

捕捉端点　端点

步骤 04 命令行提示如下。

```
    指定旋转角度，或 [ 复制 (C)/ 参照 (R)]
<0>：c
    旋转一组选定对象。
    指定旋转角度，或 [ 复制 (C)/ 参照 (R)]
<0>：-90
```

结果如下图所示。

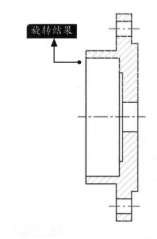

旋转结果

4.3.10 修剪

1. 命令调用方法

在AutoCAD 2020中调用【修剪】命令的常用方法有以下3种。

- 选择【修改】➤【修剪】菜单命令。
- 在命令行中输入"TRIM/TR"命令并按空格键。

- 单击【默认】选项卡 ➤【修改】面板中的【修剪】按钮 。

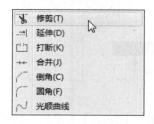

2. 命令提示

调用【修剪】命令之后，命令行会进行如下提示。

命令：_trim
当前设置：投影 =UCS，边 = 无
选择剪切边 …
选择对象或 < 全部选择 >：

对剪切边进行选择确认之后，命令行会进行如下提示。

选择要修剪的对象或按住【Shift】键选择要延伸的对象，或者
[栏选 (F)/ 窗交 (C)/ 投影 (P)/ 边 (E)/ 删除 (R)]：

3. 知识扩展

命令行中各选项的含义如下。

- 选择要修剪的对象：选择需要被修剪掉的对象。
- 按住Shift键选择要延伸的对象：延伸选定对象而不执行修剪操作。
- 栏选(F)：与选择栏相交的所有对象将被选择。选择栏是一系列临时线段，用两个或多个栏选点指定且不会构成闭合环。
- 窗交(C)：选择矩形区域（由两点确定）内部或与之相交的对象。
- 投影(P)：指定延伸对象时使用的投影方法，默认提供"无（N）""UCS（U）""视图（V）"三种投影选项供用户选择。
- 边(E)：确定对象是在另一对象的延长边处进行修剪，还是仅在三维空间中与该对象相交的对象处进行修剪。默认提供两种模式供用户选择，分别为"延伸（E）"和"不延伸（N）"。
- 删除(R)：修剪命令执行过程中可以对需要删除的部分进行有效删除，而不影响修剪命令的执行。

4.3.11 实战演练——修剪图形对象

下面利用【移动】命令对图形进行编辑操作，具体操作步骤如下。

步骤 01 打开"素材\CH04\修剪图形对象.dwg"文件，如右图所示。

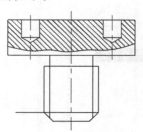

步骤 02 调用【修剪】命令，在绘图区域选择剪切边，按【Enter】键确认，如下图所示。

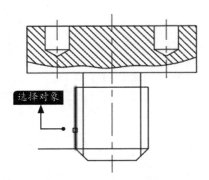

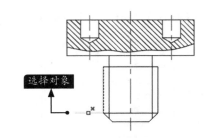

步骤 04 按【Enter】键确认，结果如下图所示。

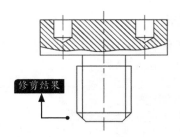

步骤 03 在绘图区域选择需要被修剪掉的部分对象，如右上图所示。

4.3.12　实战演练——绘制隔套图形

下面利用【修剪】命令对隔套图形进行编辑操作，具体操作步骤如下。

步骤 01 打开"素材\CH04\隔套.dwg"文件，如下图所示。

步骤 03 在绘图区域选择需要被修剪掉的部分对象，如下图所示。

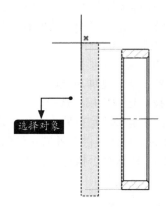

步骤 02 调用【修剪】命令，在绘图区域选择剪切边，按【Enter】键确认，如下图所示。

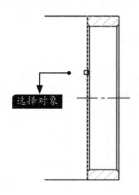

步骤 04 按【Enter】键确认，结果如下图所示。

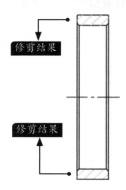

4.3.13 延伸

1. 命令调用方法

在AutoCAD 2020中调用【延伸】命令的常用方法有以下3种。

- 选择【修改】➤【延伸】菜单命令。
- 在命令行中输入"EXTEND/EX"命令并按空格键。
- 单击【默认】选项卡➤【修改】面板中的【延伸】按钮 ⇥。

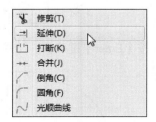

2. 命令提示

调用【延伸】命令之后，命令行会进行如下提示。

> 命令：_extend
> 当前设置：投影 =UCS，边 = 无
> 选择边界的边 ...
> 选择对象或 < 全部选择 >:

对延伸边界对象进行选择确认之后，命令行会进行如下提示。

> 选择要延伸的对象或按住【Shift】键选择要修剪的对象，或者
> [栏选 (F)/ 窗交 (C)/ 投影 (P)/ 边 (E)]:

3. 知识扩展

命令行中各选项的含义如下。

- 选择要延伸的对象：指定需要被延伸的对象。
- 按住Shift键选择要修剪的对象：将选定对象修剪到最近的边界而不是将其延伸。
- 栏选(F)：与选择栏相交的所有对象将被选择。选择栏是一系列临时线段，用两个或多个栏选点指定且不会构成闭合环。
- 窗交(C)：选择矩形区域（由两点确定）内部或与之相交的对象。
- 投影(P)：指定延伸对象时使用的投影方法，默认提供"无（N）""UCS（U）""视图（V）"三种投影选项供用户选择。
- 边(E)：将对象延伸到另一个对象的隐含边，或仅延伸到三维空间中与其实际相交的对象。

4.3.14 实战演练——延伸图形对象

下面利用【延伸】命令对图形进行编辑操作，具体操作步骤如下。

步骤 01 打开"素材\CH04\延伸图形对象.dwg"文件，如下页图所示。

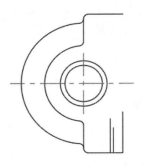

步骤 02 调用【延伸】命令，在绘图区域选择下图所示的直线作为边界的边，按【Enter】键确认。

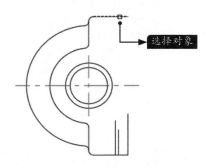

步骤 03 在绘图区域选择下图所示的部分图形作为要延伸的对象。

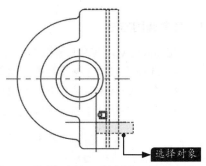

步骤 04 按【Enter】键确认，结果如下图所示。

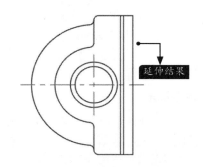

4.3.15 实战演练——绘制支架图形

下面利用【延伸】命令对支架图形进行编辑操作，具体操作步骤如下。

步骤 01 打开"素材\CH04\支架.dwg"文件，如下图所示。

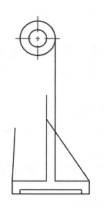

步骤 02 调用【延伸】命令，在绘图区域选择右上图所示的对象作为边界的边，按【Enter】键确认。

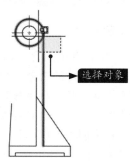

步骤 03 在绘图区域选择下图所示的部分图形作为要延伸的对象。

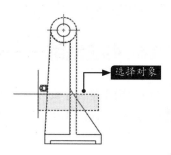

步骤 **04** 按住【Shift】键的同时单击下图所示的直线段。

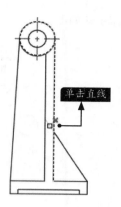

单击直线

步骤 **05** 按【Enter】键确认，结果如下图所示。

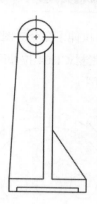

4.3.16 拉伸

通过【拉伸】命令可以改变对象的形状。在AutoCAD中，【拉伸】命令主要用于非等比缩放。【缩放】命令是对对象的整体进行放大或缩小，也就是说，缩放前后对象的大小发生改变，但比例和形状保持不变。【拉伸】命令可以对对象进行形状或比例上的改变。

1. 命令调用方法

在AutoCAD 2020中调用【拉伸】命令的常用方法有以下3种。

- 选择【修改】➤【拉伸】菜单命令。
- 在命令行中输入"STRETCH/S"命令并按空格键。
- 单击【默认】选项卡➤【修改】面板中的【拉伸】按钮。

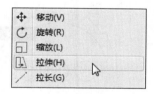

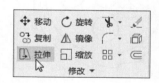

2. 命令提示

调用【拉伸】命令之后，命令行会进行如下提示。

命令：_stretch
以交叉窗口或交叉多边形选择要拉伸的对象 …
选择对象：

3. 知识扩展

在选择对象时，必须采用交叉选择的方式。全部被选择的对象将被移动，部分被选择的对象进行拉伸。

4.3.17 实战演练——拉伸图形对象

下面利用【拉伸】命令对图形对象进行编辑操作，具体操作步骤如下。

步骤 01 打开"素材\CH04\拉伸图形对象.dwg"文件，如下图所示。

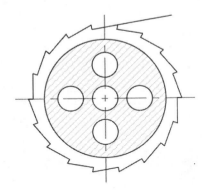

步骤 02 调用【拉伸】命令，在绘图区域由右向左交叉选择要拉伸的对象，按【Enter】键确认，如下图所示。

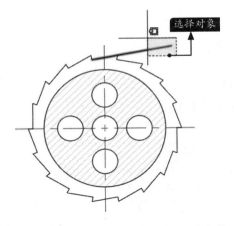

步骤 03 在绘图区域捕捉右上图所示的端点作为图形对象的拉伸基点。

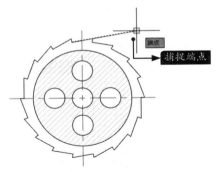

步骤 04 拖动鼠标捕捉下图所示的端点作为拉伸的第二个点。

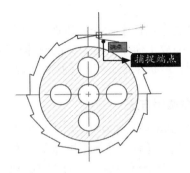

结果如下图所示。

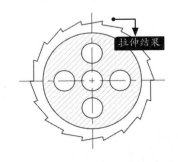

4.3.18 实战演练——绘制螺钉图形

下面利用【拉伸】命令对螺钉图形进行编辑操作，具体操作步骤如下。

步骤 01 打开"素材\CH04\螺钉.dwg"文件，如右图所示。

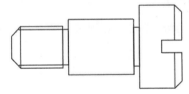

步骤 02 调用【拉伸】命令，在绘图区域由右向左交叉选择要拉伸的对象，按【Enter】键确认，如下图所示。

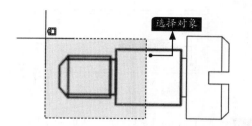

步骤 03 在绘图区域中任意单击一点作为拉伸基点，在命令行输入"@-3,0"后按【Enter】键确认，结果如下图所示。

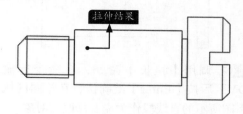

4.3.19 拉长

【拉长】命令可以通过指定百分比、增量、最终长度或角度来更改对象的长度或圆弧的包含角。

1. 命令调用方法

在AutoCAD 2020中调用【拉长】命令的常用方法有以下3种。

- 选择【修改】▶【拉长】菜单命令。
- 在命令行中输入"LENGTHEN/LEN"命令并按空格键。
- 单击【默认】选项卡▶【修改】面板中的【拉长】按钮 。

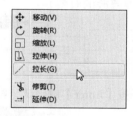

2. 命令提示

调用【拉长】命令之后，命令行会进行如下提示。

命令：_lengthen
选择要测量的对象或 [增量 (DE)/ 百分比 (P)/ 总计 (T)/ 动态 (DY)] < 总计 (T)>:

3. 知识扩展

在选择拉伸对象时需要注意选择的位置。选择的位置不同，得到的结果相反。

4.3.20 实战演练——拉长图形对象

下面利用【拉长】命令对图形进行编辑操作，具体操作步骤如下。

步骤 01 打开"素材\CH04\拉长图形对象.dwg"文件，如下页图所示。

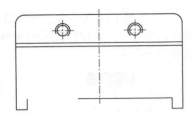

步骤 02 调用【拉长】命令，在命令行输入"DY"后按【Enter】键确认，在绘图区域选择下图所示的直线段作为需要修改的对象。

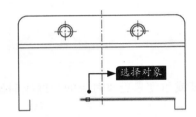

步骤 03 捕捉右上图所示的端点作为修改对象的

新端点。

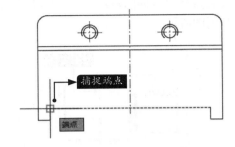

步骤 04 按【Enter】键确认，结果如下图所示。

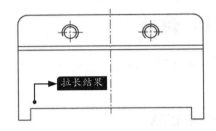

4.3.21 实战演练——绘制齿轮轴图形

下面利用【拉长】命令对齿轮轴图形进行编辑操作，具体操作步骤如下。

步骤 01 打开"素材\CH04\齿轮轴.dwg"文件，如下图所示。

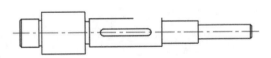

步骤 02 调用【拉长】命令，在命令行输入"DE"后按【Enter】键确认，增量长度设置为"20"，在绘图区域选择右上图所示的直线段

作为需要修改的对象。

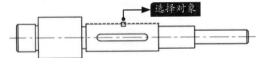

步骤 03 按【Enter】键确认，结果如下图所示。

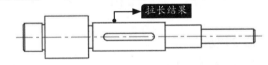

4.4 构造类编辑对象

 下面对AutoCAD 2020中构造对象的方法进行详细介绍，包括【圆角】【倒角】【打断】【打断于点】和【合并】等。

4.4.1 圆角

【圆角】命令可以对比较尖锐的角进行圆滑处理，也可以对平行或延长线相交的边线进行圆角处理。

1. 命令调用方法

在AutoCAD 2020中调用【圆角】命令的常用方法有以下3种。

- 选择【修改】➤【圆角】菜单命令。
- 在命令行中输入"FILLET/F"命令并按空格键确认。
- 单击【默认】选项卡➤【修改】面板中的【圆角】按钮 。

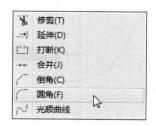
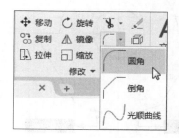

2. 命令提示

调用【圆角】命令之后，命令行会进行如下提示。

命令：_fillet
当前设置：模式 = 修剪，半径 = 0.0000
选择第一个对象或 [放弃 (U)/ 多段线 (P)/ 半径 (R)/ 修剪 (T)/ 多个 (M)]:

3. 知识扩展

命令行中各选项的含义如下。

- 选择第一个对象：选择定义二维圆角所需的两个对象中的一个。如果编辑对象为三维模型，则选择三维实体的边（在 AutoCAD LT 中不可用）。
- 放弃(U)：恢复在命令中执行的上一个操作。
- 多段线(P)：对整个二维多段线中两条直线段相交的顶点处均进行圆角操作。
- 半径(R)：预定义圆角半径。
- 修剪(T)：控制 FILLET 是否将选定的边修剪到圆角圆弧的端点。
- 多个(M)：可以为多个对象添加相同半径的圆角。

4.4.2 实战演练——创建圆角对象

下面利用【圆角】命令对图形进行编辑操作，具体操作步骤如下。

步骤 01 打开"素材\CH04\圆角图形对象.dwg"文件，如下图所示。

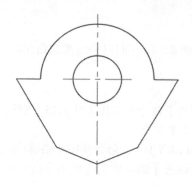

步骤 02 调用【圆角】命令，将圆角半径定义为
"40"，并在绘图区域选择下图所示的两条直
线作为需要圆角的对象进行圆角。

结果如下图所示。

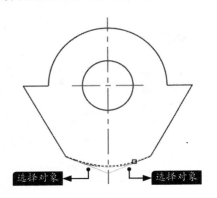

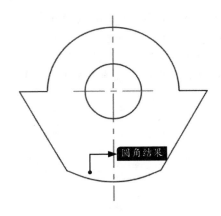

4.4.3 实战演练——绘制扳手图形

下面利用【圆角】命令对扳手图形进行编辑操作，具体操作步骤如下。

步骤 01 打开"素材\CH04\扳手.dwg"文件，如
下图所示。

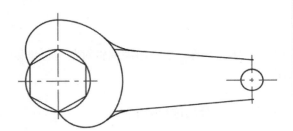

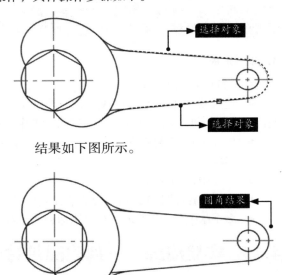

步骤 02 调用【圆角】命令，将圆角半径定义为
"14"，并在绘图区域选择右上图所示的两条
直线作为需要圆角的对象进行圆角。

结果如下图所示。

4.4.4 倒角

【倒角】操作用于连接两个对象，使它们以平角或倒角相接。

1. 命令调用方法

在AutoCAD 2020中调用【倒角】命令的常用方法有以下3种。

- 选择【修改】➤【倒角】菜单命令。
- 在命令行中输入"CHAMFER/CHA"命令并按空格键确认。
- 单击【默认】选项卡➤【修改】面板中的【倒角】按钮 。

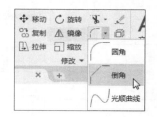

2. 命令提示

调用【倒角】命令之后，命令行会进行如下提示。

命令：_chamfer
（"修剪"模式）当前倒角距离 1 = 0.0000，距离 2 = 0.0000
选择第一条直线或 [放弃 (U)/ 多段线 (P)/ 距离 (D)/ 角度 (A)/ 修剪 (T)/ 方式 (E)/ 多个 (M)]：

3. 知识扩展

命令行中各选项的含义如下。

- 选择第一条直线：指定定义二维倒角所需的两条边中的第一条边；还可以选择三维实体的边进行倒角，然后从两个相邻曲面中指定一个作为基准曲面（在 AutoCAD LT 中不可用）。
- 放弃(U)：恢复在命令中执行的上一个操作。
- 多段线(P)：对整个二维多段线倒角，相交多段线线段在每个多段线顶点处被倒角，倒角成为多段线的新线段；如果多段线包含的线段过短以至于无法容纳倒角距离，则不对这些线段进行倒角。
- 距离(D)：设定倒角至选定边端点的距离。如果将两个距离均设定为零，CHAMFER 将延伸或修剪两条直线，以使它们终止于同一点。
- 角度(A)：用第一条线的倒角距离和第二条线的角度设定倒角距离。
- 修剪(T)：控制 CHAMFER 是否将选定的边修剪到倒角直线的端点。
- 方式(E)：控制 CHAMFER 是使用两个距离还是一个距离和一个角度来创建倒角。
- 多个(M)：为多组对象的边倒角。

4.4.5 实战演练——创建倒角对象

下面利用【倒角】命令对图形进行编辑操作，具体操作步骤如下。

步骤 01 打开 "素材\CH04\倒角图形对象.dwg" 文件，如下图所示。

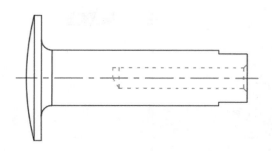

步骤 02 调用【倒角】命令，将倒角距离1设置为 "3"，倒角距离2设置为 "2"，在绘图区域

选择下图所示的直线段作为第一个对象。

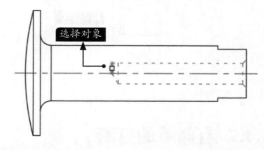

步骤 03 在绘图区域选择下页图所示的直线段作为第二个对象。

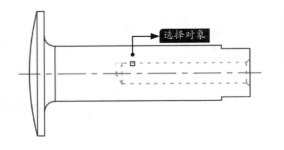

结果如下图所示。

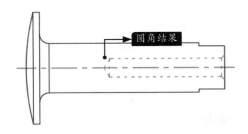

4.4.6 实战演练——绘制通盖剖视图

下面利用【倒角】命令对通盖剖视图进行编辑操作，具体操作步骤如下。

步骤 01 打开"素材\CH04\通盖剖视图.dwg"文件，如下图所示。

倒角结果如下图所示。

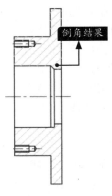

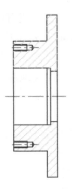

步骤 02 调用【倒角】命令，将倒角距离1、倒角距离2均设置为"2"，在绘图区域选择下图所示的两条相邻直线段。

步骤 03 继续进行相同参数的倒角操作，结果如下图所示。

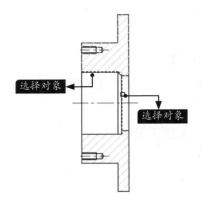

4.4.7 有间隙的打断

利用【打断】命令可以轻松实现在两点之间打断对象。

1. 命令调用方法

在AutoCAD 2020中调用【打断】命令的常用方法有以下3种。

- 选择【修改】➤【打断】菜单命令。
- 在命令行中输入"BREAK/BR"命令并按空格键。
- 单击【默认】选项卡➤【修改】面板中的【打断】按钮 。

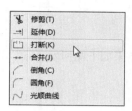

2. 命令提示

调用【打断】命令之后，命令行会进行如下提示。

命令：_break
选择对象：

选择需要打断的对象之后，命令行会进行如下提示。

指定第二个打断点 或 [第一点 (F)]:

3. 知识扩展

命令行中各选项的含义如下。

- 指定第二个打断点：指定第二个打断点的位置，此时系统默认以单击选择该对象时所单击的位置为第一个打断点。
- 第一点(F)：用指定的新点替换原来的第一个打断点。

4.4.8 实战演练——创建有间隙的打断

下面利用【打断】命令为图形创建有间隙的打断，具体操作步骤如下。

步骤 01 打开"素材\CH04\打断对象.dwg"文件，如下图所示。

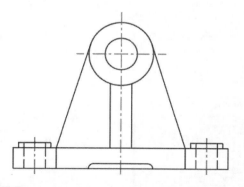

步骤 02 调用【打断】命令，在绘图区域选择右图所示的直线段作为需要打断的对象。

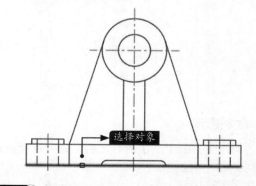

步骤 03 在命令行中输入"F"并按【Enter】键确认，然后在绘图区域捕捉下页图所示的端点以指定第一个打断点。

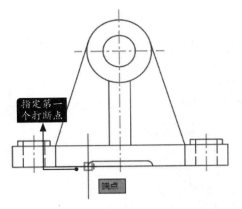

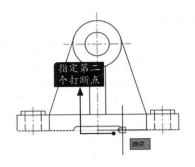

结果如下图所示。

步骤 04 在绘图区域捕捉如下图所示的端点以指定第二个打断点，如右上图所示。

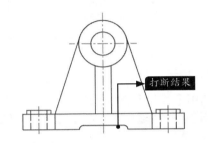

4.4.9 没有间隙的打断——打断于点

利用【打断于点】命令可以实现将对象在一点处打断，而不存在缝隙。

1. 命令调用方法

在AutoCAD 2020中调用【打断于点】命令的常用方法有以下3种。

- 选择【修改】➤【打断】菜单命令。
- 在命令行中输入"BREAK/BR"命令并按空格键。
- 单击【默认】选项卡➤【修改】面板中的【打断于点】按钮 ⬚。

2. 命令提示

调用【打断于点】命令之后，命令行会进行如下提示。

```
命令： _break
选择对象：
```

选择需要打断的对象之后，命令行会进行如下提示。

```
指定第二个打断点 或 [ 第一点 (F)]: _f
指定第一个打断点：
```

4.4.10 实战演练——创建没有间隙的打断

下面利用【打断于点】命令为图形创建没有间隙的打断，具体操作步骤如下。

步骤01 打开"素材\CH04\打断于点.dwg"文件，如下图所示。

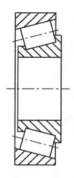

步骤02 单击【默认】选项卡➤【修改】面板➤【打断于点】按钮，单击选择下图所示的直线作为要打断的对象。

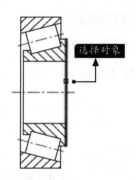

步骤03 在绘图区域捕捉下图所示的交点以指定打断点，如下图所示。

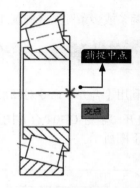

步骤04 在线段一端单击鼠标选择线段，可以看到线段显示为两段，如下图所示。

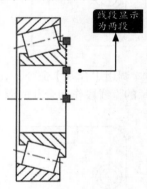

4.4.11 合并

使用【合并】命令可以将相似的对象合并为一个完整的对象。

1. 命令调用方法

在AutoCAD 2020中调用【合并】命令的常用方法有以下3种。

- 选择【修改】➤【合并】菜单命令。
- 在命令行中输入"JOIN/J"命令并按空格键。
- 单击【默认】选项卡➤【修改】面板中的【合并】按钮 ⊶ 。

2. 命令提示

调用【合并】命令之后，命令行会进行如下提示。

```
命令：_join
选择源对象或要一次合并的多个对象：
```

3. 知识扩展

合并两条或多条圆弧或椭圆弧时，将从原对象开始按逆时针方向合并圆弧。

4.4.12 实战演练——合并图形对象

下面利用【合并】命令对图形进行编辑操作，具体操作步骤如下。

步骤 01 打开"素材\CH04\合并图形对象.dwg"文件，如下图所示。

步骤 03 依次单击选择要合并到源的对象，如下图所示。

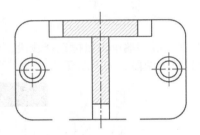

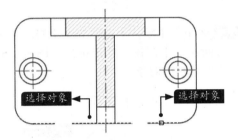

步骤 02 调用【合并】命令，在绘图区域选择下图所示的直线段作为合并的源对象。

步骤 04 按【Enter】键确认，结果如下图所示。

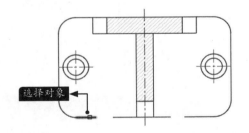

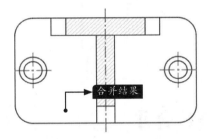

4.5 分解和删除对象

通过【分解】操作可以将块、面域、多段线等分解为它的组成对象，以便单独修改一个或多个对象。【删除】命令则可以按需求将多余对象从源对象中删除。

4.5.1 分解

【分解】命令主要是把单个组合的对象分解成多个单独的对象，从而更方便地对各个单独对象进行编辑。

1. 命令调用方法

在AutoCAD 2020中调用【分解】命令的常用方法有以下3种。

- 选择【修改】➤【分解】菜单命令。
- 在命令行中输入"EXPLODE/X"命令并按空格键。
- 单击【默认】选项卡➤【修改】面板中的【分解】按钮 。

2. 命令提示

调用【分解】命令之后，命令行会进行如下提示。

```
命令：_explode
选择对象：
```

4.5.2 实战演练——分解图块

下面利用【分解】命令为压盖螺母图块执行分解操作，具体操作步骤如下。

步骤 01 打开"素材\CH04\压盖螺母图块.dwg"文件，如下图所示。

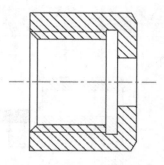

步骤 02 将光标移至图形对象上面，可以看到当前图形对象是以图块形式存在的。

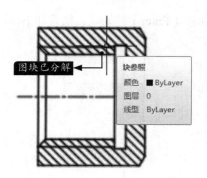

步骤 03 调用【分解】命令，在绘图区域选择全部图形对象作为需要分解的对象，按【Enter】键确认，然后单击选择图形，可以看到该图形被分解成为多个单体。

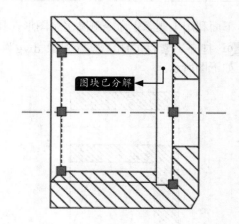

4.5.3 删除

删除是把相关图形从源文档中移除，不保留任何痕迹。

1. 命令调用方法

在AutoCAD 2020中调用【删除】命令的常用方法有以下5种。

- 选择【修改】➤【删除】菜单命令。
- 在命令行中输入"ERASE/E"命令并按空格键。
- 单击【默认】选项卡➤【修改】面板中的【删除】按钮 。
- 选择对象后单击鼠标右键，在快捷菜单中选择【删除】命令。
- 选择需要删除的对象，然后按【Delete】键。

2. 命令提示

调用【删除】命令之后，命令行会进行如下提示。

```
命令：_erase
选择对象：
```

4.5.4 实战演练——删除多余图形

下面利用【删除】命令删除多余图形，具体操作步骤如下。

步骤 01 打开"素材\CH04\删除对象.dwg"文件，如下图所示。

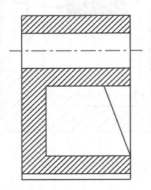

步骤 02 调用【删除】命令，在绘图区域选择右上图所示的直线段作为需要删除的对象。

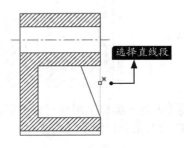

步骤 03 按【Enter】键确认，结果如下图所示。

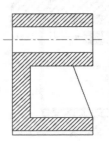

4.6 综合应用——绘制定位压盖

下面综合利用AutoCAD 2020的偏移、修剪、旋转等功能绘制定位压盖图形，具体操作步骤如下。

步骤 01 打开"素材\CH04\定位压盖.dwg"文件，如下图所示。

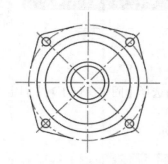

步骤 02 选择【修改】➤【偏移】菜单命令，命令行提示如下。

```
命令：OFFSET
当前设置：删除源＝否 图层＝源 OFFSETGAPTYPE=0
指定偏移距离或 [ 通过 (T)/ 删除 (E)/ 图层 (L)] <5.0000>：L
输入偏移对象的图层选项 [ 当前 (C)/ 源 (S)] <源 >：c
指定偏移距离或 [ 通过 (T)/ 删除 (E)/ 图层 (L)] <5.0000>：3.5
```

步骤 03 选择下图所示的中心线作为偏移对象。

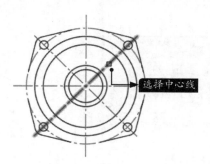

选择中心线

步骤 04 分别向两侧进行偏移，退出【偏移】命令后结果如右上图所示。

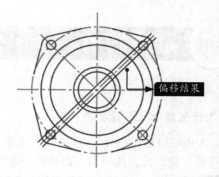

偏移结果

步骤 05 选择【修改】➤【修剪】菜单命令，选择全部对象作为剪切边，对偏移得到的两条直线进行修剪，结果如下图所示。

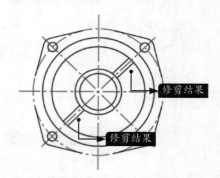

修剪结果

修剪结果

步骤 06 选择【修改】➤【旋转】菜单命令，选择修剪得到的4条直线作为旋转对象，然后捕捉下图所示的圆心作为旋转基点。

圆心

捕捉圆心

步骤 07 命令行提示如下。

指定旋转角度，或[复制(C)/参照(R)]<0>: C
指定旋转角度，或[复制(C)/参照(R)]
<0>: 90

结果如右图所示。

选择结果

疑难解答

1. 为什么命令行不能浮动

AutoCAD的命令行、选项卡、面板是可以浮动的，但当选择【固定窗口】➤【固定工具栏】
选项后，命令行、选项卡、面板将不能浮动。

步骤 01 启动AutoCAD 2020并新建一个DWG文件，如下图所示。

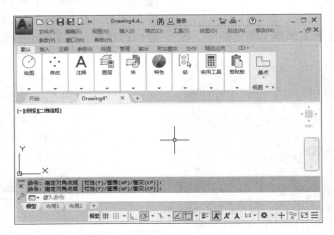

步骤 02 按住鼠标左键拖曳命令窗口，如下图所示。

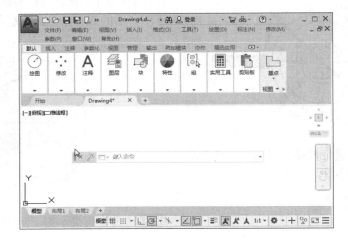

步骤 03 将命令窗口拖曳至合适位置后放开鼠标左键，然后单击【窗口】，在弹出的下拉菜单中选择【锁定位置】▶【全部】▶【锁定】。

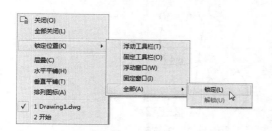

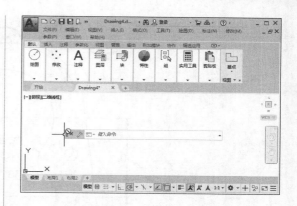

步骤 04 再次按住鼠标左键拖曳命令窗口时，发现鼠标指针已经变成 ![icon]，无法拖曳命令窗口。

小提示

选择【解锁】后，命令行又可以重新浮动。

2. 如何快速找回被误删除的对象

可以使用【OOPS】命令恢复最后删除的组。【OOPS】命令恢复的是最后删除的整个选择集合，而不是某一个被删除的对象。

步骤 01 新建一个AutoCAD文件，然后在绘图区域任意绘制两条直线段，如下图所示。

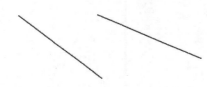

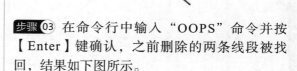

步骤 03 在命令行中输入"OOPS"命令并按【Enter】键确认，之前删除的两条线段被找回，结果如下图所示。

步骤 02 将绘制的两条直线段同时选中，并按【Delete】键将其删除，然后在绘图区域再次任意绘制一条直线段，如右上图所示。

实战练习

（1）绘制以下图形，并计算出阴影部分的面积。

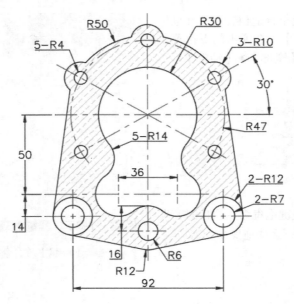

（2）绘制以下图形。

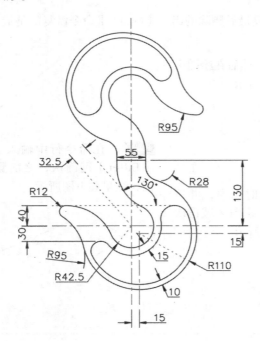

第**5**章

完善和高效绘图

学习目标

　　图形绘制完成后，还需要对其进行标注及添加文字、表格等注释，以便于使图形信息表达得更加完善。另外，使用图块功能还可以使绘图效率大大提升。本章将对文字、表格、标注及图块等内容进行详细介绍。

学习效果

机械设计是机械工程的重要组成部分，可以不断地促进机械制造的发展水平，使机械产品更好地为人类提供服务。

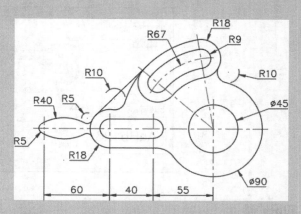

5.1 文字

　　在AutoCAD中，可以根据需要创建单行文字或多行文字，并且可以对文字样式进行管理，下面分别进行详细介绍。

5.1.1 文字样式

1. 命令调用方法

　　在AutoCAD 2020中调用【文字样式】命令的方法通常有以下3种。

- 选择【格式】➤【文字样式】菜单命令。
- 命令行输入"STYLE/ST"命令并按空格键。
- 单击【默认】选项卡➤【注释】面板➤【文字样式】按钮 **A**。

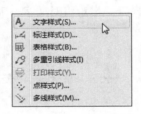

2. 命令提示

　　调用【文字样式】命令之后，系统会弹出【文字样式】对话框，如下图所示。

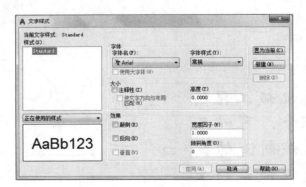

3. 知识扩展

　　创建文字样式是进行文字注释的首要任务。在AutoCAD中，文字样式用于控制图形中所使用文字的字体、宽度和高度等参数。在一幅图形中可定义多种文字样式以适应工作的需要。例如，在一幅完整的图纸中，需要定义说明性文字的样式、标注文字的样式和标题文字的样式等。在创

建文字注释和尺寸标注时，AutoCAD通常使用当前的文字样式，也可以根据具体要求重新设置文字样式或创建新的样式。

5.1.2 输入与编辑单行文字

可以使用单行文字命令创建一行或多行文字，在创建多行文字的时候，通过按【Enter】键来结束每一行。其中，每行文字都是独立的对象，可对其进行重定位、调整格式或进行其他修改。

1. 命令调用方法（创建单行文字）

在AutoCAD 2020中调用【单行文字】命令的方法通常有以下4种。

- 选择【绘图】➤【文字】➤【单行文字】菜单命令。
- 命令行输入"TEXT/DT"命令并按空格键。
- 单击【默认】选项卡➤【注释】面板➤【单行文字】按钮**A**。
- 单击【注释】选项卡➤【文字】面板➤【单行文字】按钮**A**。

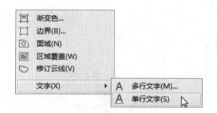

2. 命令提示（创建单行文字）

调用【单行文字】命令之后，命令行会进行如下提示。

```
命令：_text
当前文字样式："Standard" 文字高度：2.5000 注释性：否 对正：左
指定文字的起点 或 [ 对正 (J)/ 样式 (S)]:
输入"J"并按【Enter】键之后，命令行会进行如下提示。
```

输入选项 [左 (L)/ 居中 (C)/ 右 (R)/ 对齐 (A)/ 中间 (M)/ 布满 (F)/ 左上 (TL)/ 中上 (TC)/ 右上 (TR)/ 左中 (ML)/ 正中 (MC)/ 右中 (MR)/ 左下 (BL)/ 中下 (BC)/ 右下 (BR)]:

3. 知识扩展（创建单行文字）

命令行中各选项的含义如下。

- 对正（J）：控制文字的对正方式。
- 样式（S）：指定文字样式。
- 左(L)：在由用户给出的点指定的基线上左对正文字。
- 居中(C)：从基线的水平中心对齐文字，此基线由用户给出的点指定。
- 右(R)：在由用户给出的点指定的基线上右对正文字。
- 对齐(A)：通过指定基线端点指定文字的高度和方向。
- 中间(M)：文字在基线的水平中点和指定高度的垂直中点上对齐。
- 布满(F)：指定文字按照由两点定义的方向和一个高度值布满一个区域。只适用于水平方向的文字。
- 左上(TL)：在指定为文字顶点的点左对正文字。只适用于水平方向的文字。

- 中上(TC)：以指定为文字顶点的点居中对正文字。只适用于水平方向的文字。
- 右上(TR)：以指定为文字顶点的点右对正文字。只适用于水平方向的文字。
- 左中(ML)：在指定为文字的中间点的点左对正文字。只适用于水平方向的文字。
- 正中(MC)：在文字的中央水平和垂直居中对正文字。只适用于水平方向的文字。
- 右中(MR)：以指定为文字的中间点的点右对正文字。只适用于水平方向的文字。
- 左下(BL)：以指定为基线的点左对正文字。只适用于水平方向的文字。
- 中下(BC)：以指定为基线的点居中对正文字。只适用于水平方向的文字。
- 右下(BR)：以指定为基线的点右对正文字。只适用于水平方向的文字。

4. 命令调用方法（编辑单行文字）

在AutoCAD 2020中调用编辑单行文字命令的方法通常有以下4种。

- 选择【修改】➤【对象】➤【文字】➤【编辑】菜单命令。
- 命令行输入"TEXTEDIT/DDEDIT/ED"命令并按空格键。
- 选择文字对象，在绘图区域中单击鼠标右键，然后在快捷菜单中选择【编辑】命令。
- 在绘图区域双击文字对象。

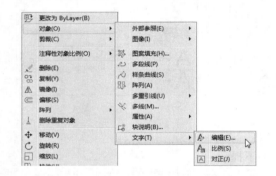 

5. 命令提示（编辑单行文字）

调用【TEXTEDIT】命令之后，命令行会进行如下提示。

```
命令：TEXTEDIT
当前设置：编辑模式 = Multiple
选择注释对象或 [放弃(U)/ 模式(M)]:
```

5.1.3 实战演练——创建并编辑单行文字对象

下面利用【单行文字】命令创建单行文字对象并对其执行编辑操作，具体操作步骤如下。

1. 创建单行文字

步骤 01 新建一个DWG文件，调用【单行文字】命令，在命令行中输入文字的对正参数"J"并按【Enter】键确认，然后在命令行中输入文字的对齐方式"L"并按【Enter】键在绘图区域单击指定文字的左对齐点。

步骤 02 在命令行中设置文字的高度为"90"，旋转角度为"20"，并在绘图区域输入文字内容"AutoCAD 2020可以为用户带来什么？"后

按【Enter】键换行，继续按【Enter】键结束命令，结果如下图所示。

步骤 02 在绘图区域输入新的文字"AutoCAD 2020可以帮助用户成为优秀的机械设计师"并按【Enter】键确认，结果如下图所示。

2. 编辑单行文字

步骤 01 调用【单行文字】命令，在绘图区域选择刚才创建的文字对象进行编辑，如右上图所示。

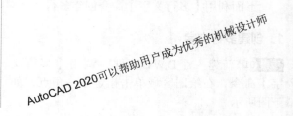

5.1.4 输入与编辑多行文字

多行文字又称为段落文字，是一种更易于管理的文字对象，可以由两行以上的文字组成，而且文字作为一个整体处理。

1. 命令调用方法（创建多行文字）

在AutoCAD 2020中调用【多行文字】命令的方法通常有以下4种。
- 选择【绘图】➤【文字】➤【多行文字】菜单命令。
- 命令行输入"MTEXT/T"命令并按空格键。
- 单击【默认】选项卡➤【注释】面板➤【多行文字】按钮A。
- 单击【注释】选项卡➤【文字】面板➤【多行文字】按钮A。

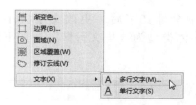  

2. 命令提示（创建多行文字）

调用【多行文字】命令之后，命令行会进行如下提示。

```
命令：_mtext
当前文字样式："Standard" 文字高度：2.5 注释性：否
指定第一角点：
```

3. 命令调用方法（编辑多行文字）

在AutoCAD 2020中调用【编辑多行文字】命令的方法通常有4种，除了下面介绍的一种方法之外，其余3种方法均与编辑单行文字的命令调用方法相同。

● 选择文字对象，在绘图区域单击鼠标右键，然后在快捷菜单中选择【编辑多行文字】命令。

5.1.5 实战演练——创建并编辑多行文字对象

下面利用【多行文字】命令创建多行文字对象并对其执行编辑操作，具体操作步骤如下。

1. 创建多行文字

步骤 01 新建一个DWG文件，调用【多行文字】命令，在绘图区域单击指定第一角点，如下图所示。

步骤 02 在绘图区域拖曳鼠标并单击指定对角点，如下图所示。

步骤 03 指定输入区域后，AutoCAD自动弹出【文字编辑器】窗口，如下图所示。

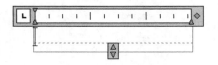

步骤 04 输入文字的内容并更改文字大小为"5"，如下图所示。

步骤 05 单击【关闭文字编辑器】按钮，结果如右上图所示。

机械设计是机械工程的重要组成部分，可以不断地促进机械制造的发展水平，使机械产品更好地为人类提供服务。

2. 编辑多行文字

步骤 01 双击文字，弹出【文字编辑器】窗口，如下图所示。

机械设计是机械工程的重要组成部分，可以不断地促进机械制造的发展水平，使机械产品更好地为人类提供服务。

步骤 02 选中全部文字后，更改文字大小为"70"，字体类型为"华文行楷"，如下图所示。

步骤 03 大小和字体修改后，再单独选中"机械设计"，如下图所示。

步骤 04 单击【颜色】下拉列表，选择"蓝"，如下图所示。

步骤 05 修改完成后，单击【关闭文字编辑器】按钮，结果如下图所示。

> 机械设计是机械工程的重要组成部分，可以不断地促进机械制造的发展水平，使机械产品更好地为人类提供服务。

5.2 表格

 表格是在行和列中包含数据的对象，通常可以从空表格或表格样式创建表格对象。

表格使用行和列以一种简洁清晰的形式提供信息，常用于一些组件的图形中。表格样式用于控制一个表格的外观，用于保证标准的字体、颜色、文本、高度和行距。

5.2.1 表格样式

表格的外观由表格样式控制，用户可以使用默认表格样式，也可以创建自己的表格样式。

在创建新的表格样式时，可以指定一个起始表格。起始表格是图形中用作设置新表格样式的样例表格。一旦选定表格，用户即可指定要从此表格复制到表格样式的结构和内容。

1. 命令调用方法

在AutoCAD 2020中调用【表格样式】命令的方法通常有以下4种。

- 选择【格式】➤【表格样式】菜单命令。
- 命令行输入"TABLESTYLE/TS"命令并按空格键。
- 单击【默认】选项卡➤【注释】面板➤【表格样式】按钮。
- 单击【注释】选项卡➤【表格】面板右下角的按钮。

2. 命令提示

调用【表格样式】命令之后，系统会弹出【表格样式】对话框，如下图所示。

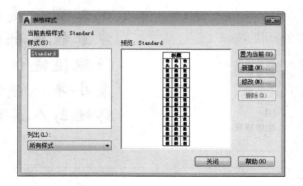

5.2.2 创建表格

表格样式创建完成后，可以继续进行表格的创建。

1. 命令调用方法

在AutoCAD 2020中调用【表格】命令的方法通常有以下4种。

- 选择【绘图】➤【表格】菜单命令。
- 命令行输入"TABLE"命令并按空格键。
- 单击【默认】选项卡➤【注释】面板➤【表格】按钮田。
- 单击【注释】选项卡➤【表格】面板➤【表格】按钮田。

2. 命令提示

调用【表格】命令之后，系统会弹出【插入表格】对话框，如下图所示。

5.2.3 实战演练——创建表格对象

下面进行表格的创建，具体操作步骤如下。

步骤 01 打开"素材\CH05\创建表格.dwg"文件，如下图所示。

步骤 02 调用【表格】命令，在弹出的【插入表格】对话框中设置表格列数为"5"、行数为"6"，如下图所示。

列和行设置

列数(C):	列宽(D):
5	63.5

数据行数(R):	行高(G):
6	1 行

设置单元样式

第一行单元样式:	数据 ▼
第二行单元样式:	数据 ▼
所有其他行单元样式:	数据 ▼

小提示

表格的列和行与表格样式中设置的边页距、文字高度之间的关系如下。

最小列宽=2×水平边页距+文字高度

最小行高=2×垂直边页距+4/3×文字高度

当设置的列宽大于最小列宽时，以指定的列宽创建表格；当小于最小列宽时，以最小列宽创建表格。行高必须为最小行高的整数倍。创建完成后，可以通过【特性】面板对列宽和行高进行调整，但不能小于最小列宽和最小行高。

步骤 03 单击【确定】按钮。在绘图区域单击确定表格插入点后弹出【文字编辑器】窗口，将

其关闭后结果如下图所示。

步骤 04 选中所有单元格，然后单击鼠标右键弹出快捷菜单，选择【对齐】➤【正中】，使输入的文字位于单元格的正中，如下图所示。

对齐 ▸	左上
边框...	中上
锁定 ▸	右上
数据格式...	左中
匹配单元	正中
删除所有特性替代	右中
数据链接...	左下
插入点 ▸	中下
编辑文字	右下
管理内容...	
删除内容 ▸	

步骤 05 在绘图区域双击要添加内容的单元格，输入文字"序号"，并将字体大小更改为"4.5"，如下图所示。

步骤 06 按【↑】【↓】【←】【→】键，继续输入其他单元格的内容，结果如下图所示。

序号	名称	数量	材料	备注
1	端盖	1	HT150	
2	螺栓	1	A3	GB5780-86
3	垫片	1	毛毡	
4	箱体	1	HT150	
5	轴	1	45	
6	轴承	1		GB297-84

5.2.4 编辑表格

表格创建完成后，用户可以单击该表格上的任意网格线以选中该表格，然后通过使用【属性】选项卡或夹点来修改该表格。

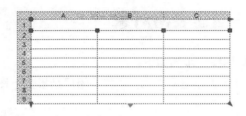

5.2.5 实战演练——编辑表格对象

下面以5.2.3节中创建的表格对象作为基础，进行表格的编辑。具体操作步骤如下。

步骤 01 打开"素材\CH05\编辑表格.dwg"文件，如下图所示。

序号	名称	数量	材料	备注
1	端盖	1	HT150	
2	螺栓	1	A3	GB5780-86
3	垫片	1	毛毡	
4	箱体	1	HT150	
5	轴	1	45	
6	轴承	1		GB297-84

步骤 02 在绘图区域单击表格任意网格线，选中当前表格，在绘图区域单击选择下图所示的夹点。

步骤 03 在绘图区域拖曳鼠标并在适当的位置处单击，以确定所选夹点的新位置，如下图所示。

步骤 04 在绘图区域单击选择右上图所示的夹点。

步骤 05 在绘图区域拖曳鼠标并在适当的位置处单击，以确定所选夹点的新位置，然后按【Esc】键取消对当前表格的选择，结果如下图所示。

序号	名称	数量	材料	备注
1	端盖	1	HT150	
2	螺栓	1	A3	GB5780-86
3	垫片	1	毛毡	
4	箱体	1	HT150	
5	轴	1	45	
6	轴承	1		GB297-84

步骤 06 双击"序号"单元格，并选中该单元格的所有文字，如下图所示。

	A	B	C	D	E
1	序号	名称	数量	材料	备注
2	1	端盖	1	HT150	
3	2	螺栓	1	A3	GB5780-86
4	3	垫片	1	毛毡	
5	4	箱体	1	HT150	
6	5	轴	1	45	
7	6	轴承	1		GB297-84
8					

步骤 07 将字体大小更改为"7"，如下图所示。

步骤 08 单击【文字编辑器】中的关闭按钮后，结果如下图所示。

序号	名称	数量	材料	备注
1	端盖	1	HT150	
2	螺栓	1	A3	GB5780-86
3	垫片	1	毛毡	
4	箱体	1	HT150	
5	轴	1	45	
6	轴承	1		GB297-84

步骤 09 将其他文字对象的大小全部更改为"7"，结果如右上图所示。

序号	名称	数量	材料	备注
1	端盖	1	HT150	
2	螺栓	1	A3	GB5780-86
3	垫片	1	毛毡	
4	箱体	1	HT150	
5	轴	1	45	
6	轴承	1		GB297-84

步骤 10 选择最后一行单元格，单击鼠标右键，弹出快捷菜单，选择【行】➤【删除】命令，然后按【Esc】键取消对表格的选择，结果如下图所示。

序号	名称	数量	材料	备注
1	端盖	1	HT150	
2	螺栓	1	A3	GB5780-86
3	垫片	1	毛毡	
4	箱体	1	HT150	
5	轴	1	45	
6	轴承	1		GB297-84

小提示

在使用列夹点时，按住【Ctrl】键可以更改列宽并相应地拉伸表格。

5.3 尺寸标注

 没有尺寸标注的图形称为哑图，在各大行业中已经极少采用。另外需要注意的是，零件的大小取决于图纸所标注的尺寸，并不以绘图的尺寸作为依据。因此，图纸中的尺寸标注可以看作是数字化信息的表达。

5.3.1 尺寸标注样式管理器

尺寸标注样式用于控制尺寸标注的外观，如箭头的样式、文字的位置及尺寸界线的长度等。通过设置，可以确保所绘图纸中的尺寸标注符合行业或项目标准。

1. 命令调用方法

在AutoCAD 2020中调用【标注样式管理器】的方法通常有以下5种。

- 选择【格式】➤【标注样式】菜单命令。
- 选择【标注】➤【标注样式】菜单命令。
- 命令行输入"DIMSTYLE/D"命令并按空格键。
- 单击【默认】选项卡➤【注释】面板➤【标注样式】按钮。

- 单击【注释】选项卡 ➤【标注】面板右下角的 ⊿。

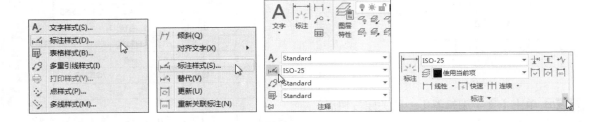

2. 命令提示

调用【标注样式】命令之后，系统会弹出【标注样式管理器】对话框，如下图所示。

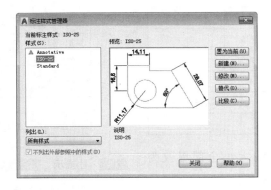

3. 知识扩展

【标注样式管理器】对话框中各选项的含义如下。

- 【样式】：列出了当前所有创建的标注样式，其中Annotative、ISO–25、Standard是AutoCAD 2020固有的3种标注样式。
- 【置为当前】：样式列表中选择一项，然后单击该按钮，将以选择的样式为当前样式进行标注。
- 【新建】：单击该按钮，弹出【创建新标注样式】对话框。
- 【修改】：单击该按钮，将弹出【修改标注样式】对话框。该对话框的内容与新建对话框的内容相同，区别在于一个是重新创建一个标注样式，一个是在原有基础上进行修改。
- 【替代】：单击该按钮，可以设定标注样式的临时替代值。对话框选项与【新建标注样式】对话框中的选项相同。
- 【比较】：单击该按钮，将显示【比较标注样式】对话框，从中可以比较两个标注样式或列出一个样式的所有特性。

5.3.2 线性和对齐标注

下面对线性标注和对齐标注进行介绍。

1. 命令调用方法（线性标注）

在AutoCAD 2020中调用【线性】标注命令的方法通常有以下4种。

- 选择【标注】➤【线性】菜单命令。
- 命令行输入"DIMLINEAR/DLI"命令并按空格键。
- 单击【默认】选项卡➤【注释】面板➤【线性】按钮⊢⊣。
- 单击【注释】选项卡➤【标注】面板➤【标注】下拉列表，选择按钮⊢⊣。

2. 命令提示（线性标注）

调用【线性】标注命令之后，命令行会进行如下提示。

命令：_dimlinear
指定第一个尺寸界线原点或 < 选择对象 >：
选择两个尺寸界线的原点之后，命令行会进行如下提示。

指定尺寸线位置或
[多行文字 (M)/ 文字 (T)/ 角度 (A)/ 水平 (H)/ 垂直 (V)/ 旋转 (R)]:

3. 知识扩展（线性标注）

命令行中各选项的含义如下。

- 尺寸线位置：AutoCAD使用指定点定位尺寸线并且确定绘制尺寸界线的方向。指定位置之后，将绘制标注。
- 多行文字：显示在位文字编辑器，可用它来编辑标注文字。用控制代码和Unicode字符串来输入特殊字符或符号。如果标注样式中未打开换算单位，可以输入方括号（【 】）来显示它们。当前标注样式决定生成的测量值的外观。
- 文字：在命令提示下，自定义标注文字。生成的标注测量值显示在尖括号中。如果标注样式中未打开换算单位，可以通过输入方括号（【 】）来显示换算单位。标注文字特性在【新建文字样式】【修改标注样式】【替代标注样式】对话框的【文字】选项卡上进行设定。
- 角度：修改标注文字的角度。
- 水平：创建水平线性标注。
- 垂直：创建垂直线性标注。
- 旋转：创建旋转线性标注。

4. 命令调用方法（对齐标注）

在AutoCAD 2020中调用【对齐】标注命令的方法通常有以下4种。

- 选择【标注】➤【对齐】菜单命令。
- 命令行输入"DIMALIGNED/DAL"命令并按空格键。
- 单击【默认】选项卡➤【注释】面板➤【对齐】按钮。
- 单击【注释】选项卡➤【标注】面板➤【标注】下拉列表，选择按钮。

 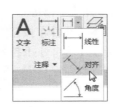 

5. 命令提示（对齐标注）

调用【对齐】标注命令之后，命令行会进行如下提示。

命令：_dimaligned
指定第一个尺寸界线原点或＜选择对象＞：

6. 知识扩展（对齐标注）

【对齐】标注命令主要用于标注斜线，也可用于标注水平线和竖直线。对齐标注的方法以及命令行提示与线性标注基本相同，只是所适合的标注对象和场合不同。

5.3.3 实战演练——创建线性和对齐标注对象

下面综合利用【线性】标注及【对齐】标注命令对图形对象进行标注，具体操作步骤如下。

步骤01 打开"素材\CH05\线性和对齐标注.dwg"文件，如下图所示。

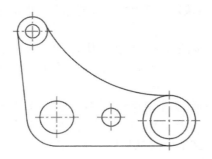

步骤02 调用【线性】标注命令，在绘图区域中捕捉下图所示的端点作为线性标注的第一个尺寸界线原点。

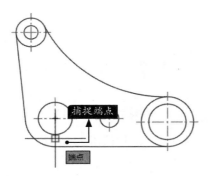

步骤03 捕捉指定线性标注的第二个尺寸界线原点，如下图所示。

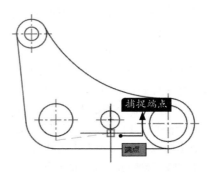

步骤04 拖曳鼠标在适当的位置处单击指定尺寸线的位置，结果如下图所示。

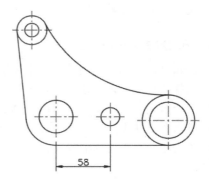

步骤 05 继续进行线性标注，结果如下图所示。

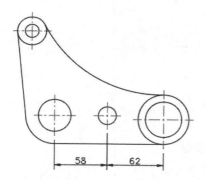

步骤 06 调用【对齐】标注命令，在绘图区域捕捉下图所示的端点作为对齐标注的第一个尺寸界线原点。

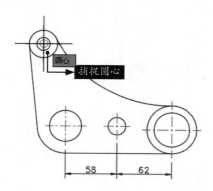

步骤 07 捕捉指定对齐标注的第二个尺寸界线原点，如下图所示。

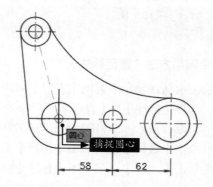

步骤 08 拖曳鼠标在适当的位置处单击指定尺寸线的位置，结果如下图所示。

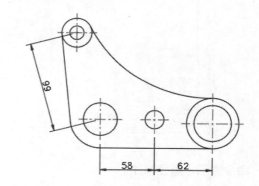

5.3.4 半径和直径标注

下面对半径标注和直径标注进行介绍。

1. 命令调用方法（半径标注）

在AutoCAD 2020中调用【半径】标注命令的方法通常有以下4种。

- 选择【标注】➤【半径】菜单命令。
- 命令行输入"DIMRADIUS/DRA"命令并按空格键。
- 单击【默认】选项卡➤【注释】面板➤【半径】按钮 。
- 单击【注释】选项卡➤【标注】面板➤【标注】下拉列表，选择按钮 。

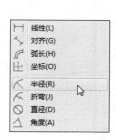
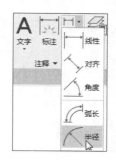

2. 命令提示（半径标注）

调用【半径】标注命令之后，命令行会进行如下提示。

命令：_dimradius
选择圆弧或圆：

3. 命令调用方法（直径标注）

在AutoCAD 2020中调用【直径】标注命令的方法通常有以下4种。

- 选择【标注】➤【直径】菜单命令。
- 命令行输入"DIMDIAMETER/DDI"命令并按空格键。
- 单击【默认】选项卡➤【注释】面板➤【直径】按钮⊘。
- 单击【注释】选项卡➤【标注】面板➤【标注】下拉列表，选择按钮⊘。

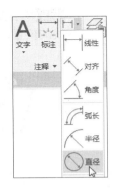
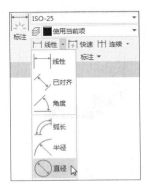

4. 命令提示（直径标注）

调用【直径】标注命令之后，命令行会进行如下提示。

命令：_dimdiameter
选择圆弧或圆：

5.3.5 实战演练——创建半径和直径标注对象

下面综合利用【半径】标注及【直径】标注命令对图形对象进行标注，具体操作步骤如下。

步骤 01 打开"素材\CH05\半径和直径标注.dwg"文件，如下图所示。

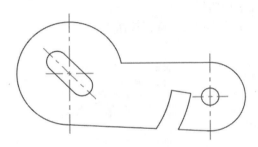

步骤 02 调用【半径】标注命令，在绘图区域选择下图所示的圆弧作为需要标注的对象。

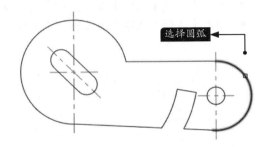

选择圆弧

步骤 03 拖曳鼠标在适当的位置处单击指定尺寸线的位置，结果如下图所示。

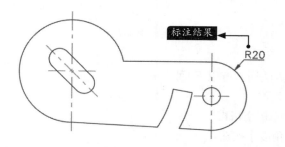

步骤 04 调用【直径】标注命令，在绘图区域选择圆形作为需要标注的对象。

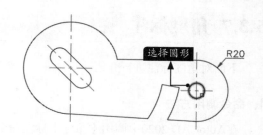

步骤 05 拖曳鼠标在适当的位置处单击指定尺寸线的位置，结果如下图所示。

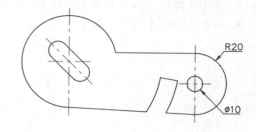

5.3.6 实战演练——标注挂轮架图形

下面综合利用【线性】标注、【半径】标注及【直径】标注命令对挂轮架图形进行标注，具体操作步骤如下。

步骤 01 打开"素材\CH05\挂轮架.dwg"文件，如下图所示。

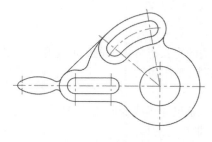

步骤 02 调用【线性】标注命令，在绘图区域适当的位置处进行线性标注，结果如下图所示。

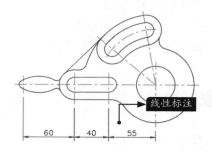

步骤 03 调用【半径】标注命令，在绘图区域适当的位置处进行半径标注，结果如右上图所示。

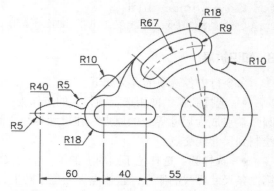

步骤 04 调用【直径】标注命令，在绘图区域适当的位置处进行直径标注，结果如下图所示。

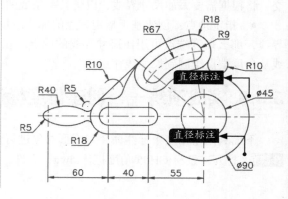

5.3.7 角度标注

下面对角度标注进行介绍。

1. 命令调用方法

在AutoCAD 2020中调用【角度】标注命令的方法通常有以下4种。

- 选择【标注】➤【角度】菜单命令。
- 命令行输入"DIMANGULAR/DAN"命令并按空格键。
- 单击【默认】选项卡➤【注释】面板➤【角度】按钮△。
- 单击【注释】选项卡➤【标注】面板➤【标注】下拉列表，选择按钮△。

2. 命令提示

调用【角度】标注命令之后，命令行会进行如下提示。

```
命令：_dimangular
选择圆弧、圆、直线或＜指定顶点＞:
```

3. 知识扩展

命令行中各选项的含义如下。

- 选择圆弧：使用选定圆弧上的点作为三点角度标注的定义点。圆弧的圆心是角度的顶点，圆弧端点成为尺寸界线的原点。在尺寸界线之间绘制一条圆弧作为尺寸线，尺寸界线从角度端点绘制到尺寸线交点。
- 选择圆：选择位于圆周上的第一个定义点作为第一条尺寸界线的原点；第二个定义点作为第二条尺寸界线的原点，且该点无须位于圆上；圆的圆心是角度的顶点。
- 选择直线：用两条直线定义角度。程序通过将每条直线作为角度的矢量，将直线的交点作为角度顶点来确定角度。尺寸线跨越这两条直线之间的角度。如果尺寸线与被标注的直线不相交，将根据需要添加尺寸界线，以延长一条或两条直线，圆弧总是小于180°。
- 指定顶点：创建基于指定三点的标注。角度顶点可以同时为一个角度端点。如果需要尺寸界线，那么角度端点可用作尺寸界线的原点。在尺寸界线之间绘制一条圆弧作为尺寸线，尺寸界线从角度端点绘制到尺寸线交点。

5.3.8 实战演练——创建角度标注对象

下面利用【角度】标注命令对图形对象进行标注，具体操作步骤如下。

步骤 01 打开"素材\CH05\角度标注.dwg"文件，如下图所示。

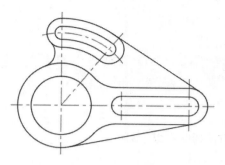

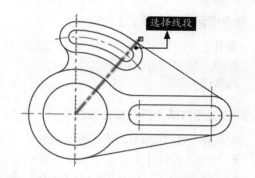

步骤 02 调用【角度】标注命令，在绘图区域选择下图所示的线段作为角度标注的第一条边界。

步骤 04 拖曳鼠标在适当的位置处单击指定尺寸线的位置，结果如下图所示。

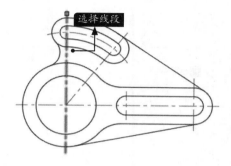

步骤 03 在绘图区域选择右上图所示的线段作为角度标注的另一条边界。

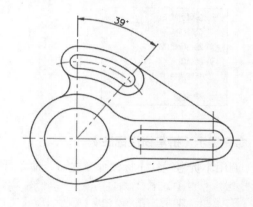

5.3.9 折弯和折弯线性标注

下面对折弯和折弯线性标注进行介绍。

1. 命令调用方法（折弯标注）

在AutoCAD 2020中调用【折弯】标注命令的方法通常有以下4种。

- 选择【标注】➤【折弯】菜单命令。
- 命令行输入"DIMJOGGED/DJO"命令并按空格键。
- 单击【默认】选项卡➤【注释】面板➤【折弯】按钮。
- 单击【注释】选项卡➤【标注】面板➤【标注】下拉列表，选择按钮。

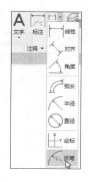

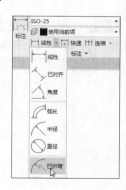

2. 命令提示（折弯标注）

调用【折弯】标注命令之后，命令行会进行如下提示。

```
命令：_dimjogged
选择圆弧或圆：
```

3. 命令调用方法（折弯线性标注）

在AutoCAD 2020中调用【折弯线性】标注命令的方法通常有以下3种。

- 选择【标注】➤【折弯线性】菜单命令。
- 命令行输入"DIMJOGLINE/DJL"命令并按空格键。
- 单击【注释】选项卡➤【标注】面板➤【标注，折弯标注】按钮✲√。

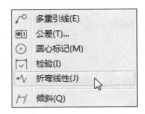

4. 命令提示（折弯线性标注）

调用【折弯线性】标注命令之后，命令行会进行如下提示。

```
命令：_DIMJOGLINE
选择要添加折弯的标注或 [ 删除 (R)]:
```

5.3.10 实战演练——创建折弯和折弯线性标注对象

下面综合利用【折弯】标注及【折弯线性】标注命令对图形对象进行标注，具体操作步骤如下。

步骤 01 打开"素材\CH05\折弯和折弯线性标注.dwg"文件，如下图所示。

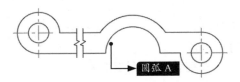

步骤 02 调用【折弯】标注命令，在绘图区域选择圆弧A作为标注对象，并拖曳鼠标单击指定图示中心位置，如下图所示。

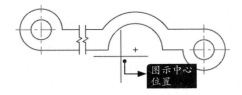

步骤 03 在绘图区域拖曳鼠标分别在适当的位置处单击指定尺寸线的位置及折弯位置，结果如下图所示。

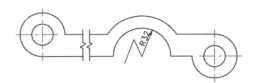

步骤 04 调用【线性】标注命令，在绘图区域适当的位置处进行线性标注，结果如下图所示。

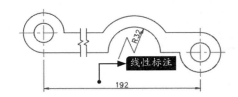

步骤 05 调用【折弯线性】标注命令，在绘图区域单击选择长度为"192"的标注对象为需要添加折弯的对象，并单击指定折弯位置，如下图所示。

结果如下图所示。

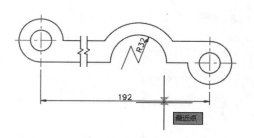

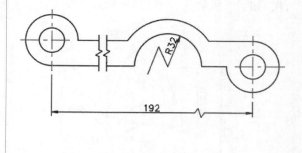

5.3.11 检验标注

下面对检验标注进行介绍。

1. 命令调用方法

在AutoCAD 2020中调用【检验】标注命令的方法通常有以下3种。

- 选择【标注】➤【检验】菜单命令。
- 命令行输入"DIMINSPECT"命令并按空格键。
- 单击【注释】选项卡➤【标注】面板➤【检验】标注按钮 。

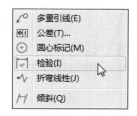

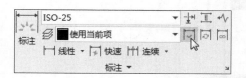

2. 命令提示

调用【检验】标注命令之后，系统会弹出【检验标注】对话框，如下图所示。

5.3.12 实战演练——创建检验标注对象

下面利用【检验】标注命令对图形对象进行标注，具体操作步骤如下。

步骤 01 打开"素材\CH05\检验标注.dwg"文件，如下图所示。

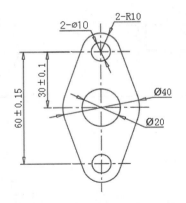

步骤 02 调用【检验】标注命令，在系统弹出的【检验标注】对话框中单击【选择标注】按钮，然后选择需要创建检验标注的尺寸对象，如下图所示。

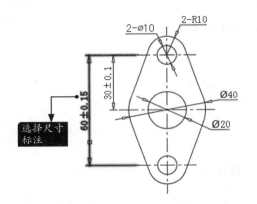

步骤 03 选择完成后按【Enter】键，返回【检验标注】对话框，进行下图所示的参数设置。

步骤 04 在【检验标注】对话框后中单击【确定】按钮，结果如下图所示。

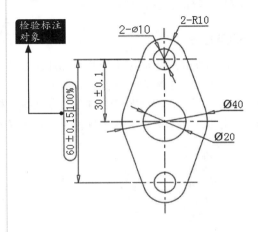

5.4 尺寸公差和形位公差标注

公差有尺寸公差、形状公差和位置公差3种。形状公差和位置公差统称为形位公差。

尺寸公差是指允许尺寸的变动量，即最大极限尺寸与最小极限尺寸的代数差的绝对值。

形状公差是指单一实际要素的形状所允许的变动全量，包括直线度、平面度、圆度、圆柱度、线轮廓度和面轮廓度。

位置公差是指关联实际要素的位置对基准所允许的变动全量，它限制零件两个或两个以上的点、线、面之间的相互位置关系，包括平行度、垂直度、倾斜度、同轴度、对称度、位置度、圆跳动和全跳动。

5.4.1 标注尺寸公差

AutoCAD中，创建尺寸公差的方法通常有通过标注样式创建尺寸公差、通过文字形式创建尺寸公差和通过特性选项板创建尺寸公差3种。

1. 命令调用方法

在AutoCAD 2020中调用【特性】选项板的方法通常有以下3种。
- 选择【修改】➤【特性】菜单命令。
- 命令行输入"PROPERTIES/PR"命令并按空格键。
- 单击【默认】选项卡➤【特性】面板右下角的按钮 ↘ 。

2. 命令提示

调用【特性】命令之后，系统会弹出特性选项板，如下图所示。

5.4.2 实战演练——创建尺寸公差对象

下面通过多种方式为图形对象创建尺寸公差，具体操作步骤如下。

1. 通过标注样式创建尺寸公差

步骤 01 打开"素材\CH05\三角皮带轮.dwg"文件，如右图所示。

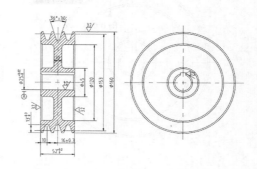

步骤02 选择【格式】➤【标注样式】菜单命令，系统弹出【标注样式管理器】对话框，选中【ISO-25】样式，然后单击【替代】按钮，弹出【替代当前样式：ISO-25】对话框，如下图所示。

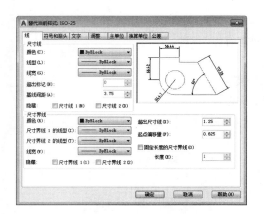

步骤03 单击【公差】选项卡，将公差的【方式】设置为"对称"，【精度】设置为"0.000"，偏差值设置为"0.0018"，【垂直位置】设置为"中"，如下图所示。

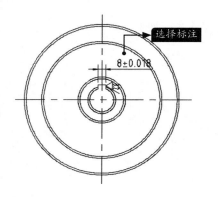

步骤04 设置完成后单击【确定】按钮，关闭【标注样式管理器】对话框。选择【标注】➤【线性】菜单命令，对图形进行线性标注，结果如下图所示。

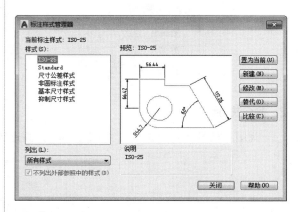

> **小提示**
>
> 标注样式中的公差一旦设定，在标注其他尺寸时也会被加上设置的公差。因此，为了避免其他再标注的尺寸受影响，在要添加公差的尺寸标注完成后，要及时切换其他标注样式为当前样式。

2. 通过文字形式创建尺寸公差

步骤01 选择【格式】➤【标注样式】菜单命令，系统弹出【标注样式管理器】对话框，选中【ISO-25】样式，然后单击【置为当前】按钮，最后单击【关闭】按钮，如下图所示。

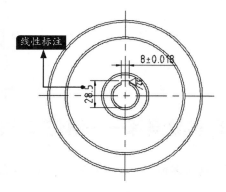

步骤02 选择【标注】➤【线性】菜单命令，对图形进行线性标注，结果如下图所示。

步骤03 双击上步创建的线性标注，使其进入编辑状态，如下页图所示。

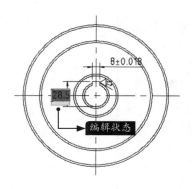

步骤 04 在标注的尺寸后面输入 "+0.2^0"，如下图所示。

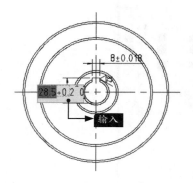

步骤 05 选中刚输入的文字，如下图所示。

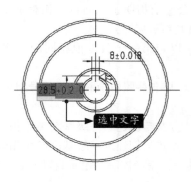

步骤 06 单击【文字编辑器】选项卡 ➤【格式】

面板中的 按钮，上面输入的文字会自动变成尺寸公差形式，退出文字编辑器后结果如下图所示。

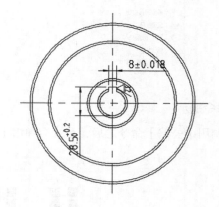

3. 通过特性选项板创建尺寸公差

特性选项板创建公差的具体步骤是，先创建尺寸标注，然后在特性选项板中给创建的尺寸添加公差。

标注样式创建公差太死板和烦琐，每次创建的公差只能用于一个公差的标注，当不需要标注尺寸公差或公差大小不同时，就需要更换标注样式。

通过文字创建尺寸公差比标注样式创建尺寸公差有了不小的改进，但是这种方式创建的公差在AutoCAD软件中会破坏尺寸标注的特性，使创建公差后的尺寸失去原来的部分特性。例如，用这种方式创建的公差不能通过【特性匹配】命令匹配给其他尺寸。

综上所述，尺寸公差最好使用【特性】选项板来创建。这种方法简单方便、易于修改，并可通过【特性匹配】命令将创建的公差匹配给其他需要创建相同公差的尺寸。

5.4.3 标注形位公差

下面对形位公差进行介绍。

1. 命令调用方法

在AutoCAD 2020中调用【形位公差】命令的方法通常有以下3种。

- 选择【标注】➤【公差】菜单命令。
- 命令行输入 "TOLERANCE/TOL" 命令并按空格键。

- 单击【注释】选项卡➤【标注】面板➤【公差】按钮  。

2. 命令提示

调用【公差】命令之后，系统会弹出【形位公差】选择框，如下图所示。

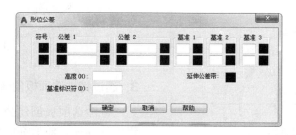

3. 知识扩展

【形位公差】选择框中各选项的含义如下。

- 【符号】：显示从【符号】对话框中选择的几何特征符号。
- 【公差1】：创建特征控制框中的第一个公差值。公差值指明了几何特征相对于精确形状的允许偏差量。可在公差值之前插入直径符号、之后插入包容条件符号。
- 【公差2】：在特征控制框中创建第二个公差值。以与第一个公差值相同的方式指定第二个公差值。
- 【基准1】：在特征控制框中创建第一级基准参照。基准参照由值和修饰符号组成。基准是理论上精确的几何参照，用于建立特征的公差带。
- 【基准2】：在特征控制框中创建第二级基准参照，方式与创建第一级基准参照相同。
- 【基准3】：在特征控制框中创建第三级基准参照，方式与创建第一级基准参照相同。
- 【高度】：创建特征控制框中的投影公差零值。投影公差带控制固定垂直部分延伸区的高度变化，并以位置公差控制公差精度。
- 【延伸公差带】：在延伸公差带值之后插入延伸公差带符号。
- 【基准标识符】：创建由参照字母组成的基准标识符。基准是理论上精确的几何参照，用于建立其他特征的位置和公差带。点、直线、平面、圆柱或者其他几何图形都能作为基准。

5.4.4 实战演练——创建形位公差对象

下面对三角皮带轮零件图进行形位公差标注，具体操作步骤如下。

步骤 01 继续5.4.2小节的案例，选择【标注】➤【公差】菜单命令，系统弹出【形位公差】选择框，单击【符号】按钮，系统弹出【特征符号】选择框，如下页图所示。

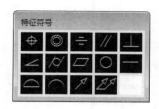

步骤 02 单击【垂直度符号】按钮，结果如下图所示。

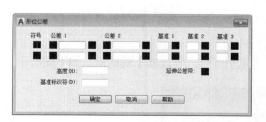

步骤 03 在【形位公差】对话框中输入【公差1】的值为"0.02"、【基准1】的值为"A"，如下图所示。

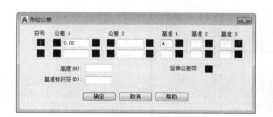

步骤 04 单击【确定】按钮，在绘图区域单击指

定公差位置，如下图所示。

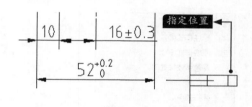

结果如下图所示。

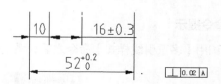

步骤 05 选择【标注】➤【多重引线】菜单命令，在绘图区域创建多重引线将形位公差指向相应的尺寸标注，结果如下图所示。

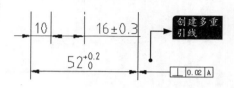

小提示

关于"多重引线"命令将在5.5节中详细介绍

5.5 多重引线标注

引线对象包含一条引线和一条说明。多重引线对象可以包含多条引线，每条引线可以包含一条或多条线段，因此一条说明可以指向图形中的多个对象。

5.5.1 多重引线样式

创建多重引线标注之前可以先设置适当的多重引线样式。

1. 命令调用方法

在AutoCAD 2020中调用【多重引线样式】命令的方法通常有以下4种。

- 选择【格式】➤【多重引线样式】菜单命令。
- 命令行输入"MLEADERSTYLE/MLS"命令并按空格键。
- 单击【默认】选项卡➤【注释】面板➤【多重引线样式】按钮。

- 单击【注释】选项卡➤【引线】面板右下角的符号 ⬃ 。

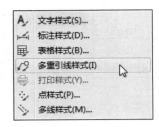  

2. 命令提示

调用【多重引线样式】命令之后，系统会弹出【多重引线样式管理器】对话框，如下图所示。

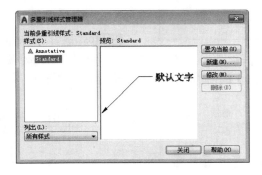

5.5.2 多重引线

可以从图形中的任意点或部件创建多重引线并在绘制时控制多重引线的外观。多重引线可先创建箭头，也可先创建尾部或内容。

1. 命令调用方法

在AutoCAD 2020中调用【多重引线】命令的方法通常有以下4种。
- 选择【标注】➤【多重引线】菜单命令。
- 命令行输入"MLEADER/MLD"命令并按空格键。
- 单击【默认】选项卡➤【注释】面板➤【引线】按钮 ⌀ 。
- 单击【注释】选项卡➤【引线】面板➤【多重引线】按钮 ⌀ 。

2. 命令提示

调用【多重引线】命令之后，命令行会进行如下提示。

命令：_mleader
指定引线箭头的位置或 [引线基线优先 (L)/ 内容优先 (C)/ 选项 (O)] < 选项 > :

3．知识扩展

命令行中各选项的含义如下。

- 指定引线箭头的位置：指定多重引线对象箭头的位置。
- 引线基线优先：选择该选项后，将先指定多重引线对象的基线的位置，然后再输入内容。CAD默认引线基线优先。
- 内容优先：选择该选项后，将先指定与多重引线对象相关联的文字或块的位置，然后再指定基线位置。
- 选项：指定用于放置多重引线对象的选项。

5.5.3 多重引线的编辑

多重引线的编辑主要包括对齐多重引线、合并多重引线、添加多重引线和删除多重引线。
在AutoCAD 2020中调用【对齐多重引线】命令的方法通常有以下3种。

- 命令行输入 "MLEADERALIGN/MLA" 命令并按空格键。
- 单击【默认】选项卡 ➤【注释】面板 ➤【对齐】按钮。
- 单击【注释】选项卡 ➤【引线】面板 ➤【对齐】按钮。

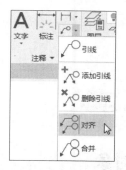

在AutoCAD 2020中调用【合并多重引线】命令的方法通常有以下3种。

- 命令行输入 "MLEADERCOLLECT/MLC" 命令并按空格键。
- 单击【默认】选项卡 ➤【注释】面板 ➤【合并】按钮。
- 单击【注释】选项卡 ➤【引线】面板 ➤【合并】按钮。

在AutoCAD 2020中调用【添加引线】命令的方法通常有以下3种。

- 命令行输入"MLEADEREDIT/MLE"命令并按空格键。
- 单击【默认】选项卡 ➤【注释】面板 ➤【添加引线】按钮。
- 单击【注释】选项卡 ➤【引线】面板 ➤【添加引线】按钮。

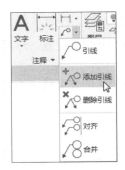

在AutoCAD 2020中调用【删除引线】命令的方法通常有以下3种。

- 命令行输入"AIMLEADEREDITREMOVE"命令并按空格键。
- 单击【默认】选项卡 ➤【注释】面板 ➤【删除引线】按钮。
- 单击【注释】选项卡 ➤【引线】面板 ➤【删除引线】按钮。

5.5.4 实战演练——创建并编辑多重引线对象

下面对装配图进行多重引线标注并编辑，具体操作步骤如下。

1. 创建多重引线样式

步骤 01 打开"素材\CH05\装配图.dwg"文件，如下图所示。

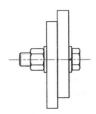

步骤 02 调用【多重引线样式】命令，在系统弹出的【多重引线样式管理器】对话框中单击

【新建】按钮，然后在【新样式名】中输入"装配"，如下图所示。

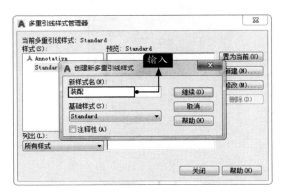

步骤03 单击【继续】按钮,在弹出的【修改多重引线样式:装配】对话框中选择【引线格式】选项卡,并将【箭头符号】改为"小点",【大小】设置为"25",其他不变,如下图所示。

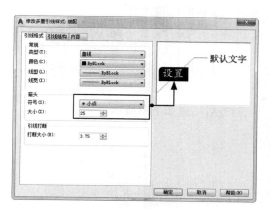

步骤04 单击【引线结构】选项卡,将【设置基线距离】设置为"12",其他设置不变,如下图所示。

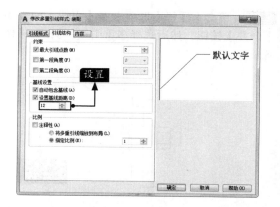

步骤05 单击【内容】选项卡,将【多重引线类型】设置为"块",【源块】设置为"圆",【比例】设置为"5",如下图所示。

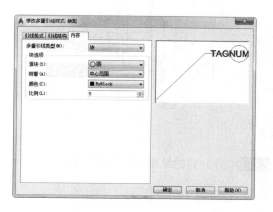

步骤06 单击【确定】按钮,返回【多重引线样式管理器】对话框,将"装配"样式置为当前,如下图所示。

2. 创建多重引线标注

步骤01 调用【多重引线】标注命令,在需要创建标注的位置单击,指定箭头的位置,如下图所示。

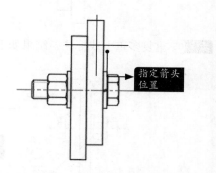

步骤02 拖曳鼠标,在合适的位置单击,作为引线基线位置,如下图所示。

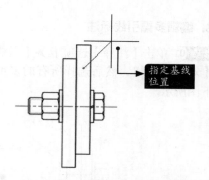

步骤03 在弹出的【编辑属性】对话框中输入标记编号"1",如下页图所示。

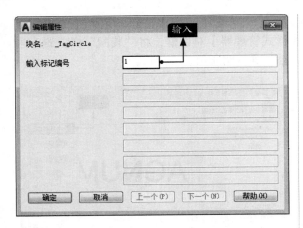

步骤 04 单击【确定】按钮，结果如下图所示。

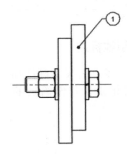

步骤 05 重复多重引线标注，结果如下图所示。

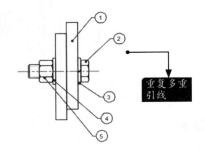

3. 编辑多重引线标注

步骤 01 单击【注释】选项卡 ➤【引线】面板 ➤【对齐】按钮，然后选择所有的多重引线，如下图所示。

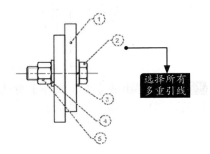

步骤 02 捕捉多重引线2，将其他多重引线与其对齐，如下图所示。

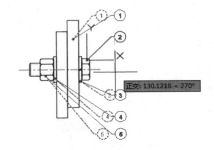

对齐后结果如下图所示。

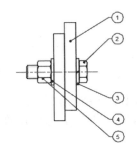

步骤 03 单击【注释】选项卡 ➤【引线】面板 ➤【合并】按钮，然后选择多重引线2~5，如下图所示。

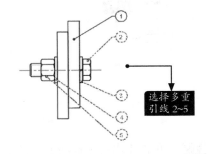

步骤 04 拖曳鼠标指定合并后的多重引线的位置，如下图所示。

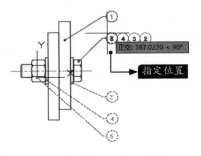

步骤 05 合并后的结果如下页图所示。

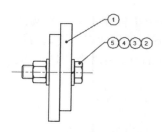

步骤06 单击【注释】选项卡 ➤【引线】面板 ➤【添加】按钮，然后选择多重引线1并拖曳十字光标指定添加的位置，如下图所示。

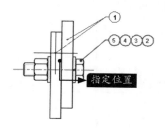

添加完成后的结果如下图所示。

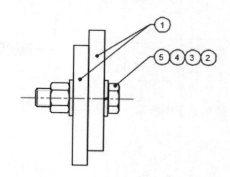

5.5.5 实战演练——标注蜗轮零件图

下面利用形位公差标注和多重引线标注对蜗轮零件图进行标注，具体操作步骤如下。

步骤01 打开"素材\CH05\蜗轮零件图.dwg"文件，如下图所示。

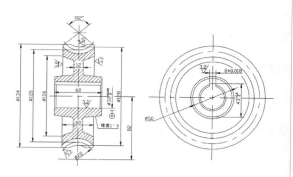

步骤02 选择【标注】➤【公差】菜单命令，系统弹出【形位公差】选择框，单击【符号】按钮，系统弹出【特征符号】选择框，如下图所示。

步骤03 单击【圆跳动符号】按钮，结果如右上图所示。

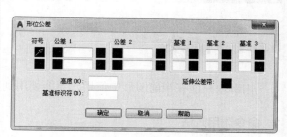

步骤04 在【形位公差】对话框中输入【公差1】的值为"0.04"、【基准1】的值为"A"，如下图所示。

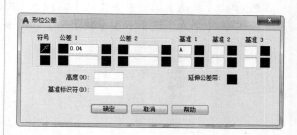

步骤05 单击【确定】按钮，在绘图区域单击指定公差位置，如下页图所示。

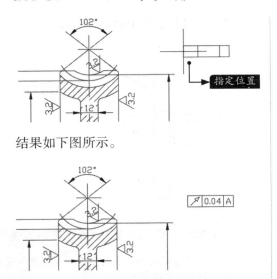

结果如下图所示。

步骤 06 选择【标注】➤【多重引线】菜单命令，在绘图区域创建多重引线将形位公差指向相应的尺寸标注，结果如下图所示。

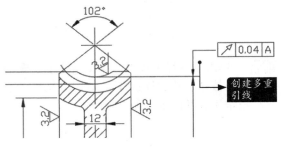

5.6 图块

图块是一组图形实体的总称，当需要在图形中插入某些特殊符号时会经常用到该功能。在应用过程中，AutoCAD图块将作为一个独立、完整的对象来操作，图块中的各部分图形可以拥有各自的图层、线型、颜色等特征。用户可以根据需要按指定比例和角度将图块插入指定位置。

5.6.1 内部块

内部块只能在当前图形中使用，不能使用到其他图形中。

1. 命令调用方法

在AutoCAD 2020中创建内部块的方法通常有以下4种。

- 选择【绘图】➤【块】➤【创建】菜单命令。
- 命令行输入"BLOCK/B"命令并按空格键。
- 单击【默认】选项卡➤【块】面板➤【创建】按钮。
- 单击【插入】选项卡➤【块定义】面板➤【创建块】按钮。

2. 命令提示

调用创建块命令之后，系统会弹出【块定义】对话框，如下图所示。

3. 知识扩展

【块定义】对话框中各选项的含义如下。

- 【名称】文本框：指定块的名称。名称最多可以包含255个字符，包括字母、数字、空格，以及操作系统或程序未作他用的任何特殊字符。

- 【基点】区：指定块的插入基点，默认值是 (0,0,0)。用户可以选中【在屏幕上指定】复选框，也可以单击【拾取点】按钮，在绘图区单击指定。

- 【对象】区：指定新块中要包含的对象，以及创建块之后如何处理这些对象，如是保留还是删除选定的对象，或者是将它们转换成块实例。

- 【保留】：选择该项，图块创建完成后，原图形仍保留原来的属性。

- 【转换为块】：选择该项，图块创建完成后，原图形将转换成图块的形式存在。

- 【删除】：选择该项，图块创建完成后，原图形将自动删除。

- 【方式】区：指定块的方式。在该区域可指定块参照是否可以被分解和是否按统一比例缩放。

- 【允许分解】：选择该项，当创建的图块插入图形后，可以通过【分解】命令进行分解；如果没选择该选项，则创建的图块插入图形后，不能通过【分解】命令进行分解。

- 【设置】区：指定块的设置。在该区域可指定块参照插入单位等。

5.6.2 实战演练——创建内部块

下面对螺栓图形进行内部块的创建，具体操作步骤如下。

步骤 01 打开"素材\CH05\螺栓.dwg"文件，如下图所示。

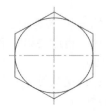

步骤 02 在命令行中输入"B"命令，并按空格键确认，在弹出的【块定义】对话框中单击【选择对象】前的 按钮，并在绘图区域选择下页图所示的图形对象作为组成块的对象。

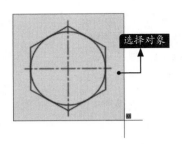
选择对象

步骤 03 按空格键确认，返回【块定义】对话框，单击【拾取点】前的 ![]按钮，并在绘图区域捕捉下图所示的圆心点作为图块的插入基点。

捕捉圆心
圆心

步骤 04 返回【块定义】对话框，为块添加名称"螺栓"，如右上图所示。

步骤 05 单击【确定】按钮完成操作，在绘图区域将光标移至螺栓图形对象上面，可以看到已将其创建为图块。

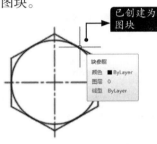
已创建为图块
块参照
颜色 ■ByLayer
图层 0
线型 ByLayer

5.6.3 全局块

全局块不仅能在当前图形中使用，而且可以使用到其他图形中。

1. 命令调用方法

在AutoCAD 2020中创建全局块的方法通常有以下两种。

- 命令行输入"WBLOCK/W"命令并按空格键。
- 单击【插入】选项卡 ➤【块定义】面板 ➤【写块】按钮![]。

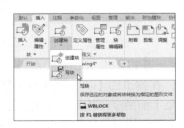

2. 命令提示

调用全局块命令之后，系统会弹出【写块】对话框，如右图所示。

3. 知识扩展

【写块】对话框中各选项的含义如下。

- 【源】区：指定块和对象，将其另存为文件并指定插入点。
- 【块】：指定要另存为文件的现有块。从列表中选择名称。

- 【整个图形】：选择要另存为其他文件的当前图形。
- 【对象】：选择要另存为文件的对象。指定基点并选择下面的对象。
- 【基点】区：指定块的基点。默认值是 (0,0,0)。
- 【拾取点】：暂时关闭对话框以使用户能在当前图形中拾取插入基点。
- 【X】：指定基点的 x 坐标值。
- 【Y】：指定基点的 y 坐标值。
- 【Z】：指定基点的 z 坐标值。
- 【对象】区：设置用于创建块的对象上的块创建的效果。
- 【选择对象】：临时关闭该对话框以便可以选择一个或多个对象以保存至文件。
- 【快速选择】：打开【快速选择】对话框，从中可以过滤选择集。
- 【保留】：将选定对象另存为文件后，在当前图形中仍保留它们。
- 【转换为块】：将选定对象另存为文件后，在当前图形中将它们转换为块。
- 【从图形中删除】：将选定对象另存为文件后，从当前图形中删除它们。
- 【选定的对象】：指示选定对象的数目。
- 【目标】区：指定文件的新名称和新位置以及插入块时所使用的测量单位。
- 【文件名和路径】：指定文件名和保存块或对象的路径。
- 【插入单位】：指定从 DesignCenter™ （设计中心）拖曳新文件或将其作为块插入使用不同单位的图形中时用于自动缩放的单位值。

5.6.4 实战演练——创建全局块

下面对销图形进行外部块的创建，具体操作步骤如下。

步骤 01 打开"素材\CH05\销.dwg"文件，如下图所示。

步骤 02 调用【写块】命令，在弹出的【写块】对话框中单击【选择对象】前的 ⊕ 按钮，在绘图区域选择全部图形对象，如下图所示。

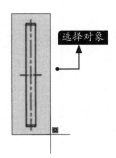

选择对象

步骤 03 按空格键确认，返回【写块】对话框，单击【拾取点】前的 ⃞ 按钮，在绘图区选择下图所示的交点作为插入基点。

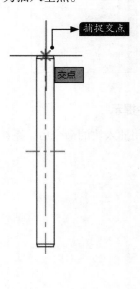

捕捉交点

交点

步骤 04 返回【写块】对话框，在【文件名和路径】栏中可以设置文件名称和保存路径，设置完成后单击【确定】按钮，如右图所示。

5.6.5 插入块

本节重点介绍图块的插入。在插入图块的过程中主要运用到【块选项板】。

1. 命令调用方法

在AutoCAD 2020中调用【块选项板】的方法通常有以下4种。

- 选择【插入】➤【块选项板】菜单命令。
- 命令行输入"INSERT/I"命令并按空格键。
- 单击【默认】选项卡➤【块】面板中的【插入】按钮，然后选择一个适当的选项。
- 单击【插入】选项卡➤【块】面板中的【插入】按钮，然后选择一个适当的选项。

2. 命令提示

调用插入块的命令后，系统会弹出【块选项板】，如下图所示。

3. 知识扩展

　　【块】选项板可以使用户在插入块的过程中对块进行更好的视觉预览，可以高效地从最近使用的列表或指定的图形指定和插入块。【块】选项板中三个选项卡的作用如下。

- 【当前图形】选项卡：将当前图形中的所有块定义显示为图标或列表。
- 【最近使用】选项卡：显示所有最近插入的块。可以通过鼠标右键在该选项卡中删除最近使用的块。
- 【其他图形】选项卡：提供了导航到文件夹的方法，可以从其中选择图形作为图块进行插入，也可以选择这些图形中定义的图块。
- 【块】选项板的顶部包含多个控件，包含用于将通配符过滤器应用于块名称的字段以及多个用于不同缩略图大小和列表样式的选项。

5.6.6　实战演练——插入"从动轴"块

　　下面利用块选项板插入从动轴图块，具体操作步骤如下。

步骤 01 打开"素材\CH05\从动轴.dwg"文件，如下图所示。

步骤 02 在命令行中输入"I"命令后按空格键，在弹出的【块选项板】▶【当前图形】选项卡中选择"从动轴"，单击鼠标右键，在弹出的快捷菜单中选择"插入"，如右上图所示。

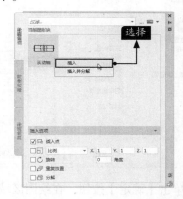

步骤 03 在绘图区域的适当位置处单击指定插入基点，结果如下图所示。

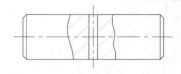

5.7 综合应用——创建并插入带属性的粗糙度图块

　　下面创建带属性的粗糙度图块，并对其进行插入操作，具体操作步骤如下。

步骤 01 打开"素材\CH05\粗糙度.dwg"文件，如下页图所示。

步骤 02 选择【绘图】➤【块】➤【定义属性】菜单命令，弹出【属性定义】对话框，在【属性】区的【标记】文本框中输入"1.6"，【提示】文本框中输入"请输入粗糙度的值"，在【文字设置】区的【对正】方式中选择"居中"，【文字高度】文本框中输入"1.5"，如下图所示。

步骤 03 单击【确定】按钮，在绘图区域单击指定起点，结果如下图所示。

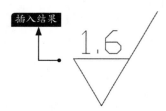

步骤 04 在命令行中输入"B"命令后按空格键，弹出【块定义】对话框，单击【选择对象】按钮，并在绘图区域选择下图所示的图形对象作为组成块的对象。

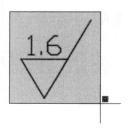

步骤 05 按【Enter】键确认，然后单击【拾取点】前的按钮，并在绘图区域单击指定插入基点，如下图所示。

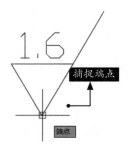

步骤 06 返回【块定义】对话框，将块名称指定为"粗糙度"，然后单击【确定】按钮，在弹出的【编辑属性】对话框中输入参数值"1.6"，如下图所示。

步骤 07 单击【确定】按钮，结果如下图所示。

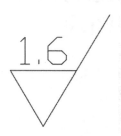

步骤 08 在命令行中输入"I"命令后按空格键，在弹出的【块选项板】➤【当前图形】选项卡中选择"粗糙度"，单击鼠标右键，在弹出的快捷菜单中选择"插入"，如下图所示。

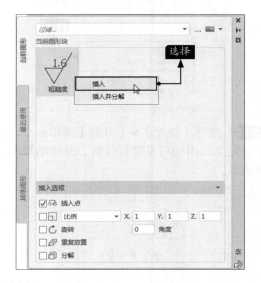

步骤 09 在绘图区域的适当位置处单击指定插入基点，在弹出的【编辑属性】对话框中输入参数值"3.2"，如右上图所示。

步骤 10 单击【确定】按钮，结果如下图所示。

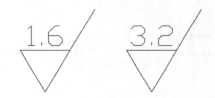

疑难解答

1. 输入的字体为什么是"？？？"

有时输入的文字会显示为问号"？"，这是字体名和字体样式不统一造成的。一种情况是指定了字体名为SHX的文件，而没有启用【使用大字体】复选框；另一种情况是启用了【使用大字体】复选框，却没有为其指定一个正确的字体样式。

所谓"大字体"，就是指定亚洲语言的大字体文件。只有在"字体名"中指定了 SHX 文件，才能"使用大字体"，并且只有 SHX 文件可以创建"大字体"。

2. 如何分解无法分解的图块

在创建图块时如果没有勾选"允许分解"复选框，则得到的图块将无法正常分解。可以通过下面的方法对该类图块进行分解操作。

步骤 01 打开"素材\CH05\无法分解的图块.dwg"文件，如右图所示。

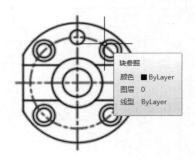

步骤 02 选择【修改】➤【分解】菜单命令，对该绘图区域的图块对象进行分解，命令行提示"无法分解"，如下图所示。

```
选择对象: 找到 1 个
选择对象:
无法分解 1。
```

步骤 03 选择【修改】➤【对象】➤【块说明】菜单命令，弹出"块定义"对话框，在【名称】下拉列表框中选择"机械"，勾选【允许分解】复选框，单击【确定】按钮，如下图所示。

步骤 04 在【块-重新定义块】对话框中选择"重新定义块"选项，如下图所示。

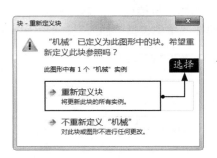

步骤 05 选择【修改】➤【分解】菜单命令，对重新定义的图块对象进行分解，分解结果如下图所示。

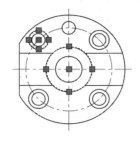

实战练习

（1）绘制以下图形，并计算出阴影部分的面积。其中，以AB所示虚线为分界线，上下两部分图形除尺寸存在比例之外，其余全部相同。

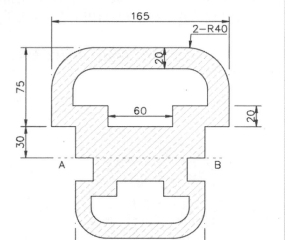

（2）绘制以下图形，并计算出阴影部分的面积。

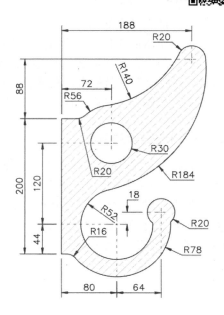

第2篇
设计篇

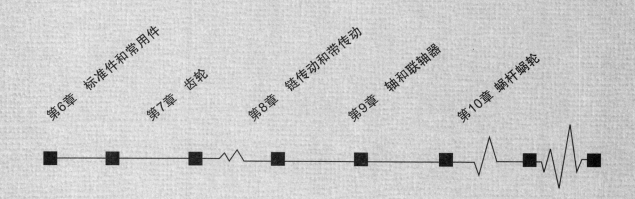

第6章

标准件和常用件

学习目标———

　　组成机器设备的众多零件中，有些零件应用十分广泛，如螺栓、螺母、垫圈、键、销、滚动轴承等。为了适应专业化大批量生产，提高产品质量，降低生产成本，国家标准对这类零件的结构尺寸和加工要求等作了一系列的规定，是已经标准化、系列化的零件，这类零件就称为标准件。另有一些零件，如弹簧，国家标准只对其部分尺寸和参数作了规定，这类零件结构典型，应用也十分广泛，被称为常用件。

学习效果———

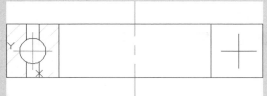

6.1 螺纹连接件

圆柱面上一动点绕圆柱轴线作等速转动的同时，又沿圆柱母线作等速直线运动而形成的复合运动轨迹，称为螺旋线。

一平面图形（如三角形、梯形、锯齿形等）沿圆柱表面上的螺旋线运动形成的具有相同断面的连续凸起和沟槽就称为螺纹。螺纹是零件上一种常见的标准结构，在圆柱外表面上形成的螺纹称为外螺纹，在圆柱内表面形成的螺纹称为内螺纹。

紧固件是将两个或两个以上零件(或构件)紧固连接成为一件整体时所采用的一类机械零件的总称。市场上也称为标准件。

6.1.1 螺纹的主要参数

螺纹的主要参数有螺纹牙型、螺纹直径、螺纹线数、螺距和导程以及旋向等。

1. 螺纹牙型

螺纹牙型由牙顶、牙底和两牙侧构成，并成一定的牙型角。常见的螺纹牙型有三角形、梯形、锯齿形和矩形等，如下图所示。

| 普通螺纹 | 管螺纹 | 梯形螺纹 | 锯齿形螺纹 | 矩形螺纹 |

2. 螺纹直径

（1）大径（公称直径）：大径是指与外螺纹牙顶或内螺纹牙底相重合的假想圆柱面直径，是螺纹的最大直径；外螺纹大径用d表示，内螺纹大径用D表示。

（2）小径：小径是指与外螺纹牙底或内螺纹牙顶相重合的假想圆柱面直径，是螺纹的最小直径，分别用d_1和D_1表示。

（3）中径：在螺纹大径和小径之间有一假想圆柱，如果在其母线上牙型的凸起和沟槽宽度相等，则该假想圆柱直径称为螺纹中径，分别为d_2和D_2表示。

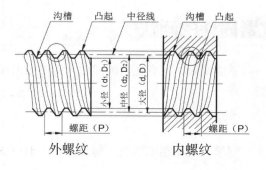

外螺纹　　　　内螺纹

3. 螺纹线数

在同一圆柱（锥）面上的车制螺纹的条数，称为螺纹线数，用n表示。螺纹有单线和多线之分。沿一条螺旋线形成的螺纹，称为单线螺纹；沿两条或两条以上螺旋线形成的螺纹，称为多线螺纹。

4. 螺距和导程

螺纹上相邻两牙在中径线上对应两点之间的距离，称为螺距，以P表示。同一条螺旋线上相邻两牙在中径线上对应两点间的轴向距离称为导程，以Ph表示。螺距、导程和线数三者之间关系为Ph=nP。

5. 旋向

螺纹有右旋和左旋之分。内、外螺纹旋合时，顺时针旋转旋入的螺纹，称为右旋螺纹；逆时针旋转旋入的螺纹，称为左旋螺纹。如下图所示。

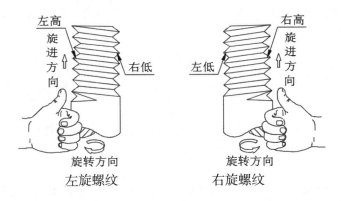

6.1.2 螺纹及螺纹紧固件的画法

螺纹紧固件的零件图一般不需要画，只有在装配图中才需要画出螺纹紧固件的视图。下面介绍螺纹及螺纹紧固件的画法。

1. 外螺纹的画法

在投影为非圆的视图上，螺纹大径用粗实线画；螺纹小径（d1=0.85d）用细实线画，并画入倒角内；螺纹终止线用粗实线画。在投影为圆的视图上，表示螺纹大径的圆用粗实线画，表示螺纹小径的圆用细实线画约3/4圈，倒角圆省略不画。如下图所示。

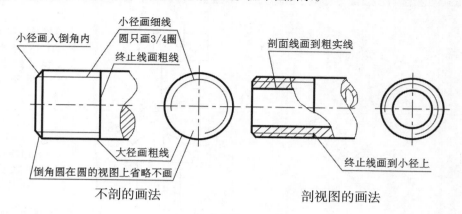

2．内螺纹的画法

在投影为非圆的视图上，剖视时，螺纹大径用细实线画，螺纹小径（D1=0.85D）用粗实线画，螺纹终止线用粗实线画，剖面线应画到表示小径的粗实线为止；不剖时，全部按虚线画出。在投影为圆的视图上，表示螺纹大径的圆用细实线画约3/4圈，表示螺纹小径的圆用粗实线画，倒角圆省略不画。如下图所示。

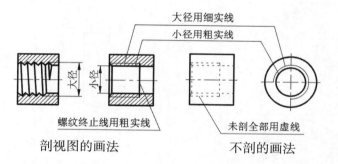

3．螺纹紧固件的画法

为了提高绘图速度，螺纹紧固件各部分尺寸都可以按螺纹大径d的一定比例画，这种绘图方法称为比例画法。如表6-1所列。

表6-1 螺纹紧固件图例及比例画法

名称	图例	比例画法	备注
六角头螺栓			螺纹部分采用0.85d绘制，螺纹长度按实际要求绘制

名称	图例	比例画法	备注
开槽盘头螺钉	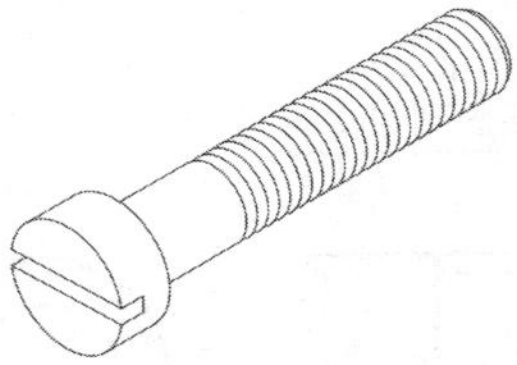	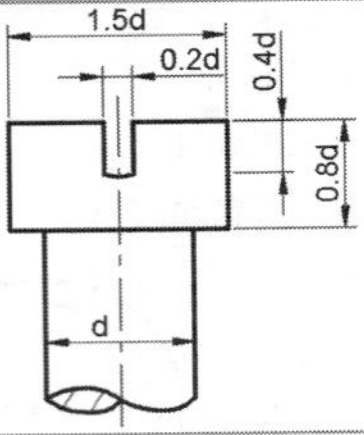 1.5d 0.2d 0.4d 0.8d d	螺纹部分采用0.85d绘制，螺杆和螺纹长度按实际要求绘制
开槽半圆头螺钉	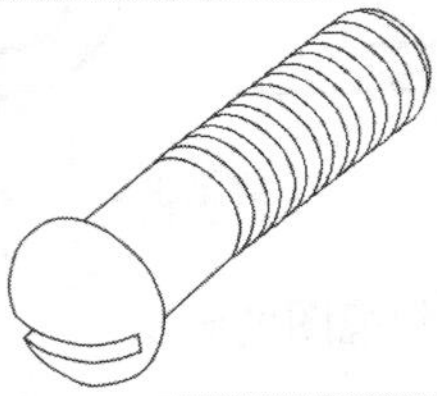	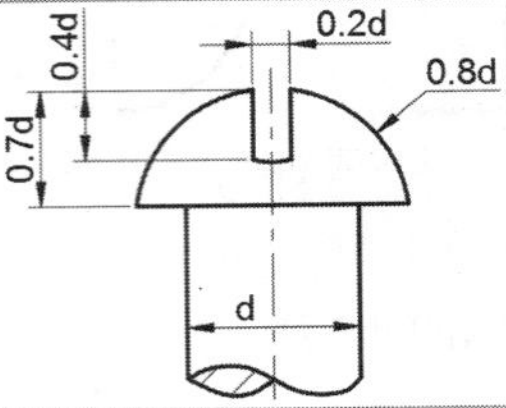 0.4d 0.2d 0.8d 0.7d d	螺纹部分采用0.85d绘制，螺杆和螺纹长度按实际要求绘制
开槽沉头螺钉	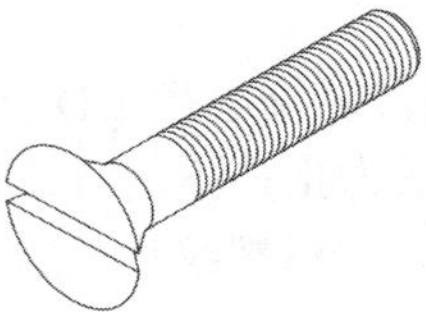	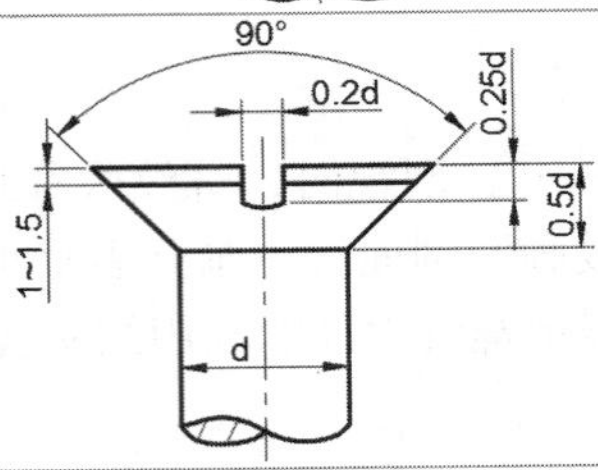 90° 0.2d 0.25d 0.5d 1~1.5 d	螺纹部分采用0.85d绘制，螺杆和螺纹长度按实际要求绘制
紧定螺钉	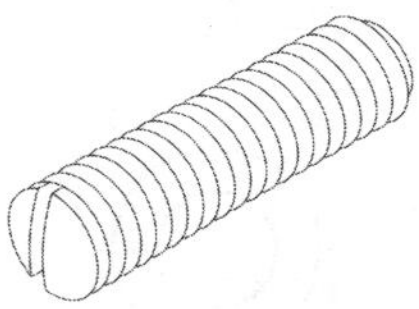	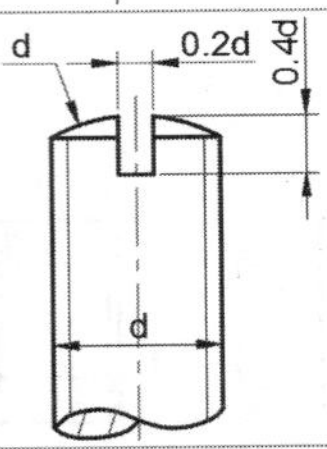 d 0.2d 0.4d d	螺纹部分采用0.85d绘制，螺纹长度按实际要求绘制
六角螺母	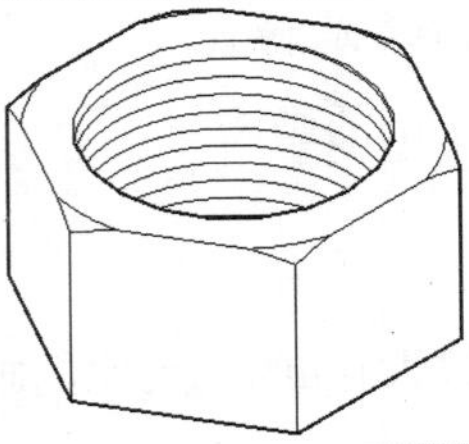	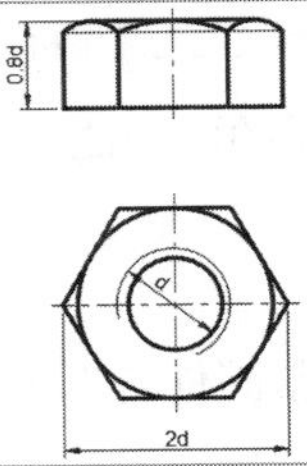 0.8d d 2d	螺纹小径采用0.85d绘制
平垫圈	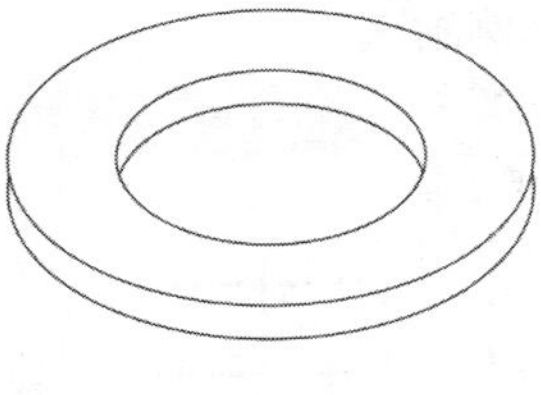	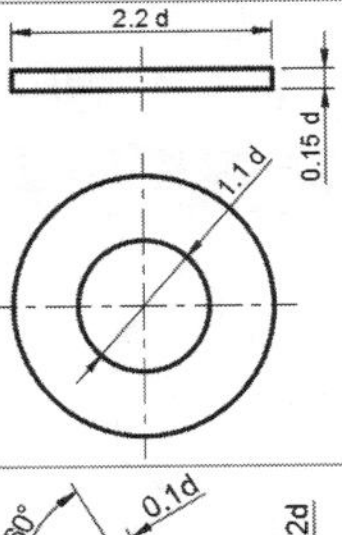 2.2 d 0.15 d 1.1d	图中的d指的是螺纹的公称直径
弹簧垫圈	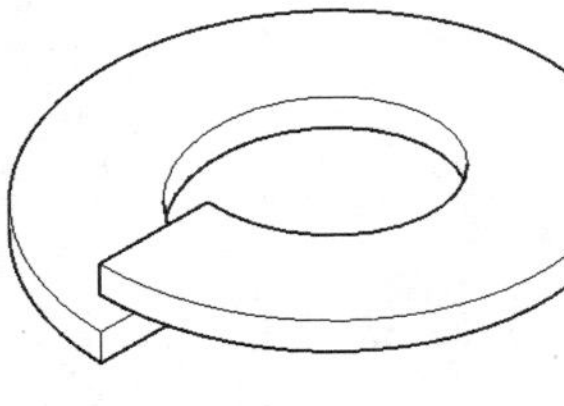	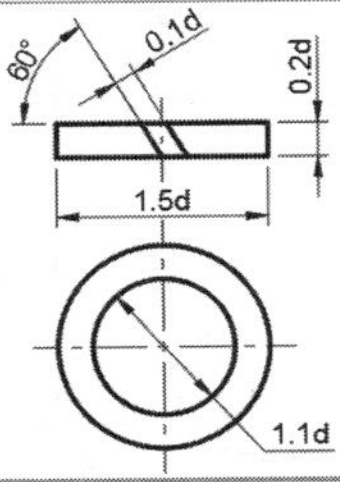 90° 0.1d 0.2d 1.5d 1.1d	图中的d指的是螺纹的公称直径

6.1.3 螺纹紧固件联接的画法

螺纹紧固件联接通常有螺栓联接、螺柱联接和螺钉联接三种。画螺纹紧固件联接图时，应遵循下列基本规定。

（1）两零件的接触面只画一条线，并不得特别加粗。凡不接触表面，无论间隔多小都要画成两条线。

（2）在剖视图中，相邻两零件的剖面线方向应相反，无法做到时应互相错开。同一零件在各个视图上的剖面线方向、间隔应相同。

（3）当剖切平面通过螺纹紧固件的轴线时，这些零件都按不剖画出外形，不画剖面线。但如果垂直其轴线剖切，则按剖视要求画出。

1. 螺栓和双头螺柱联接的画法

当两个被联接键有一个较厚时，一般采用螺栓或双头螺柱联接。而且螺栓联接的被联接件必须允许钻成通孔。通常由螺栓、螺母和垫圈将两零件联接在一起，如下图所示。

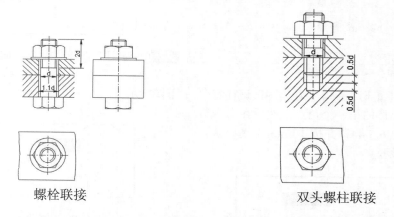

螺栓联接   双头螺柱联接

小提示

弹簧垫圈采用如下比例画法：D=1.5d，厚度S=0.2d，超宽m=0.1d，开槽方向与水平成左斜60°。对于双头螺柱，材料不同ι1的深度也不同，当材料为钢时，ι1=d；当材料为铸铁时，ι1=1.25~1.5d；当材料为轻金属时，ι1=2d。对于双头螺柱，螺柱旋入端的螺纹终止线应与螺孔的孔口平齐。

2. 螺钉连接

螺钉联接用于受力不太大且经常拆卸的场合，如下图所示。

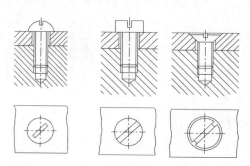

小提示

螺钉的螺纹终止线应高出螺孔的端面。在投影为圆的视图上，一字槽或十字槽投影应画成倾斜45°。

6.1.4 实战演练——绘制M8的六角螺帽

前面介绍了螺纹和螺纹紧固件的基本知识，本节通过绘制一个M8的六角螺帽来对前面所讲内容进行总结和巩固。

步骤01 新建一个DWG文件，调用【图层】命令，创建如下图所示的图层，并将"轮廓线"层置为当前。

步骤04 调用【分解】命令，选择刚才绘制的矩形将它分解，然后调用【定数等分】命令，选择矩形的上侧边将它进行8等分，结果如下图所示。

状	名称	▲	开.	冻结	锁	打	颜色	线型	线宽
⊘	0		♀	☼	⬚	🖶	■白	Continu...	—— 默认
✔	轮廓线		♀	☼	⬚	🖶	■白	Continu...	—— 默认
⊘	剖面线		♀	☼	⬚	🖶	■蓝	Continu...	—— 0.13...
⊘	细实线		♀	☼	⬚	🖶	□绿	Continu...	—— 0.13...
⊘	中心线		♀	☼	⬚	🖶	■红	CENTER	—— 0.13...

步骤02 调用【矩形】命令，在绘图区域任意单击一点作为矩形的第一个角点，然后在命令行中输入"@13.6,5.44"并按【Enter】键确认，结果如下图所示。

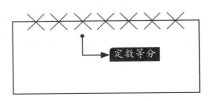

步骤05 调用【直线】命令，捕捉图中的等分点（等分点是节点）和垂足，绘制直线，结果如下图所示。

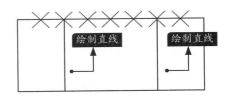

小提示

在绘制直线前首先将【对象捕捉模式】中的"节点"和"垂足"勾选上。

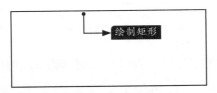

步骤03 调用【点样式】命令，弹出【点样式】对话框，进行下图所示的设置。

步骤06 调用【圆心、半径】绘制圆的方式，命令行提示如下。

```
命令：_circle
指定圆的圆心或 [ 三点(3P)/ 两点(2P)/ 切点、切点、半径(T)]: fro
基点：  // 捕捉中间的等分点
< 偏移 >: @0,-10.2
指定圆的半径或 [ 直径(D)]: 10.2
结果如下页图所示。
```

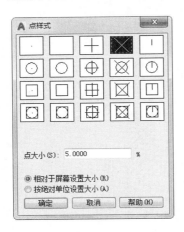

A 点样式

点大小(S): 5.0000 %

⦿ 相对于屏幕设置大小(R)
◯ 按绝对单位设置大小(A)

确定　　取消　　帮助(H)

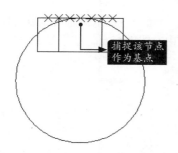

步骤 07 调用【偏移】命令，在命令行中输入
"T"，然后选择上侧的直线为偏移对象，当
命令行提示指定通过的点时，捕捉圆与直线的
交点，结果如下图所示。

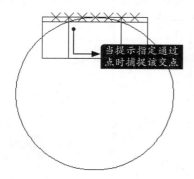

步骤 08 调用【三点】画圆弧的方式，捕捉相关
节点绘制圆弧对象，结果如下图所示。

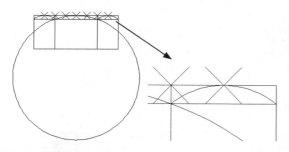

步骤 09 调用【删除】命令，将所有等分点删
除，然后调用【修剪】命令，对图形进行修
剪，结果如下图所示。

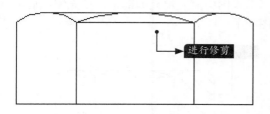

步骤 10 调用【镜像】命令，选择三条圆弧和最
上方的水平直线为镜像对象，当命令行提示指
定镜像线上的点时分别捕捉最外侧两条直线的

中点，结果如下图所示。

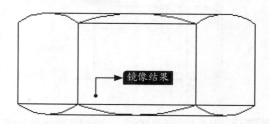

步骤 11 将"细实线"层置为当前，调用【直
线】命令，绘制螺帽剖视图的大径，命令行提
示如下。

```
命令：_line
指定第一个点：fro
基点： // 捕捉直线的中点
< 偏移 >：@–4,0
指定下一点或 [ 放弃 (U)]： // 捕捉垂足
指定下一点或 [ 退出 (E)/ 放弃 (U)]： // 按
【Enter】键结束直线命令
```
结果如下图所示。

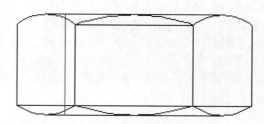

步骤 12 将"中心线"层置为当前，调用【直
线】命令，绘制一条竖直中心线，结果如下图
所示。

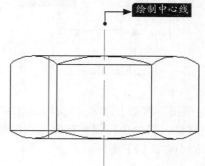

▌▌▌ **小提示**

　　如果绘制的中心线显示为实线，可以在【特
性】选项板中更改其显示比例。

步骤 13 调用【修剪】命令，对图形进行修剪，
结果如下页图所示。

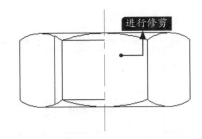

进行修剪

步骤14 调用【直线】命令，绘制两条垂直中心线，结果如下图所示。

竖直中心线与剖视图的中心线平齐，两条中心线的长度大于13.6

步骤15 将"轮廓线"层置为当前，调用【多边形】命令，命令行提示如下。

```
命令：_polygon 输入侧面数 <4>：6
指定正多边形的中心点或[边(E)]：e
指定边的第一个端点： // 捕捉图中的端点
指定边的第二个端点： // 捕捉图中的端点
结果如下图所示。
```

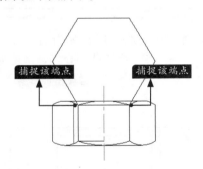

捕捉该端点　　捕捉该端点

步骤16 调用【移动】命令，选择绘制的六边形为移动对象，当命令行提示指定基点时捕捉正六边形的中心，如下图所示。

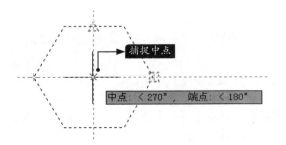

捕捉中点

中点：< 270°，端点：< 180°

步骤17 当命令行提示指定第二点时捕捉**步骤14**绘制的中心线的交点，结果如下图所示。

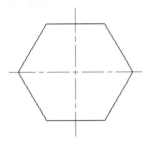

步骤18 调用【圆】命令，绘制3个同心圆，一个与正六边形相切，另外两个半径分别为4和3.4，结果如下图所示。

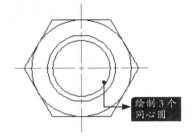

绘制3个同心圆

步骤19 调用【打断】命令，将绘制的半径为4的圆打断一个缺口，结果如下图所示。

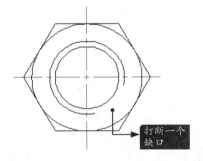

打断一个缺口

步骤20 调用【图案填充】命令，选择填充图案"ANSI31"并将填充比例设置为0.25，然后选择剖视图中需要填充的部位，填充完成后如下图所示。

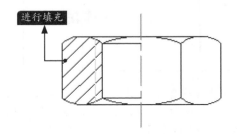

进行填充

步骤㉑ 调用【特性】选项板，如下图所示。

步骤㉒ 选择剖面线，然后在选项板的常用选项卡下单击"图层"后面的下拉箭头，将图层改为"剖面线"层。重复操作，选择步骤⑲中打断后的圆弧（螺纹大径），将它的图层更换到

"细实线"层，结果如下图所示。

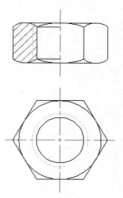

 小提示

上面实例中所有尺寸都是按螺母画法基本规定的尺寸之间的关系计算得出的，读者自行计算，在绘图过程中直接应用，不再解释。

6.2 弹簧

弹簧属于常用件，在机械工程中应用非常广泛，弹簧主要作用有控制机械运动、缓冲减振、储存能量、测量力或力矩等。按受力性质不同弹簧主要分为拉伸弹簧、压缩弹簧、扭转弹簧和弯曲弹簧，按形状不同弹簧主要分为螺旋弹簧、板弹簧和涡卷弹簧，拉伸弹簧及扭转弹簧如下图所示。

拉伸弹簧

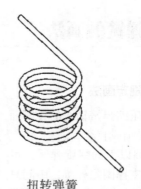

扭转弹簧

弹簧的种类很多，本节主要介绍最常用的圆柱螺旋弹簧。

6.2.1 圆柱压缩弹簧各部分名称及尺寸关系

圆柱压缩弹簧的主要参数如下图所示，各参数的符号表示和含义如表6-2所列。

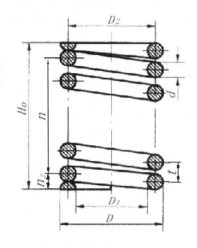

表6-2 弹簧各参数的符号表示和含义

名称	符号	含义及计算
簧丝直径	d	弹簧丝的直径
弹簧外径	D	弹簧的最大直径
弹簧内径	D_1	弹簧的最小直径
弹簧中径	D_2	弹簧的平均直径，$D_2=(D_1+D)/2=D-d=D_1+d$
节距	t	除两端支撑圈外，弹簧上相邻两圈对应两点之间的轴向距离
有效圈数	n	弹簧能保持相同节距的圈数
支撑圈数	n_2	为使弹簧工作平稳，将弹簧两端并紧磨平的圈数。支撑圈仅起支撑作用，常见的有1.5圈、2圈2和2.5圈3种，其中以2.5圈居多
弹簧总圈数	n_1	弹簧的有效圈数和支撑圈数之和，$n_1=n+n_2$
弹簧的自由高度	H_0	弹簧为受载荷时的高度$H_0=nt+(n_2-0.5)d$
弹簧的展开长度	L	制造弹簧所需的簧丝的长度，$L=n_1\sqrt{(\pi D_2)^2+t^2}$

6.2.2 圆柱螺旋弹簧的画法

1. 圆柱螺旋压缩弹簧的规定画法

（1）在平行于螺旋压缩弹簧轴线的投影面的视图中，各圈的轮廓线画成直线。

（2）有效圈数在4圈以上的螺旋弹簧，可以只画其两端的1~2圈（支撑圈除外），中间只需用过簧丝断面中心的细点划线连起来，且可适当缩短图形长度。

（3）有支撑圈时，均按2.5圈绘制。必要时，也可以按支撑圈的实际结构绘制。

（4）螺旋弹簧均可画成右旋，但左旋弹簧不论是画成左旋还是右旋，都要加注"左"字。

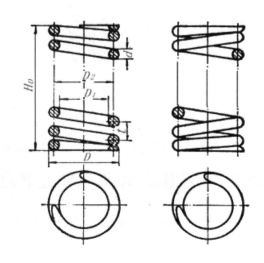

2. 圆柱螺旋压缩弹簧的画图步骤

根据圆柱螺旋压缩弹簧的外径D、簧丝d、节距t和圈数，即可计算出弹簧中径D2和自由高度H0，然后按照下面的绘图步骤绘制圆柱螺旋压缩弹簧。

（1）绘制弹簧的自由高度和中径中心线，如下左图所示。

（2）画支撑圈以及与簧丝直径相等的圆和半圆，如下右图所示。

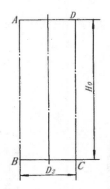
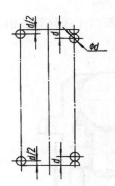

（3）根据节距绘制簧丝截面，如下左图所示。

（4）按右旋方向绘制弹簧的外轮廓并填充剖面线，如下右图所示。

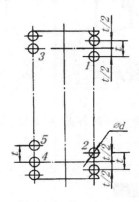

3. 圆柱螺旋压缩弹簧工作图的画法

圆柱螺旋压缩弹簧的工作图画法如下图所示。

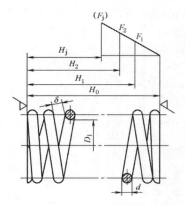

在零件图中还有技术要求，技术要求主要包括旋向、有效圈数、总圈数、工作极限应力、热

处理要求、检验要求以及材料等。

4．圆柱螺旋压缩弹簧在装配图中的画法

（1）螺旋弹簧被剖切时，允许只画簧丝断面，且当簧丝直径小于或等于2mm时，其断面可涂黑表示，如下左图所示。螺旋弹簧不被剖切时，当簧丝直径小于或等于2mm时，可以采用示意画法，如下中图所示。

（2）被弹簧挡住部分的结构一般不画，可见部分应从弹簧的外径或中径画起，如下右图所示。

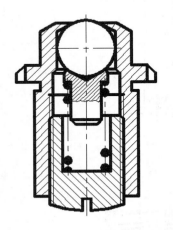 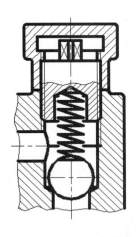 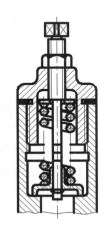

6.2.3 实战演练——绘制圆柱螺旋压缩弹簧

6.2.2小节介绍了圆柱螺旋压缩弹簧的绘制方法，本小节绘制一个中径为25、簧丝直径为4、节距为8、有效长度为80的弹簧。

步骤 01 新建一个DWG文件，调用【图层】命令，创建下图所示的图层，并将"中心线"层置为当前。

状	名称	▲	开.	冻结	锁...	打	颜色	线型	线宽
✔	0		♀	☼	🔓	🖶	■白	Continu...	—— 默认
✔	标注		♀	☼	🔓	🖶	■蓝	Continu...	—— 0.13...
✔	轮廓线		♀	☼	🔓	🖶	■白	Continu...	—— 默认
✔	剖面线		♀	☼	🔓	🖶	□绿	Continu...	—— 0.13...
✔	中心线		♀	☼	🔓	🖶	■红	CENTER	—— 0.13...

步骤 02 调用【直线】命令，绘制圆柱螺旋压缩弹簧的中心线，长度为90，如下图所示。

步骤 03 调用【偏移】命令，将上步绘制的中心

线分别向两侧各偏移12.5绘制弹簧中径，如右图所示。

步骤 04 将"轮廓线"层置为当前，调用【直线】命令，绘制两条直线，直线的间距为80（弹簧的自由高度），命令行提示如下。

```
命令：_line
指定第一个点：fro
基点：// 捕捉步骤 03 中所示 A 点
<偏移>：@5,2
指定下一点或 [ 放弃 (U)]：@0,-27
指定下一点或 [ 退出 (E)/ 放弃 (U)]：//
按【Enter】键结束直线命令
命令：_line
指定第一个点：fro
基点：// 捕捉步骤 03 中所示 B 点
<偏移>：@-5,2
```

指定下一点或 [放弃 (U)]: @0,−27
　指定下一点或 [退出 (E)/ 放弃 (U)]: //
按【Enter】键结束直线命令
　结果如下图所示。

步骤 05 调用【圆心、半径】绘制圆的方式，绘制支撑圈簧丝的断面图，命令行提示如下。

命令：_circle
　指定圆的圆心或 [三点 (3P)/ 两点 (2P)/ 切点、切点、半径 (T)]: // 捕捉直线的交点
　指定圆的半径或 [直径 (D)]: 2
命令：_circle
　指定圆的圆心或 [三点 (3P)/ 两点 (2P)/ 切点、切点、半径 (T)]: fro
　基点： // 捕捉刚绘制的圆的圆心
　＜偏移＞: @4,0
　指定圆的半径或 [直径 (D)] <2.0000>: 2
命令：_circle
　指定圆的圆心或 [三点 (3P)/ 两点 (2P)/ 切点、切点、半径 (T)]: fro
　基点： // 捕捉步骤 04 中所示 C 点
　＜偏移＞: @2,0
　指定圆的半径或 [直径 (D)] <2.0000>: 2
　结果如下图所示。

步骤 06 调用【修剪】命令，对上步绘制的支撑圈的簧丝进行修剪，结果如下图所示。

步骤 07 调用【镜像】命令，对修剪后的半圆和两个圆沿水平中心线的中点进行镜像，结果如右上图所示。

步骤 08 调用【复制】命令，根据节距绘制弹簧的截面，复制的间距为8（节距），结果如下图所示。

步骤 09 调用【直线】命令，按右旋绘制弹簧的外轮廓，结果如下图所示。

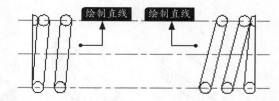

步骤 10 将"剖面线"层置为当前，调用【图案填充】命令，选择填充图案"ANSI31"，并将比例设置为0.25，然后选择簧丝截面进行填充，结果如下图所示。

步骤 11 将"中心线"层置为当前，调用【直线】命令，给簧丝截面添加中心线，结果如下图所示。

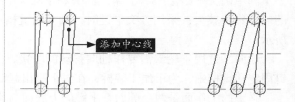

步骤 12 将"标注"层置为当前，调用【线性】和【直径】标注命令，给图形添加标注，结果如下页图所示。

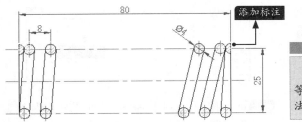

6.3　键类零件

　　键主要用于联接轴和装在轴上的转动零件（如齿轮、带轮等），起传递扭矩的作用。常用的键有平键、半圆键、楔键和花键轴，如下图所示。

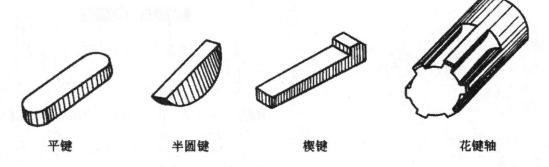

平键　　　　　半圆键　　　　　楔键　　　　　花键轴

6.3.1　键的工作特点及选择

　　不同的键工作特点也不相同，在设计过程中应根据具体使用情况进行选择。

1. 平键

　　平键联接具有结构简单、装拆方便、轴与轴上零件对中性好等优点，应有十分广泛，但不能承受轴向力。常用的平键有普通平键和导向平键两种。

　　普通平键主要用于轴毂间无相对轴向移动的联接，按端部形状分为圆头（A型）、方头（B型）和单圆头（C型）3种。采用圆头和单圆头平键时，轴上的键槽用端铣刀铣出，轴上键槽端部的应力集中较大；采用方头平键时，轴上的键槽用盘铣刀铣出，轴上的应力集中较小。如下左图所示。

　　导向平键用于轮毂需要作轴向移动的联接，如变速箱的滑移齿轮。导向平键较长，需要用螺钉固定在键槽中，为了便于装拆，在键上制出起键螺纹孔。如下中图所示。

　　平键的工作面是两个侧面，平键的上底面与轮毂槽底之间有间隙，如下右图所示。

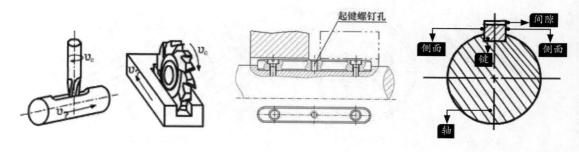

2. 半圆键

半圆键的工作面也是两个侧面，半圆键的定心功能较好。半圆键能在轴槽中摆动，以自动适应轮毂中键槽的斜度，装配方便。

半圆键主要用于轻载连接和锥形轴与轮毂的联接。半圆键联接如下图所示。

> **小提示**
>
> 半圆键联接轴槽较深，对轴的削弱较大。

3. 楔键

楔键分为普通楔键和钩头楔键。楔键的上表面和轮毂键槽的底面各有1∶100的斜度，把楔键打入轴和轮毂槽内时，其工作面上产生很大的预紧力N。工作时，主要靠楔键摩擦力fN（f为接触面间的摩擦系数）传递转矩T，并能承受单方向的轴向力。在图中，左图为普通楔键联接，右图为钩头楔键联接。

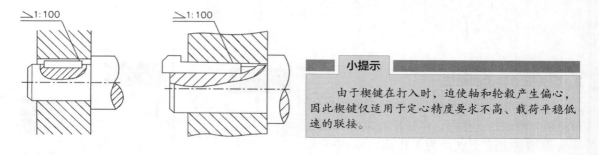

> **小提示**
>
> 由于楔键在打入时，迫使轴和轮毂产生偏心，因此楔键仅适用于定心精度要求不高、载荷平稳低速的联接。

4. 花键

花键按齿形不同分为矩形花键和渐开线花键。花键适用于载荷较大、定位精度要求较高的联接中。

花键联接由具有周向均匀分布的多个键齿的花键轴和具有同样数目键槽的轮毂组成。工作时依靠齿侧的挤压传递转矩，因花键联接键齿多，所以承载能力强；由于齿槽浅，所以应力集中小，对轴削弱小，且对中性和导向性均较好，但需要专用设备加工，导致成本较高。

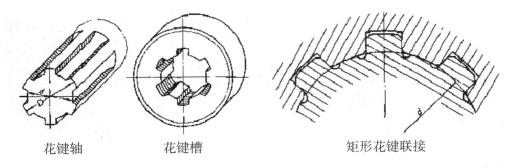

| 花键轴 | 花键槽 | 矩形花键联接 |

6.3.2 键联接的画法

本节主要介绍键和轴轮毂联接在一起时的画法和视图表达方法。

1. 普通平键和半圆键联接的画法

这两种键的联接原理相似，工作面都是两侧面。画图时，在反映键端面的视图中，键的两侧面与轴上的键槽、轮毂上的键槽相接触，分别只画一条线，而键的上、下底面为非工作面，其上底面与轮毂键槽的底面有一定的间隙，应画两条线。在反映键长方向的剖视图中，轴采用局部剖视，键按不剖画出。在下图中，左图为普通平键联接，右图为半圆键联接。

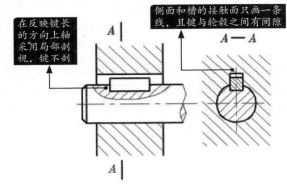
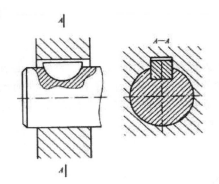

2. 钩头楔键联接的画法

钩头楔键的上底面有1:100的斜度，联接时沿轴向将键打入槽内，直到打紧为止。因此钩头楔键的上、下底面为工作面，各画一条线；两侧面基本尺寸相同，只画一条线。如下图所示。

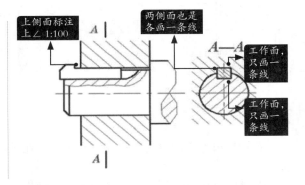

3. 矩形花键联接的画法

花键分矩形花键和渐开线花键两种，本节重点讲解矩形花键联接的画法。

矩形花键的联接如用剖视表示，则其联接部分按外花键画出。需要时，可在联接图中标注相应的联接花键代号，如下图所示。

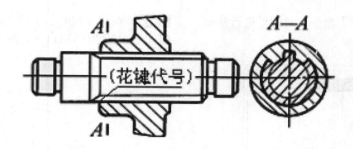

6.3.3 实战演练——绘制矩形外花键

前面介绍了键以及键联接的特点、画法，本节通过绘制一个矩形外花键来对前面所讲内容进行总结和巩固。

步骤 01 新建一个DWG文件，调用【图层】命令，创建如下图所示的图层，并将"中心线"层置为当前。

步骤 02 调用【矩形】命令，在绘图区域任意单击一点作为矩形的第一个角点，然后在命令行中输入"@45，26"并按【Enter】键确认，以指定矩形的另一个角点，结果如下图所示。

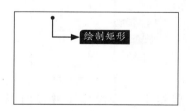

步骤 03 调用【分解】命令，选择绘制的矩形将它分解，然后选择左侧竖直边按【Delete】键将它删除，结果如下图所示。

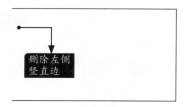

步骤 04 调用【偏移】命令，将竖直边向左侧分别偏移35和40，将水平边分别向内侧偏移1.5，结果如下图所示。

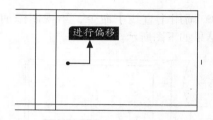

步骤 05 调用【倒角】命令，在命令行中输入"d"，将两个倒角距离都设置为1，然后输入"m"，最后选择需要倒角的两条边，倒角结束后，按【Esc】键退出倒角命令，结果如下图所示。

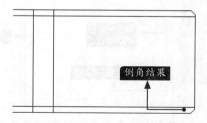

步骤 06 调用【直线】命令，连接图中的相关点绘制直线，结果如下图所示。

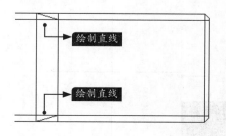

步骤 07 调用【修剪】命令，对图形进行修剪，结果如下图所示。

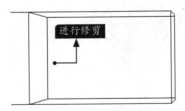

步骤 08 调用【拟合点】绘制样条曲线的方式，绘制剖断线，结果如下图所示。

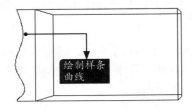

步骤 09 调用【直线】命令，给视图添加中心线，结果如下图所示。

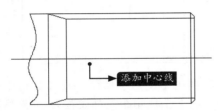

步骤 10 将中心线放置到中心层上，将花键的小径投影线、长度终止线以及尾部长度的末端放置到细实线层，结果如下图所示。

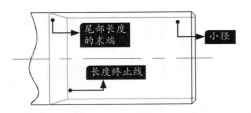

步骤 11 调用【直线】命令，绘制两条垂直的中心线，结果如下图所示。

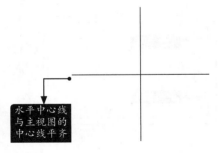

步骤 12 调用【圆心、半径】绘制圆的方式，绘制半径分别为13和11.5的两个同心圆，结果如下图所示。

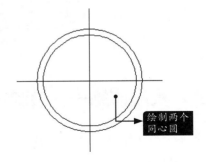

步骤 13 调用【偏移】命令，将竖直中心线向两侧分别偏移3，结果如下图所示。

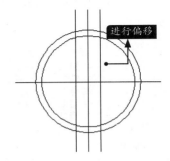

步骤 14 调用【环形阵列】命令，选择偏移后的两条直线为阵列对象，捕捉圆心为阵列的中心点，在弹出的项目选项卡中将项目数设置为"3"，项目间的角度设置为"120"，如下图所示。

项目数：	3
介于：	120
填充：	360
项目	

步骤 15 紧接上一步操作（并没有退出【阵列】命令），在命令行输入"as"，然后输入"n"，让直线阵列后不关联，按【Enter】键退出【阵列】命令后，结果如下图所示。

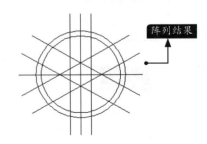

步骤 ⑯ 调用【修剪】命令，对图形进行修剪，结果如下图所示。

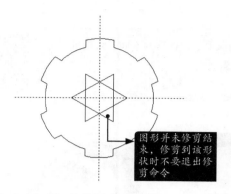

图形并未修剪结束，修剪到该形状时不要退出修剪命令

步骤 ⑰ 在不退出【修剪】命令的前提下输入"r"，然后选择需要删除的对象，按【Enter】键后结果如下图所示。

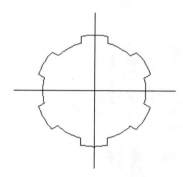

步骤 ⑱ 调用【图案填充】命令，选择填充图案"ANSI31"，然后选择需要填充的部位，结果如下图所示。

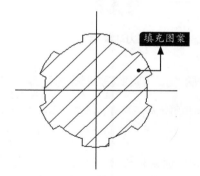

填充图案

步骤 ⑲ 按照 步骤 ⑩ 的操作，把中心线和剖面线分别放到各自相应的图层上，结果如右上图所示。

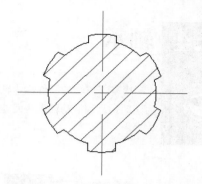

步骤 ⑳ 将"标注"层置为当前，调用【直径】标注命令，给大径和小径添加标注，结果如下图所示。

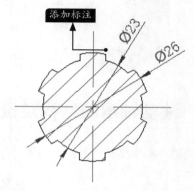

添加标注

步骤 ㉑ 调用【线性】标注命令，添加齿宽和花键工作长度，结果如下图所示。

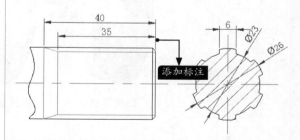

添加标注

步骤 ㉒ 调用【多重引线】标注命令，添加花键代号，结果如下图所示。

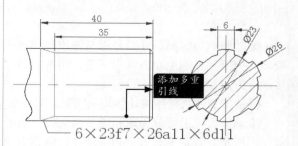

添加多重引线

6×23f7×26a11×6d11

6.4 轴承

用来支撑轴的零件称为轴承。根据轴承中摩擦性质的不同，可把轴承分为滚动轴承和滑动轴承两大类，如下图所示。

6.4.1 滚动轴承的结构及设计常用材料

滚动轴承基本结构由外圈、内圈、滚动体和保持架组成，如下图所示。

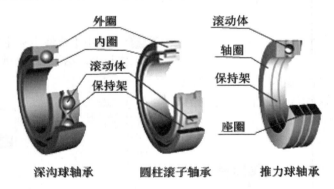

深沟球轴承　　圆柱滚子轴承　　推力球轴承

小提示

滚动轴承分很多种，不同滚动轴承滚动体不同，而且根据使用情况不同有的滚动轴承还另外附加有密封圈、引导环等，上图中的结构只是滚动轴承的基本结构。

滚动轴承的内圈和外圈分别与轴颈和轴承座的孔配合，通常是外圈起固定作用，内圈随轴颈旋转。内圈和外圈上制有弧形滚道，用来限制滚动体的轴向移动，并可降低滚动体与内、外圈的接触应力。

保持架的作用是使滚动体均匀隔开，减少滚动体间的摩擦和磨损。

滚动体大体上可分为球和滚子两大类，滚子又有圆柱形、圆锥形、鼓形和滚针等几种，如下页左图所示。若轴承只有一列滚动体，则称为单列球轴承或单列滚子轴承；若有两列滚动体，则称为双列球轴承或双列滚子轴承。如下页右图所示。

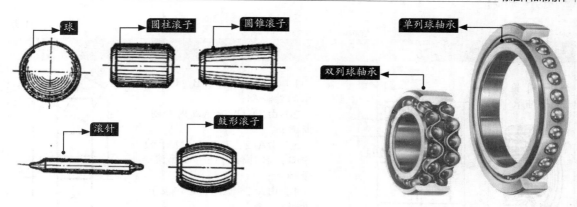

内外圈及滚动体均用强度高、耐磨性好的轴承钢制造，例如GCr9、GCr15SiMn等。工作表面要求磨削抛光处理，淬火处理后表面硬度可达到60~65HRC。此外，轴承元件一般要求150℃的回火处理，因为轴承的一般工作温度不高于120℃，所以轴承元件的硬度不会下降。

轴承保持架的材料要求具有良好的减摩性，多用低碳钢冲压制成，也有用黄铜、铜合金、铝合金或工程塑料切制而成的。

小提示

滚动轴承是标准化产品。设计时只需要根据具体的工作条件，选择合适类型和尺寸的滚动轴承，进行组合即可。

6.4.2 常用滚动轴承的画法

滚动轴承是标准件，一般不必画出零件图。在装配图中，可采用国家规定画法和特征画法，其具体规定如下。

（1）滚动轴承剖视图外轮廓按外径D、内径d、宽度B等实际尺寸绘制，轮廓内可用通用画法或特征画法绘制，如表6-3所列。

表6-3 常用滚动轴承的画法

轴承名称	规定画法	画法步骤	特征画法
深沟球轴承		（1）由D、B画轴承的外轮廓； （2）由(D-d)/2=A画内外圈断面； （3）由A/2、B/2确定球心的位置，以A/2为直径画球体； （4）由球心向上、下作60°斜线，求斜线与球体外形的两个交点； （5）从上步求得的两点作出外（内）圈的内（外）轮廓	

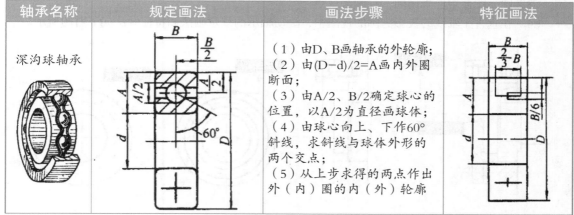

续表

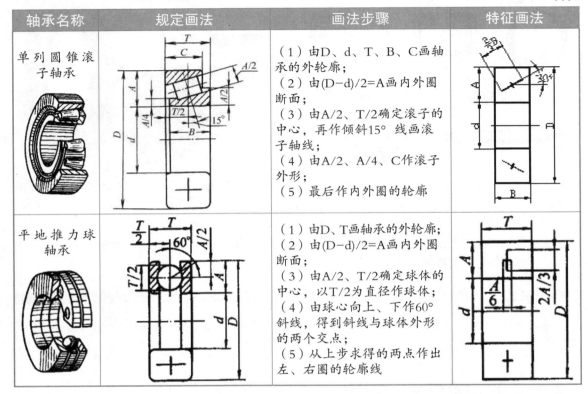

轴承名称	规定画法	画法步骤	特征画法
单列圆锥滚子轴承		（1）由D、d、T、B、C画轴承的外轮廓； （2）由(D−d)/2=A画内外圈断面； （3）由A/2、T/2确定滚子的中心，再作倾斜15°线画滚子轴线； （4）由A/2、A/4、C作滚子外形； （5）最后作内外圈的轮廓	
平地推力球轴承		（1）由D、T画轴承的外轮廓； （2）由(D−d)/2=A画内外圈断面； （3）由A/2、T/2确定球体的中心，以T/2为直径作球体； （4）由球心向上、下作60°斜线，得到斜线与球体外形的两个交点； （5）从上步求得的两点作出左、右圈的轮廓线	

小提示

表6-3中D、d、T、B、C的相关尺寸由设计手册标准查出。

（2）在装配图中需详细表达滚动轴承的主要结构时，可采用规定画法；如果只是简单表达滚动轴承的主要结构时，可采用特征画法。如下左图所示。

（3）同一图样中应采用同一种画法。

（4）在垂直于轴线的投影为圆的视图中，滚动轴承的规定画法和特征画法如下右图所示。

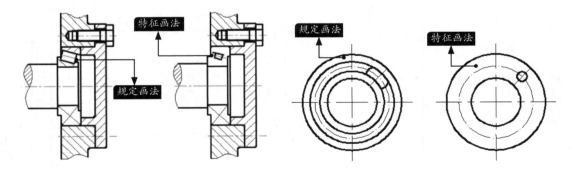

6.4.3 滑动轴承

滚动轴承由于摩擦系数小，起动阻力小，而且已经标准化，选用、润滑和维护都很方便，因此在一般机器中应用广泛。但由于滑动轴承本身具有一些独特的优点，使得它在某些场合依然占有重要地位，如工作转速特别高、冲击与振动特别大、径向空间尺寸受到限制等条件下依然使用滑动轴承。

滑动轴承按承受载荷的不同，可以分为径向轴承（承受径向载荷）和止推轴承（承受轴向载荷）两种。

滑动轴承的设计要点主要有：轴承的型式和结构；轴瓦的结构和材料；轴承的结构参数；润滑剂的选择和供应；轴承的工作能力及热平衡计算。

1. 径向滑动轴承的主要结构

径向滑动轴承的结构主要有整体式和对开式两种。

整体式径向滑动轴承由轴承座、减摩材料制成的整体轴套等组成。轴承座上面设有安装润滑油杯的螺纹孔。在轴套上开有油孔，并在轴套的内表面上开有油槽，如下图所示。这种轴承的优点是结构简单，成本低。缺点是轴套磨损后，轴承间隙过大时无法调整；此外，只能从轴颈端部装拆，对于重型机器的轴或具有中间轴颈的轴，装拆很不方便或无法安装。所以这种轴承多用在低速、轻载或间歇性工作的机器中，如某些农业机器、手动机器等。

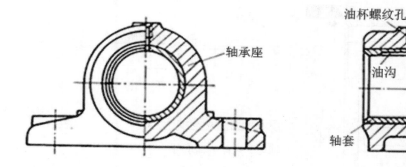

> **小提示**
>
> 整体式径向滑动轴承用的轴承座叫作整体有衬正滑动轴承座，其标准参见JB/T 2560—1991。

对开式径向滑动轴承主要由轴承座、轴承盖、剖分式轴瓦和双头螺柱等组成。轴承盖和轴承座的剖分面常做成阶梯形，以便对中和防止横向错动。轴承盖上部开有螺纹孔，用以安装油杯或油管。剖分式轴瓦由上、下两半组成，通常是下轴瓦承受载荷，上轴瓦不承受载荷。如下图所示。

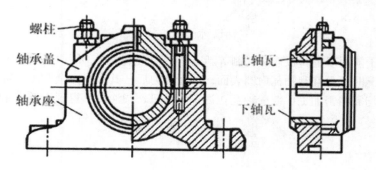

小提示

可以将轴瓦的瓦背做成凸球面，将其支撑面做成凹球面，从而组成调心轴承，用于支撑挠度大或多支点的长轴。

---

2. 轴瓦的结构

轴瓦是滑动轴承中的重要零件，它的结构设计对轴承性能影响很大。常用的轴瓦有整体式和对开式两种结构。

整体式轴瓦按材料及制造方法不同，分为整体轴套和单层、双层或多层材料的卷制轴套。如下图所示。

小提示

非金属整体式轴瓦既可以是整体非金属轴套，也可以是在钢套上镶衬非金属材料。

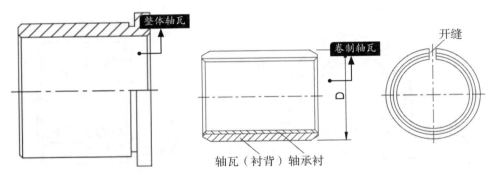

对开式轴瓦有厚壁轴瓦和薄壁轴瓦之分。厚壁轴瓦用铸造方法制造，如下图所示。内表面可以附有轴承衬，常将轴承合金用离心铸造法浇注在铸铁、钢或青铜轴瓦的内表面上。为使轴承合金与轴瓦贴合得好，常在轴瓦内表面上制造出各种形式的榫头、凹沟或螺纹。

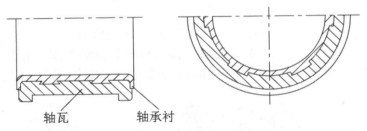

薄壁轴瓦由于能用双金属板连续轧制等新工艺进行大量生产，因而质量稳定，成本低廉，但轴瓦刚性小，装配时不再修刮轴瓦内圆表面，轴瓦受力后，其形状完全取决于轴承座的形状，所以轴瓦和轴承座均需精密加工。薄壁轴瓦在汽车发动机、柴油机上得到广泛应用。薄壁轴瓦如下页图所示。

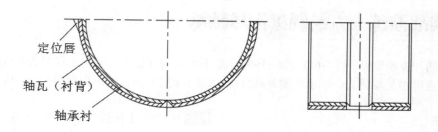

定位唇

轴瓦（衬背）

轴承衬

3. 轴承材料

轴瓦和轴承衬的材料统称为轴承材料。常用的轴承材料可分为三大类：金属材料，如轴承合金、铜合金、铝基合金和铸铁等；多孔质金属材料；非金属材料。

（1）轴承合金（通称巴氏合金或白合金）。

轴承合金是锡、铅、锑、铜合金，以锡或铅作为基体，内含锑锡（Sb-Sn）或铜锡（Cu-Sn）的硬晶粒。硬晶粒起抗磨作用，软基体则增加材料的塑性。轴承合金适用于重载、中高速场合，价格较贵。

（2）铜合金。

铜（常用青铜）合金具有较高的强度、较大的减摩性和耐磨性。

（3）铝基合金。

铝基合金有相当好的耐蚀性和较高的疲劳强度，摩擦性能也很好。

（4）灰铸铁及耐磨铸铁。

这类材料中的片状或球状石墨在材料表面上覆盖后，可以形成一层起润滑作用的石墨层，故具有一定的减摩性和耐磨性。

由于铸铁脆、磨合性差，故只适用于轻载低速和不受冲击载荷的场合。

（5）多孔质金属材料。

这是用不同金属粉末经压制、烧结而成的轴承材料。这种材料是多孔结构的，孔隙约占体积的10%~35%。使用前先把轴瓦在热油中浸泡数小时，使孔隙中充满润滑油，因而通常把这种材料制成的轴承叫含油轴承。这种轴承具有自润滑性。

常用的有多孔铁和多孔质青铜。多孔铁常用来制作磨粉机轴套、机床油泵衬套、内燃机凸轮轴衬套等，多孔质青铜常用来制作电风扇、纺织机或汽车发电机的轴承。

（6）非金属材料。

非金属材料中应用最多的是各种塑料，如酚醛树脂、尼龙、聚四氟乙烯等。聚合物与许多化学物质不起反应，抗腐蚀性特别强。选择聚合物作轴承材料，必须注意散热问题以及在装配和工作时能承受的载荷极限。

4. 滑动轴承的润滑剂

润滑剂主要有润滑脂、润滑油和固体润滑。

润滑脂属于半固体润滑剂，流动性极差，故无冷却效果。常用在要求不高、难以经常供油，或者低速重载以及作摆动运动的轴承上。

润滑油是滑动轴承中应用最广的润滑剂。当转速高、压力小时，应选用黏度较低的油；反之，当转速低、压力大时，应选黏度高的油。润滑油黏度随温度的升高而降低，因此在较高温度下工作的轴承（例如t>60℃），所用油的黏度应比通常的高一些。

固体润滑剂可以在摩擦表面上形成固体膜以减小摩擦阻力，通常只用于一些有特殊要求的场合。

6.4.4 实战演练——绘制深沟球轴承

本节用两种方法绘制一个GB/T 276－1994标准下的深沟球轴承，轴承的代号为61905，通过机械设计手册查得相关参数为：轴承外圈外径D=42，轴承宽度B=9，轴承内径d=5×5=25。

1. 规定画法

步骤01 新建一个DWG文件，调用【图层】命令，创建下图所示的图层，并将"轮廓线"层置为当前。

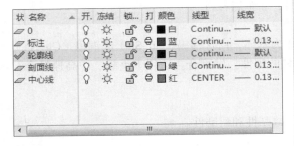

步骤02 调用【矩形】命令，由D=42、B=9绘制轴承外轮廓，其中矩形的一个角点通过坐标系的原点，如下图所示。

绘制矩形

步骤03 调用【直线】命令，根据(D-d)/2=A计算出A=8.5，根据A画出内外圈的断面，如下图所示。

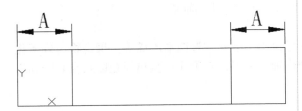

步骤04 调用【圆】命令，以A/2和B/2计算滚动体的球心，并以A/2为直径绘制球体的投影圆，结果如下图所示。

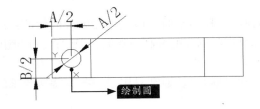

绘制圆

步骤05 调用【构造线】命令，绘制一条过球心且与水平直线成60°角的构造线，命令行提示如下。

```
命令 : _xline
指定点或 [ 水平 (H)/ 垂直 (V)/ 角度 (A)/
二等分 (B)/ 偏移 (O)]: a
输入构造线的角度 (0) 或 [ 参照 (R)]: 60
指定通过点 :  // 捕捉圆心
指定通过点 :    // 按【Enter】键结束构
造线命令
```

结果如下图所示。

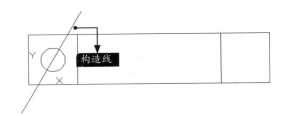

构造线

步骤06 调用【直线】命令，通过构造线与圆的两个交点绘制两条直线，结果如下图所示。

绘制直线

步骤07 调用【镜像】命令，以圆的竖直中心线为镜像线对上步绘制的两条直线进行镜像，镜像后将构造线删除，结果如下图所示。

镜像结果

步骤08 调用【直线】命令，简易绘制轴承另一侧，结果如下页图所示。

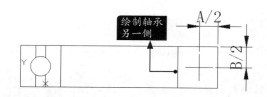

步骤 09 将"中心线"层置为当前，调用【直线】命令，给轴承添加中心线，结果如下图所示。

步骤 10 将"剖面线"层置为当前，调用【图案填充】命令，选择填充图案"ANSI31"，将比例设置为0.25，然后选择簧丝截面进行填充，结果如下图所示。

步骤 11 将"标注"层置为当前，给图形添加标注，结果如下图所示。

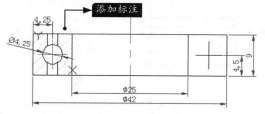

2. 特征画法

步骤 01 新建一个DWG文件，调用【图层】命令，创建下图所示的图层，并将"轮廓线"层置为当前。

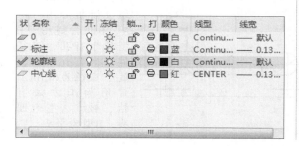

步骤 02 调用【矩形】命令，由D=42、B=9绘制轴承外轮廓，其中矩形的一个角点通过坐标系的原点，如下图所示。

步骤 03 调用【直线】命令，根据(D−d)/2=A计算出A=8.5，根据A画出内外圈的断面，如下图所示。

步骤 04 重复 **步骤 03**，绘制直线，由A和B确定直线的长度和位置，结果如下图所示。

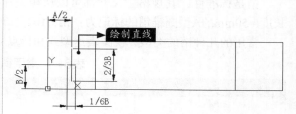

步骤 05 调用【镜像】命令，将上步绘制的直线沿矩形的中心线进行镜像，结果如下图所示。

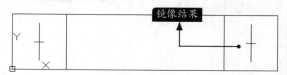

步骤 06 分别将"中心线"层和"标注"层置为当前层，给轴承添加中心线和标注，结果如下图所示。

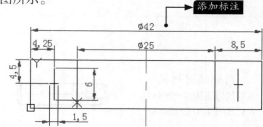

6.5 销类零件

销主要用于机械零件的联接和定位，常用销有圆柱销、圆锥销、开口销等3种，如下图所示。

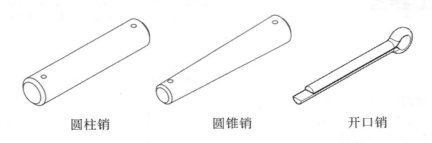

圆柱销　　　　　　　圆锥销　　　　　　　开口销

6.5.1 销及其标记

销是标准件，其规格、尺寸都可以从相关标准中查到。销的标记如下：公称直径d=10mm，长度l=50mm的A型圆锥销的标记为：销 GB/T 117 A10 × 50。

常用的几种销的类型、视图表达型式和特点应用如表6-4所列。

表6-4　常用销及其标记示例

类型	结构图例	视图表达方法	特点及应用
圆柱销 GB/T119.1−2000 GB/T119.2−2000			主要用于定位，也可以用于联接，直径偏差有u6、m6、h8和h11四种以满足不同的使用要求。常用的加工方法有钻、铰
螺纹圆柱销 GB/T 878−2000			主要用于定位，也可以用于联接，直径偏差较大，用于定位要求不高的场合。常用的加工方法有钻、铰
内螺纹圆柱销 GB/T120.1−2000 GB/T120.2−2000			主要用于定位，也可以用于联接。内螺纹供拆卸用，有A、B两种规格。B型用于盲孔，直径偏差只有n6一种，最小直径为6mm。常用加工方法有钻、铰。A型为圆头，B型为平头

续表

类型	结构图例	视图表达方法	特点及应用
弹性圆柱销直槽重型 GB/T879.1-2000 弹性圆柱销直槽轻型 GB/T879.2-2000			有弹性，装配后不易松动，刚性较差，不适用于高精度定位。可用于有振动和受冲击的场合。钻孔精度要求低，可多次拆装
弹性圆柱销卷制重型 GB/T879.3-2000 弹性圆柱销卷制标准型 GB/T879.4-2000 弹性圆柱销卷制轻型 GB/T879.5-2000			由钢板卷制，加工方便。有弹性，装配不易松动，刚性较差，不适用于高精度定位，可用于有振动、受冲击的场合。钻孔精度要求低，可以多次拆卸
带孔销 GB/T 880-2000			两端用开口销锁住，拆卸方便，用于铰链联接处
圆锥销 GB/T117-2000			与有精度的铰制孔相配。定位精度比圆柱销高，能自锁。一般两端伸出被联接件，拆装方便，可多次拆装
螺尾圆锥销 GB/T881-2000			与有锥度的铰制孔相配，定位精度比圆柱销高，能自锁，一般两端伸出被联接件，拆装方便，可多次拆装
内螺尾圆锥销 GB/T118-2000			与有精度的铰制孔相配，定位比圆锥销高，能自锁。一般两端伸出被联接件，拆装方便，螺纹孔用于拆卸，可用于盲孔
开尾圆锥销 GB/T877-2000			与有锥度的铰制孔相配，装配后，末端可以稍张开从而避免松动。用于有振动、受冲击场合
开口销 GB/T91-2000			用于锁定其他零件，如轴、槽型螺母等。是一种可靠的缩进方法，应用广泛

续表

类型	结构图例	视图表达方法	特点及应用
销轴 GB/T882-2000	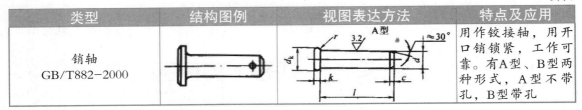		用作铰接轴，用开口销锁紧，工作可靠。有A型、B型两种形式，A型不带孔，B型带孔

6.5.2 销联接的画法

圆柱销、圆锥销和开口销的联接画法如下图所示。

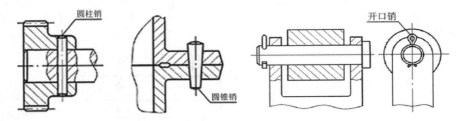

圆柱销与圆锥销的装配要求较高，销孔一般要在被联接件装配后再加工，这一要求需要在相应的零件图上注明（图纸上标着的"配作"就是这个注明）。锥销孔的公称直径指小端直径，标注时一般采用旁注法，如下图所示。

锥销孔加工时按公称直径先钻孔，再用带锥度的定值铰刀扩铰成锥孔，加工示意图如下图所示。

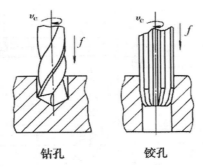

钻孔　　　　铰孔

开口销主要是锁紧放松的，销孔一般要求较低，这里就不进行特殊介绍。

6.5.3 实战演练——绘制开口销

圆柱销和圆锥销虽然精度要求比开口销高，但是绘制却简单；开口销虽然要求不高，但是画法却比圆柱销和圆锥销复杂。本节讲解开口销的绘制方法。

步骤 01 新建一个DWG文件，调用【图层】命令，创建下图所示的图层，并将"轮廓线"层置为当前。

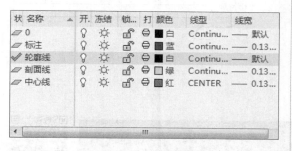

步骤 02 调用【圆心、半径】绘制圆的方式，绘制半径分别为1.8和1的两个同心圆，结果如下图所示。

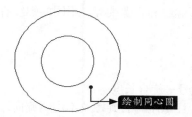

步骤 03 调用【直线】命令，绘制一条过圆心的直线和两条与小圆相切的直线，直线的长度为16.5，结果如下图所示。

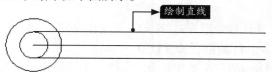

步骤 04 调用【圆角】命令，在直线和圆相交处进行R1.5和R1圆角，结果如下图所示。

步骤 05 调用【修剪】命令，对图形进行修剪，结果如下图所示。

步骤 06 调用【拉伸】命令，将最上侧的直线向

右缩短2.5，结果如下图所示。

步骤 07 调用【直线】命令，绘制两条直线，结果如下图所示。

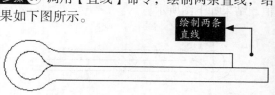

步骤 08 调用【标注样式】命令，在弹出的【标注样式管理器】对话框中单击【修改】按钮，然后选择"箭头和符号"选项卡，将圆心标记设置为"2.5"，如下图所示。

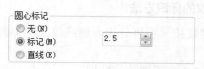

步骤 09 调用【圆心标记】标注命令，给图形添加中心线，结果如下图所示。

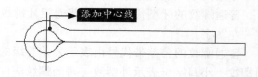

步骤 10 调用【偏移】命令，将竖直中心线向右侧偏移8，结果如下图所示。

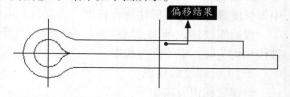

步骤 11 调用【圆心、半径】绘制圆的方式，绘制一个半径为1的圆，结果如下图所示。

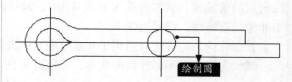

步骤 12 调用【图案填充】命令，选择填充图案"ANSI31"，并将比例设置为"0.1"，然后选择需要填充的部位，结果如下页图所示。

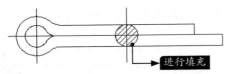

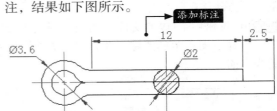

步骤⑭ 将"标注"层置为当前，给图形添加标注，结果如下图所示。

步骤⑬ 将中心线和剖面线分别放置到相应的图层上，并将中心线的线型比例设置为合适的值，结果如下图所示。

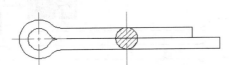

 疑难解答

1. 螺纹的标识方法

螺纹按牙型可分为普通螺纹、梯形螺纹、锯齿形螺纹和管螺纹等。不同的螺纹有不同的标识方法。

（1）普通螺纹的标识。

普通螺纹标识方法如下：

牙型代号 公称直径×螺距/旋向—螺纹公差带代号—旋合长度

普通螺纹的牙型代号为M。普通粗牙螺纹省略标注螺距。右旋螺纹不注明旋向，左旋螺纹应注"左"字。

普通螺纹的公差带代号由表示公差等级的数字及表示公差带位置的字母组成，大写字母表示内螺纹，小写字母表示外螺纹。普通螺纹应注写中径和定径的公差代号。如两者相同，则可以只注写一个。

普通螺纹的旋合长度规定了短、中、长三种，其代号分别为S、N、L。一般情况下，螺纹按中等长度确定而并不标注旋合长度。必要时，可标注S或L或旋合长度数值。

普通螺纹标识示例：M8-6e，表示公称直径为8mm的右旋粗牙普通外螺纹，中径和定径公差带代号均为6e，中等旋合长度。

（2）管螺纹的标识。

管螺纹标识方法如下：

螺纹特征代号 尺寸代号—公差等级代号—旋向代号

管螺纹又分为用螺纹密封的管螺纹和非螺纹密封管螺纹。其特征代号也分为两种：对于用螺纹密封的管螺纹，圆锥外螺纹的代号为R，圆柱内螺纹的代号为Rp，圆锥内螺纹的代号为RC；对于非密封管螺纹，代号为G。

管螺纹的公差等级只适用于非螺纹密封的外管螺纹，分为A、B两个精度等级。

螺纹为右旋时不标注旋向代号，左旋时标注"LH"。

小提示

　　60°圆锥管螺纹的标记由特征代号和尺寸代号组成，特征代号为"NPT"。例如，NPT3/8LH表示60°牙型角的外锥管螺纹，尺寸代号为3/8，左旋。

（3）梯形螺纹和锯齿形螺纹的标识。

梯形螺纹和锯齿形螺纹标识方法如下：

牙型代号 公称直径×螺距（单线）/导程（多线）—旋向—中径公差带代号—旋合长度

梯形螺纹的牙型代号为"Tr"，锯齿形螺纹的牙型代号为"B"。右旋不标注，左旋螺纹的旋向代号为"LH"。其螺纹公差带表示中径公差带。

梯形螺纹和锯齿形螺纹的旋合长度分为中（N）、长（L）两种，精度规定中等、粗糙两种。选用中等长度旋合时，不标注代号"N"。

梯形螺纹的标识示例：Tr40×7-7e，表示公称直径为40mm、螺距为7mm单线右旋的梯形外螺纹，中径公差带代号为7e，中等旋合长度。

（4）特殊螺纹和非标准螺纹的标识。

特殊螺纹和非标准螺纹标识时在代号之前加"特"字，如"特M36×0.75—7H"。

2. 键的标识及视图表达方法

普通平键、半圆键和楔键的标识方法相同，都为"键 类型代号 b（键的宽度）×L（键的长度） 标准号"。

> **小提示**
>
> A型普通平键在标识时可以不写类型代号。

花键的标识方法为N×d×D×B，其中N表示花键的齿数，d表示花键的小径，D表示花键的大径，B表示键花键的齿宽。例如，8×32×36×6表示小径为32、大径为36、齿宽为6的八齿花键。

表6-5列出了各种键的图例及标识和视图表达方法。

表6-5 各种键的标识和视图表达方法

名称	图例	视图表达方法	标识方法
普通平键			b=8、h=7、L=25的普通平键（A型）： 键 8×25 GB/T 1096-2003
半圆键			b=6、h=10、d1=25、L=24.5的半圆键： 键 6×25 GB/T 1096-2003
钩头楔键			b=18、h=11、L=100的钩头楔键： 键 18×100 GB/T 1096-2003

名称	图例	视图表达方法	标识方法
矩形外花键	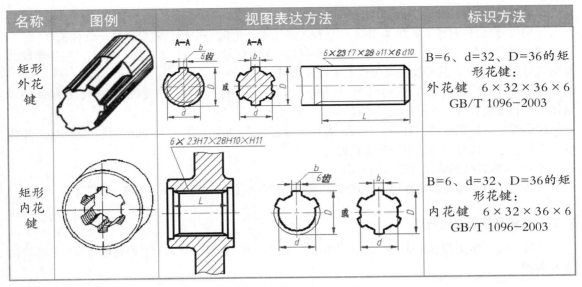		B=6、d=32、D=36的矩形花键： 外花键　6×32×36×6 GB/T 1096—2003
矩形内花键			B=6、d=32、D=36的矩形花键： 内花键　6×32×36×6 GB/T 1096—2003

小提示

　　矩形外花键在平行于花键轴线的投影视图上，大径用粗实线绘制；小径用细实线绘制，并要划入倒角内。花键工作长度的终止线和尾部长度的末端用细实线绘制，尾部用细实线画成与轴线成30°的斜线。如采用局部剖视，齿按不剖处理，小径用粗实线绘制。

　　矩形内花键在平行于花键轴线的投影面的剖视图中，大径和小径均用粗实线绘制，齿不剖画出，另用局部剖视图画法画部分或全部齿形。

实战练习

（1）绘制以下图形，并计算出阴影部分的面积。其中，点A是R60和R42的圆弧的连接点。

（2）绘制以下图形，并计算出阴影部分的面积。

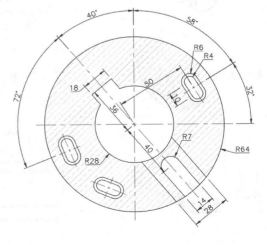

第 **7** 章

齿轮

学习目标

　　齿轮机构用于传递任意两轴之间的运动和动力，是应用最广泛的一种机械传动方式。齿轮传动的主要优点是传动功率和速度范围广，传动比准确、可靠，传动效率高，工作可靠，寿命长，结构紧凑。主要缺点是制造和安装精度要求高，制造成本高，需要用专门机床、刀具和测量仪器等，而且不宜用于轴间距很大的传动，精度低时噪声大。

学习效果

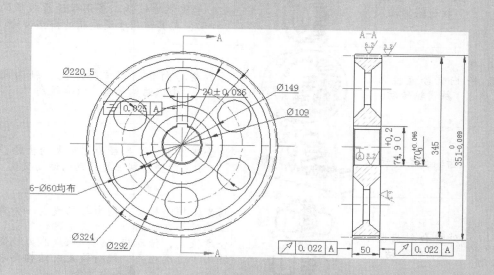

7.1 齿轮传动的分类

 齿轮传动的类型很多，有不同的分类方法，常见的有按两齿轮轴线的相对位置分类和按齿轮的工作条件分类。下面按这两种分类方法对齿轮传动进行介绍。

7.1.1 齿轮传动按工作条件分类

齿轮传动按工作条件可以分为开式齿轮传动、闭式齿轮传动、半开式齿轮传动。

开式齿轮传动：齿轮传动无箱无盖地暴露在外，不能防尘且润滑不良，因而齿轮易磨损、寿命短，一般用于低速或低精度的场合，例如水泥搅拌齿轮、卷扬机齿轮等。

闭式齿轮传动：齿轮传动装置在密闭的箱体内，易于保证良好的润滑状态，使用寿命长，一般用于较重要的场合，如机床主轴箱齿轮、汽车变速箱齿轮、减速器齿轮等。

半开式齿轮传动：介于开式齿轮传动和闭式齿轮传动之间，通常在齿轮的外面安装有简单的罩子，如车床交换齿轮架的齿轮传动等。

7.1.2 按齿轮轴线的相对位置分类

根据两齿轮轴线的相对位置，齿轮传动可以分为平行轴齿轮传动、相交轴齿轮传动和交错轴齿轮传动三类。齿轮传动的主要分类、特点及应用如表7-1所列。

表7-1 按齿轮轴线相对位置对齿轮进行分类

分类	名称	示意图	特点及应用
平行轴齿轮传动	直齿圆柱齿轮传动 / 外啮合直齿圆柱齿轮传动		两齿轮转向相反，轮齿与轴线平行，工作时无轴向力。重合度较小，传动平稳性较差，承重能力较低。多用于速度较低的传动，尤其适用于变速箱的换挡齿轮
	内啮合直齿圆柱齿轮传动		两齿轮转向相同，重合度大，轴向间距小，结构紧凑，效率较高
	齿轮齿条传动		齿条相当于一个半径为无限大的齿轮，用于连续转动到往复移动的运动交变
	平行轴斜齿轮传动 / 外啮合斜齿圆柱齿轮传动		两齿轮转向相反，轮齿与轴线成一夹角，工作时存在轴向力，所需支撑较复杂。重合度较大，传动较平稳，承载能力较高，适用于速度较高、载荷较大或结构要求较紧凑的场合

续表

分类	名称	示意图	特点及应用
平行轴齿轮传动	人字齿轮传动 外啮合人字齿轮传动		两齿轮转向相反，承载能力高，轴向能抵消，多用于重载传动
相交轴齿轮传动	直齿锥齿轮传动		两轴线相交，最常用的是两轴线相互垂直。制造和安装简便，传动平稳性较差，承载能力较低，轴向力较大。用于速度较低（<5m/s）、载荷小而稳定的运转
	曲线齿锥齿轮传动		两轴线相交，重合度大，工作平稳，承载能力高。轴向力较大且与齿轮转向有关，用于转速较高及载荷较大的传动
交错轴齿轮传动	交错轴斜齿轮传动		两轴线交错，两齿轮点接触，传动效率低，适用于载荷小、转数较低的传动
	蜗轮蜗杆传动		两轴线交错，一般成90°，传动比较大，一般为10~80，结构紧凑，传动平稳，噪声和振动小，但传动效率低，易发热

小提示

　　蜗轮蜗杆传动也是齿轮传动的一种。关于蜗轮蜗杆的传动，本书后面有章节专门介绍。

7.2　直齿圆锥齿轮

　　圆锥齿轮按齿形可分为直齿、斜齿和曲齿等几种，如下图所示。直齿圆锥齿轮的设计、制造和安装都比较简单，应用也最广泛，本节重点介绍直齿圆锥齿轮。

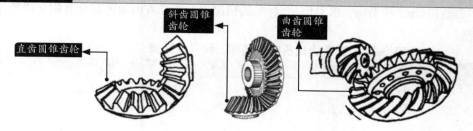

直齿圆锥齿轮　　斜齿圆锥齿轮　　曲齿圆锥齿轮

7.2.1 直齿圆锥齿轮的基本参数及各部分名称、代号和尺寸计算

由于圆锥齿轮的齿形是在圆锥体表面切制出来的，所以圆锥齿轮一端大一端小，而且齿厚、直径和模数也是逐渐变化的。为了便于设计制造，国家规定以大端参数为标准。

1. 直齿圆锥齿轮的基本参数

直齿圆锥齿轮的基本参数除了齿数（z）、模数（m）和压力角（α）外，还有锥距（R）、分度圆锥角（δ）、顶锥角（δ_a）、根锥角（δ_f）、齿顶角（θ_a）和齿根角（θ_f）。

> **小提示**
>
> 齿数、模数和压力角的含义与直齿圆柱齿轮相同，只不过这里的模数指的是大端模数。

锥距R：分度圆锥定点沿分锥母线到背锥素线的距离，具体参见下图。
分度圆锥角δ：圆锥齿轮轴线与分度圆锥素线间的夹角，具体参见下图。
顶锥角δ_a：圆锥齿轮轴线与齿顶圆锥素线间的夹角，具体参见下图。
根锥角δ_f：圆锥齿轮轴线与齿根圆锥素线间的夹角，具体参见下图。
齿顶角θ_a：齿顶圆锥素线与分度圆锥素线间的夹角，具体参见下图。
齿根角θ_f：齿根圆锥素线与分度圆锥素线间的夹角，具体参见下图。

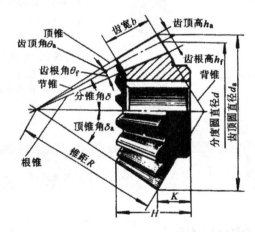

为了便于计算和测量，通常规定锥齿轮大端模数为标准值，如表7-2所列。

表7-2 渐开线圆柱齿轮模数（GB 12368-90）

1	1.125	1.25	1.375	1.5	1.75	2	2.25	2.5	2.75	3	3.25	3.5	3.75	4
4.5	5	5.5	6	6.5	7	8	9	10						

2. 各部分名称、代号及计算

在已知基本参数齿数z、模数m、压力角α=20°的情况下，圆锥直齿轮各部分名称、代号及计算如表7-3所列。

表7-3 圆锥直齿轮各部分名称、代号及计算

名称	代号	计算公式
齿顶圆直径	da	da=m(z+2cos δ)
分度圆直径	d	d=mz

续表

名称	代号	计算公式
齿根圆直径	d_f	$df=m(z-2.4\cos\delta)$
齿顶高	h_a	$h_a=m$
齿根高	h_f	$h_f=1.2m$
齿高	h	$h=2.2m$
锥距	R	$R=mz/2\sin\delta$
分度圆锥角	δ	当两圆锥齿轮轴线垂直相交时，$\delta_1+\delta_2=90°$， $\tan\delta_1=z_1/z_2$，$\tan\delta_2=z_2/z_1$
顶锥角	δ_a	$\delta_a=\delta+\theta_a$
根锥角	δ_f	$\delta_f=\delta-\theta_f$
齿顶角	θ_a	$\tan\theta_a=2\sin\delta/z$
齿根角	θ_f	$\tan\theta_f=2.4\sin\delta/z$
齿宽	b	$b\leqslant R/3$
分度圆齿厚	s	$s=\pi m/2$

7.2.2 直齿圆锥齿轮的画法

圆锥齿轮的画法如下。

1. 单个圆锥齿轮的画法

单个圆锥直齿轮通常用两个视图表达，并且主视图采用全剖视图。在投影为圆的视图中只画大小端齿顶圆和大端分度圆。主视图不剖时则齿根线不画。如下图所示。

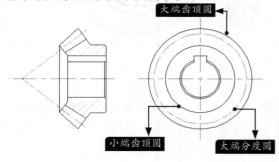

对于斜齿圆锥齿轮或人字齿轮仍用三条细实线表示齿轮的方向，如下图所示。

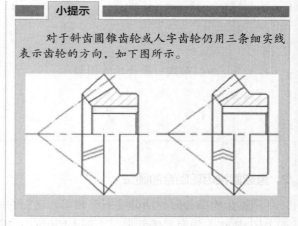

圆锥齿轮规定画法的具体步骤如表7-4所列。

表7-4 圆锥齿轮规定画法的具体步骤

步骤	目的	结果
1	由分度圆锥和背锥画分度圆直径和分度圆锥角	

步骤	目的	结果
2	画齿顶线（圆）、齿根线，并确定齿宽	
3	画其他投影轮廓	
4	画剖面线、修饰完善图形	

2. 直齿圆锥齿轮啮合的画法

圆锥齿轮啮合时，两分度圆锥相切，它们的锥顶交于一点。画图时主视图多采用剖视表示，如下图a所示。当需要画外形时，如下图b所示。若为斜齿或人字齿，则在外形图上加三条平行的细实线表示轮齿的方向。

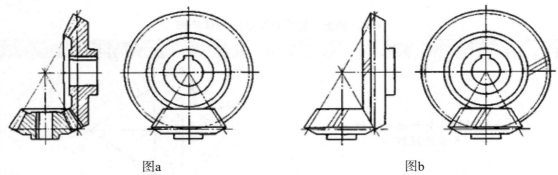

图a   图b

圆锥齿轮啮合规定画法的具体步骤如表7-5所列。

表7-5 圆锥齿轮啮合规定画法的具体步骤

步骤	目的	结果
1	根据两轴线的交角ϕ画出两轴线（这里ϕ=90°），再根据分度圆锥角 δ_1、δ_2和大端分度圆直径d_1、d_2画出两个圆锥的投影	
2	过1、2、3点分别作两分度圆锥母线的垂直线，得到两圆锥齿轮的背部轮廓；再根据齿顶高h_a、齿根高h_f、齿宽b画出两齿轮齿形的投影。齿顶、齿根各圆锥母线延长后必相交于最顶点O	
3	在主视图上画出两齿轮的大致轮廓，再根据主视图画出齿轮的左视图	
4	画齿轮其余部分的投影、剖面线并修饰完善图形	

7.2.3 直齿圆锥齿轮零件图上应标注的尺寸数据

在绘制直齿圆锥齿轮时，国家标准（GB 12371—90）规定零件图上应有如下尺寸和数据。

1. 一般标注尺寸数据

1）齿顶圆直径及其公差；2）齿宽；3）顶锥角；4）背锥角；5）孔（轴）径及其公差；6）定位面（安装基准面）；7）分度圆锥（或节锥）顶点至定位面的距离及公差；8）齿顶至定位面的距离及其公差；9）前锥端面至定位面的距离；10）齿面粗糙度。

2. 表格列出数据

1）齿数；2）模数；3）基本齿廓（符合GB 12369–90标准时，仅注明齿形角；不符合时，则应以图样详细叙述其特性）；4）分度圆直径；5）分度圆锥角；6）根锥角；7）锥距；8）测量齿厚及其公差；9）测量齿高；10）精度等级；11）接触斑点的高度沿齿高方向的百分比，长度沿齿长方向的百分比；12）齿高；13）轴交角；14）侧隙；15）配对齿轮齿数；16）检查项目代号及其公差值。

3. 其他

（1）齿轮的技术要求除在图样中以符号、公差在参数表中表示外，还可以用文字在图右下方逐条列出。

（2）图样中的参数表一般放在图样的右上角。

（3）参数表中列出的参数项目可根据需要增减；检查项目可根据使用要求确定，但应符合GB 11365的规定。

7.2.4 实战演练——绘制直齿圆锥齿轮

前面介绍了直齿圆锥齿轮的基本参数以及通过基本参数计算出齿轮的其他各部的尺寸，本节通过一个已知大端模数m=4、齿数z=78、压力角 α =20°、分度圆锥角 δ =68.3243° 的圆锥直齿齿轮的绘制过程来对前面所讲内容进行总结和巩固，绘图所需的参数如表7–6所列。

表7–6 绘图所需参数

基本参数：模数m=4 齿数z=78 压力角 α =20° 分度圆锥角 δ =68.3243°			
名称	符号	计算公式	计算结果
齿顶高	h_a	$h_a=m$	4
齿根高	h_f	$h_f=1.2m$	4.8
齿高	h	$h=2.2m$	8.8
分度圆直径	d	$d=mz$	312
锥距	R	$R=mz/2\sin\delta$	167.87
齿宽	b	$b\leqslant R/3$	取值50

具体绘制步骤如下。

步骤 01 新建一个DWG文件，调用【图层】命令，创建右图所示的图层，并将"中心线"层置为当前。

步骤 02 调用【直线】命令，在绘图区域绘制一条水平中心线和一条竖直中心线，如下图所示。

绘制直线

步骤 03 调用【偏移】命令，将上步绘制的直线分别向上和向下偏移156（分度圆直径312÷2=156），结果如下图所示。

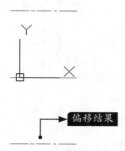

偏移结果

步骤 04 调用【直线】命令，根据表7-6中的分度圆锥角绘制分度圆锥线，结果如下图所示。

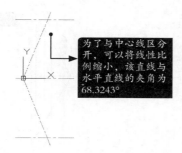

为了与中心线区分开，可以将线性比例缩小，该直线与水平直线的夹角为68.3243°

步骤 05 调用【旋转】命令，将上步绘制的两条直线以交点为基点进行旋转，旋转的同时通过复制来绘制背锥线，命令行提示如下。

```
命令：_rotate
UCS 当前的正角方向：ANGDIR= 逆时
ANGBASE=0
    选择对象：找到1个 // 选择夹角为68.3243°
的直线
    选择对象：      // 按【Enter】键结束选择
    指定基点：      // 捕捉与上侧水平直线的
交点
    指定旋转角度，或 [ 复制 (C)/ 参照 (R)]
<0>：c
    旋转一组选定对象。
    指定旋转角度，或 [ 复制 (C)/ 参照 (R)]
<0>：90
    命令：ROTATE
    UCS 当前的正角方向：ANGDIR= 逆时
```

针 ANGBASE=0
```
    选择对象：找到1个    // 选择另一条直线
    选择对象：            / 按【/Enter】键结
束选择
    指定基点：            // 捕捉直线与下侧水平直
线的交点
    指定旋转角度，或 [ 复制 (C)/ 参照 (R)]
<90>：c
    旋转一组选定对象。
    指定旋转角度，或 [ 复制 (C)/ 参照 (R)]
<90>：-90
```

步骤 06 旋转同时并复制后，结果如下图所示。

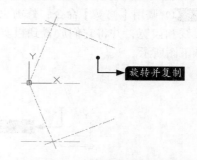

旋转并复制

步骤 07 调用【偏移】命令，将 **步骤 04** 绘制的两条倾斜线分别向外齿偏移4，向内侧偏移4.8，结果如下图所示。

进行偏移

步骤 08 重复偏移，将 **步骤 06** 旋转后的直线向内侧偏移50（齿宽），结果如下图所示。

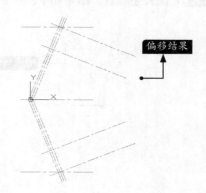

偏移结果

步骤⑨ 调用【直线】命令，连接分度圆锥定点与直线的交点，结果如下图所示。

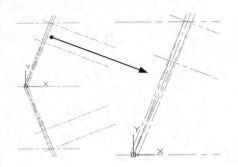

步骤⑩ 调用【修剪】命令，修剪出齿顶线、齿根线和齿宽，并将它们放置到粗实线层，结果如下图所示。

进行修剪

步骤⑪ 调用【拉长】命令，命令行提示如下。

```
命令：_lengthen
选择对象或 [ 增量 (DE)/ 百分数 (P)/ 全部
(T)/ 动态 (DY)]: de
输入长度增量或 [ 角度 (A)] <16.0000>: 16
选择要修改的对象或 [ 放弃 (U)]:
// 选择要拉长的直线
选择要修改的对象或 [ 放弃 (U)]:
// 选择要拉长的直线
选择要修改的对象或 [ 放弃 (U)]:  // 按
【Enter】键结束命令
```

步骤⑫ 拉长完成后，结果如下图所示。

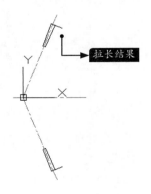

拉长结果

小提示

在选择对象时应注意选择的位置。

步骤⑬ 将"轮廓线"层置为当前，调用【直线】命令绘制直线，结果如下图所示。

绘制直线

步骤⑭ 调用【偏移】命令，将最左侧的竖直直线向右侧分别偏移14和32，结果如下图所示。

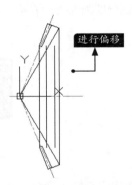

进行偏移

步骤⑮ 调用【延伸】命令，将竖直直线和小端背锥线进行延伸，结果如下图所示。

延伸结果

步骤⑯ 调用【修剪】命令，对图形进行修剪，结果如下页图所示。

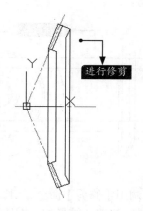

步骤17 将"中心线"层置为当前，调用【直线】命令，绘制齿轮沿轴线投影的中心线，结果如下图所示。

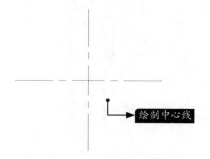

步骤18 调用【圆心、直径】绘制圆的方式，绘制直径分别为312（分度圆）和158（减重孔的分布圆）的两个圆，结果如下图所示。

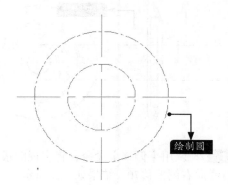

> **小提示**
>
> 水平中心线与主视图的水平中心线齐平。

步骤19 将"轮廓线"层置为当前，调用【圆心、半径】绘制圆的方式，绘制圆锥齿轮的减重孔、轮毂投影圆、轴孔和轴孔倒角圆，半径

分别为13、48、30和32，结果如下图所示。

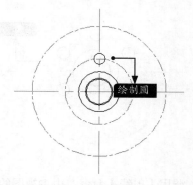

步骤20 调用【环形阵列】命令，选择上图中半径为13的圆作为阵列对象，并捕捉中心线的交点作为阵列的中心，阵列后结果如下图所示。

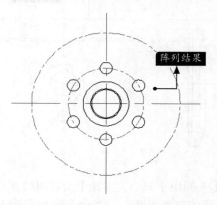

步骤21 调用【偏移】命令，将竖直中心线向两侧分别偏移9，将水平中心线向上偏移34.4，结果如下图所示。

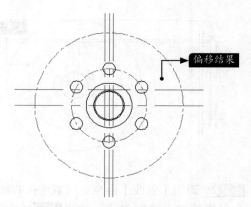

步骤22 调用【修剪】命令，修剪出键槽的轮廓，并将键槽轮廓放置到粗实线层上，结果如下页图所示。

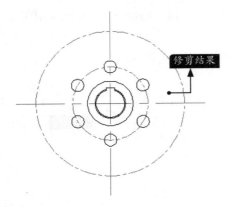

修剪结果

步骤 23 调用【射线】命令，由主视图的大端和小端齿顶圆投影特征点以及辐板的投影特征点为射线的起点绘制射线，结果如下图所示。

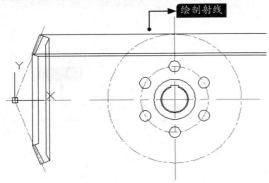

绘制射线

步骤 24 调用【圆心、半径】绘制圆的方式，以中心线的交点为圆心，当命令行提示输入半径时捕捉射线与竖直中心线的交点，结果如下图所示。

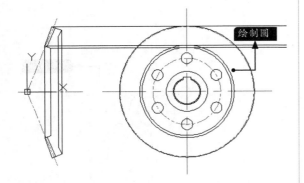

绘制圆

步骤 25 调用【射线】命令，以减重孔的特征点为射线的起点绘制射线，并将 **步骤 23** 绘制的3条射线删除，结果如右上图所示。

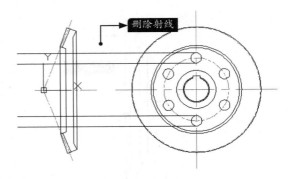

删除射线

步骤 26 调用【修剪】命令，对减重孔在主视图的投影进行修剪，结果如下图所示。

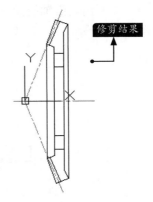

修剪结果

步骤 27 调用【射线】命令，以轮毂的特征点为射线的起点绘制射线，结果如下图所示。

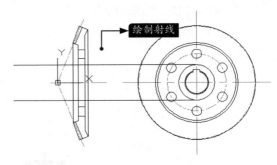

绘制射线

步骤 28 调用【偏移】命令，将主视图最左侧的直线向右侧偏移70，结果如下图所示。

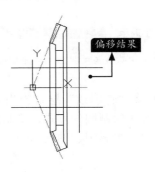

偏移结果

步骤 29 调用【修剪】命令，对轮毂在主视图的投影进行修剪，结果如下图所示。

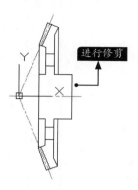

步骤 30 调用【射线】命令，以键槽、轴孔以及轴孔倒角的特征点为射线的起点绘制射线，结果如下图所示。

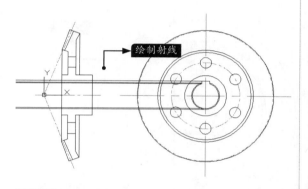

步骤 31 调用【偏移】命令，将主视图左右两侧的直线分别向内偏移2，结果如下图所示。

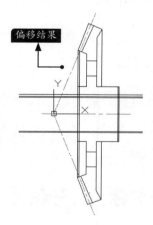

步骤 32 调用【直线】命令，连接两端点，绘制轴孔的倒角，结果如右上图所示。

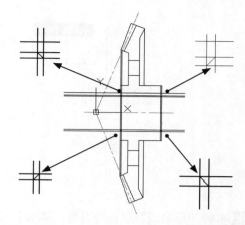

步骤 33 调用【修剪】命令，对轴孔和轴孔倒角进行修剪，结果如下图所示。

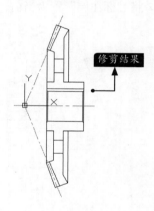

步骤 34 调用【圆角】命令，对主视图进行R5的圆角，结果如下图所示。

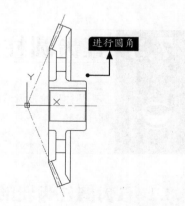

步骤 35 将"中心线"层置为当前，调用【直线】命令，给减重孔添加中心线，结果如下页图所示。

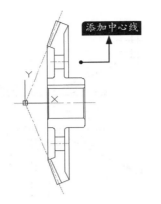

所示。

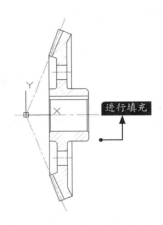

步骤 36 将"剖面线"层置为当前，调用【图案填充】命令，对主视图进行填充，结果如右图

步骤 37 将"标注层"置为当前，给图形添加标注，结果如下图所示。

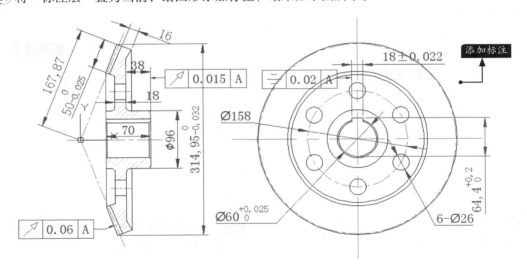

7.3 直齿圆柱齿轮

圆柱齿轮按齿形可分为直齿、斜齿和人字齿等几种。本节主要介绍直齿圆柱齿轮。

7.3.1 直齿圆柱齿轮的基本参数及各部分名称、代号和尺寸计算

1. 直齿圆柱齿轮的基本参数

直齿圆柱齿轮的基本参数有齿数（z）、模数（m）和压力角（α）。

齿数z：齿轮上轮齿的个数，设计时根据传动比确定。

模数m：齿轮设计的重要参数。模数是个比值，它是分度圆的齿厚P与圆周率π的比值，即 $m=P/\pi$。

模数是计算分度圆直径的重要参数，国家标准已经对其进行了一系列的规定，如表7-7所列。

表7-7 渐开线圆柱齿轮模数（GB 1357-87）

第一系列	1 1.25 1.5 2 2.5 3 4 5 6 8 10 12 16 20 25 32 40 50
第二系列	1.75 2.25 2.75 （3.25） 3.5 （3.75） 4.5 5.5 （6.5） 7 9 （11） 14 18 22 28 36 45

小提示

设计时优先选择第一系列，括号内的模数尽量不用。模数越大，轮齿越大，承载能力越强。

压力角α：两齿轮啮合时，在节点处两齿廓的公法线与两轮中线连线的垂线之间的夹角称为压力角，又称为啮合角或齿形角。我国国家标准规定，标准渐开线齿轮的压力角$\alpha=20°$。

2. 各部分名称、代号及计算

圆柱直齿齿轮及其啮合情况如下图所示。

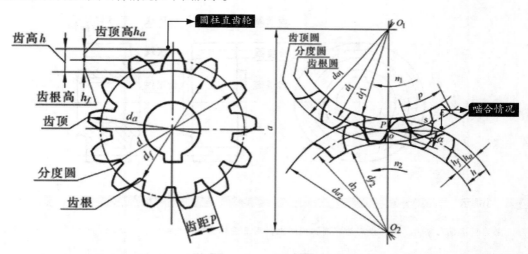

在已知基本参数齿数z、模数m、压力角$\alpha=20°$的情况下，圆柱直齿齿轮各部分名称、代号及计算如表7-8所列。

表7-8 圆柱直齿齿轮各部分名称、代号及计算

名称	含义	代号及计算
齿顶圆	通过齿轮各齿顶的圆	齿顶圆直径：$d_a=m(z+2)$
齿根圆	通过齿轮各齿槽底部的圆	齿根圆直径：$d_f=m(z-2.5)$
分度圆	齿顶圆与齿根圆之间的一个假想圆。对标准齿轮来说，是齿厚与齿槽宽度相等处的一个圆。分度圆是齿轮设计和加工时计算尺寸的基准圆	分度圆直径：$d=mz$
齿距	分度圆上相邻两齿对应点之间的弧长。齿距p是齿厚s与槽宽e之和，即p=s+e。因为分度圆上齿厚和槽宽相等，故齿距是分度圆齿厚或槽宽的两倍	齿距：$p=m\pi$
齿顶高	齿顶圆与分度圆之间的径向间距	齿顶高：$h_a=m$

名称	含义	代号及计算
齿根高	分度圆与齿根圆之间的径向距离	齿根圆：$h_f=1.25m$
齿高	齿根圆与齿顶圆之间的径向距离，是齿顶高h_a与齿根高h_f之和	齿高：$h=2.25m$
中心距	两啮合齿轮轴线之间的距离，是两分度圆半径之和	中心距：$a=m(z_1+z_2)/2$

7.3.2 直齿圆柱齿轮的画法

齿轮结构复杂，尤其是轮齿部分，为了简化作图，国家标准规定了对齿轮的轮齿部分采用规定画法。

1. 单个圆柱齿轮的画法

单个圆柱直齿轮一般通过两个视图即可表达清楚。国家标准规定：齿顶线和齿顶圆用粗实线绘制；分度圆用细点画线绘制；齿根线和齿根圆用细实线绘制，也可省略不画。在投影为非圆的剖开的视图中，齿根线用粗实线绘制。国家标准同时规定，不论剖切平面是否剖切到轮齿，其轮齿部分均不画剖面线，如下图所示。

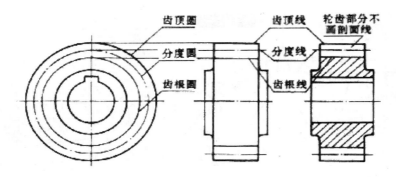

> **小提示**
>
> 若为斜齿或人字齿，则在投影为非圆的视图上，用三条相互平行的细实线表示轮齿的方向，如下图所示。

2. 直齿圆柱齿轮啮合的画法

绘制啮合的圆柱直齿齿轮时，分为两部分，啮合区外按单个齿轮画法绘制，啮合区内则按下面规定绘制。

在投影为圆的视图中，两个节圆（等于分度圆）相切；齿顶圆均用粗实线绘制，齿根圆用细实线绘制，也可以省略。

在投影为非圆的视图中，不剖时两节线重合画成粗实线；在剖视图中，两节线重合画成细点画线，一个齿轮的齿顶与另一个齿轮的齿根线之间有0.25m的径向间隙，除从动齿轮的齿顶线用虚线绘制或省略不画外，其余齿顶齿根线一律画成粗实线，如下图所示。

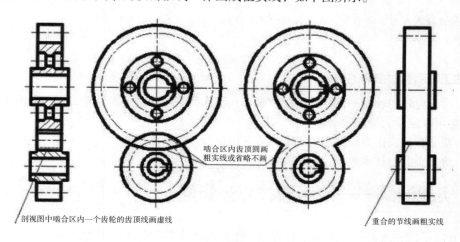

剖视图中啮合区内一个齿轮的齿顶线画虚线　啮合区内齿顶圆画粗实线或省略不画　重合的节线画粗实线

小提示

若为斜齿轮或人字齿轮啮合，其投影为圆的视图画法与直齿轮啮合画法一致，非圆的外形视图画法如下图所示。

一对标准齿轮啮合，它们的模数必须相等，两分度圆相切。

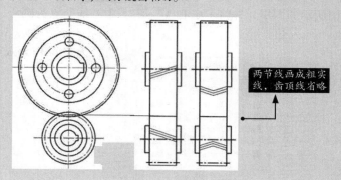

两节线画成粗实线，齿顶线省略

7.3.3　直齿圆柱齿轮零件图上应标注的尺寸数据

在绘制直齿圆柱齿轮时，国家标准（GB 6433−86）规定零件图上应有如下尺寸和数据。

1. 一般标注尺寸数据

1）齿顶圆直径及其公差；2）分度圆直径；3）齿宽；4）孔（轴）径及其公差；5）定位面及其要求；6）齿轮表面粗糙度。

2. 表格列出数据

1）齿数；2）模数；3）基本齿廓（符合GB 1356−87《渐开线圆柱齿轮基本齿廓》时，仅注明齿形角；不符合时，则应以图样详细叙述其特性）；4）齿顶高系数；5）径向变为系数（如果有）；6）齿厚：公称值及其上、下偏差；7）精度等级；8）齿轮副中心距及其极限偏差；9）配对齿轮的图号及其齿数；10）检验项目代号及其公差值。

> **小提示**
>
> 若为斜齿轮或人字齿轮啮合，模数应该为法面模数，而且要有螺旋角和旋向。

3. 齿轮加工和测量时必需的数据

（1）对于齿轮和轴为一体的小齿轮及轴、孔不作为定心基准的大齿轮，在切齿前作定心检查用的表面必须规定最大径向跳动量。

（2）基准直径或作为检测用的尺寸参数和形位公差（如齿顶圆柱）。

（3）给出必要的技术数据（通常放在图样的右下角）。

7.3.4 实战演练——绘制圆柱直齿齿轮

前面介绍了圆柱直齿齿轮的基本参数以及通过基本参数计算齿轮其他各部的尺寸，本节通过一个已知模数m=3、齿数z=115、压力角 α =20° 的圆柱直齿齿轮的绘制过程来对前面所讲内容进行总结和巩固。

具体绘制步骤如下。

步骤01 新建一个DWG文件，调用【图层】命令，创建下图所示的图层，并将"中心线"层置为当前。

步骤02 调用【直线】命令，在绘图区域绘制一条水平中心线和一条竖直中心线，结果如下图所示。

绘制直线

步骤03 调用【圆心、直径】绘制圆的方式，以中心线交点为圆心，绘制两个圆，一个直径为345（d=mz=115×3=345）作为分度圆，另一个直径为220.5作为减重孔的分布圆，结果如下图所示。

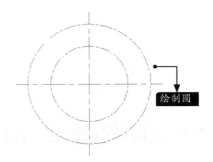

绘制圆

> **小提示**
>
> 为了区分显示中心线和分度圆，可以通过特性选项板，将两条中心线的线性比例改为2。

步骤04 将"轮廓线"层置为当前，调用【圆心、直径】绘制圆的方式，以中心线交点为圆心，绘制齿顶圆，齿顶圆的直径为351（da=m（z+2）=3×（115+2）=351），结果如下页图所示。

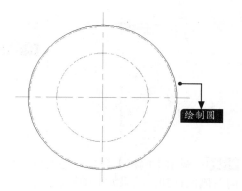

绘制圆

小提示

齿根圆省略不画。

步骤 05 重复**步骤 04**，绘制辅板式齿轮凹槽的投影圆，直径分别为324、292、149和109，结果如下图所示。

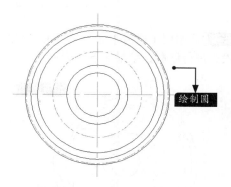

绘制圆

步骤 06 重复**步骤 04**，绘制一个直径为60的圆，作为减重孔的投影，结果如下图所示。

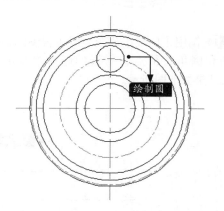

绘制圆

步骤 07 调用【环形阵列】命令，选择直径为60

的圆作为阵列对象，并捕捉中心线的交点作为阵列的中心，在弹出的阵列创建选项卡的项目栏中进行如下图所示的设置。

项目数:	6	
介于:	60	
填充:	360	
	项目	

步骤 08 将阵列对象设置为不关联，其他设置不变，单击【关闭阵列】按钮，柱销孔阵列完成后如下图所示。

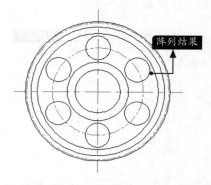

阵列结果

步骤 09 重复**步骤 04**，绘制齿轮的轴孔和轴孔倒角的投影圆，圆的直径分别为70和74，结果如下图所示。

绘制圆

步骤 10 调用【偏移】命令，将竖直中心线向两侧分别偏移10，水平中心线向上偏移39.9绘制主视图的键槽轮廓。由轴的大小确定选用的平键，并通过设计手册查得键槽的宽度和深度，结果如下页图所示。

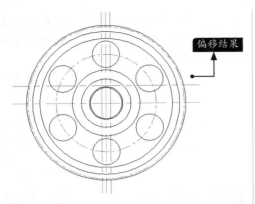

偏移结果

步骤11 调用【修剪】命令，对主视图的键槽形状进行修剪，并将修剪后的键槽轮廓放置到粗实线层，结果如下图所示。

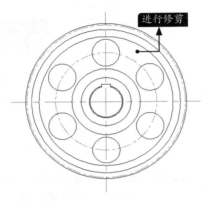

进行修剪

步骤12 调用【射线】命令，以主视图的齿顶圆特征点为射线的起点绘制水平射线，结果如下图所示。

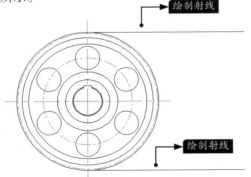

绘制射线

绘制射线

步骤13 调用【直线】命令，绘制一条竖直直线，结果如右上图所示。

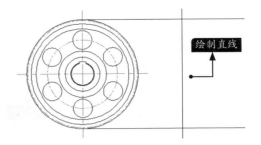

绘制直线

步骤14 调用【偏移】命令，将上步绘制的直线向右侧偏移50，结果如下图所示。

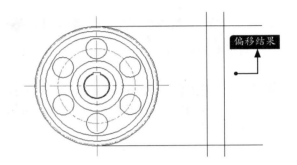

偏移结果

步骤15 调用【修剪】命令，对齿顶圆的剖视图投影进行修剪，结果如下图所示。

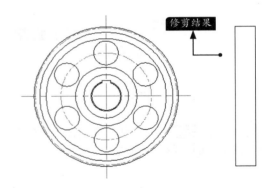

修剪结果

步骤16 调用【射线】命令，以主视图的轴孔、键槽和倒角特征点为射线的起点绘制水平射线，结果如下图所示。

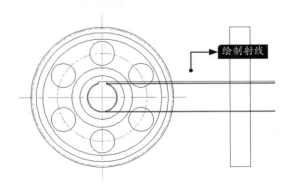

绘制射线

步骤 17 调用【偏移】命令，把左视图的两条竖直直线分别向内侧偏移2，结果如下图所示。

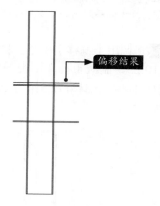

步骤 18 调用【直线】命令，绘制倒角投影线，结果如下图所示。

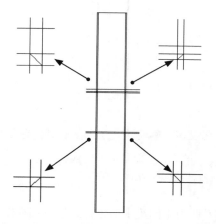

步骤 19 调用【修剪】命令，对轴孔、键槽和倒角特征进行修剪，结果如下图所示。

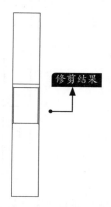

步骤 20 调用【射线】命令，以主视图的辐板凹槽和减重孔特征点为射线的起点绘制水平射线，结果如右上图所示。

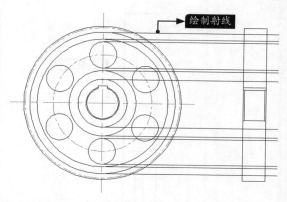

步骤 21 调用【偏移】命令，将左视图的两条竖直直线分别向内侧偏移19，结果如下图所示。

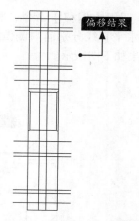

步骤 22 调用【直线】命令，绘制辐板凹槽投影线，结果如下图所示。

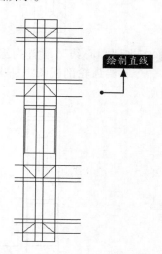

步骤 23 调用【修剪】命令，对辐板凹槽和减重孔进行修剪，结果如下页图所示。

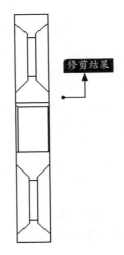

修剪结果

步骤 24 调用【偏移】命令，将左视图外轮廓的两条水平直线分别向内侧偏移6.75绘制齿根线，结果如下图所示。

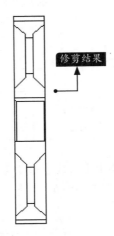

修剪结果

步骤 25 将"中心线"层置为当前，调用【直线】命令，给齿轮剖视图添加中心线，结果如下图所示。

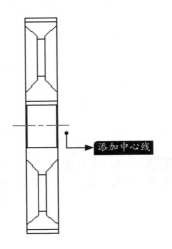

添加中心线

小提示

齿根圆直径 $d_f = m$（$z-2.5$）$= 3 \times$（$115-2.5$）$=337.5$，故偏移距离为（$351-337.5$）$/2=6.75$。

步骤 26 调用【偏移】命令，将中心线向两侧偏移110.25绘制减重孔在剖视图中的中心线，再将中线向两侧偏移172.5作为分度线，结果如下图所示。

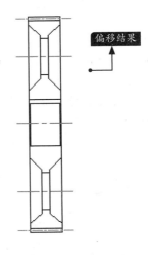

偏移结果

小提示

为了便于更清晰地识别分度线，可以通过特性面板将线性比例改为0.5。

步骤 27 调用【倒角】命令，给齿轮剖视图添加 $2 \times 45°$ 的倒角，结果如下图所示。

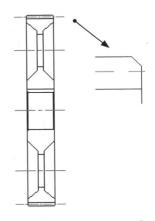

步骤 28 将"剖面线"层置为当前，调用【图案填充】命令，给剖视图添加剖面线，结果如下页图所示。

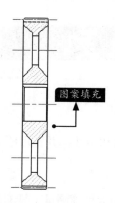

图案填充

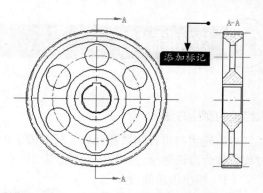

添加标记

步骤 ㉙ 将 "符号层" 置为当前，调用【多段线】命令，添加剖视符号，结果如下图所示。

步骤 ㉛ 调用插入【块选项板】命令，选择素材文件中的基准符号，将它插入图形中。同理，将粗糙度符号也插入图形中，结果如下图所示。

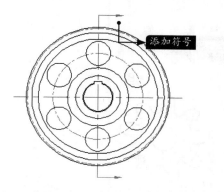

添加符号

步骤 ㉚ 调用【单行文字】命令，给视图添加剖视符号标记，结果如右上图所示。

A—A

步骤 ㉜ 将 "标注层" 置为当前，给图形添加标注，结果如下图所示。

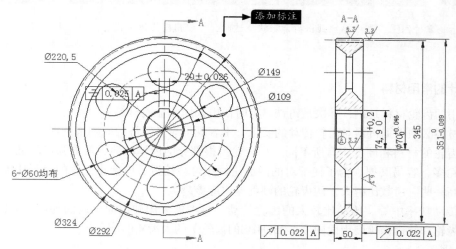

添加标注

225

疑难解答

1.齿轮的测绘方法

对齿轮实物进行测量和计算，从而确定齿轮的有关参数和尺寸，并整理绘制出齿轮零件图的过程，称为齿轮测绘。一般按下列方法和步骤进行测绘。

（1）输出齿轮的齿数z。

（2）初步测量出齿顶圆直径da′。对偶数齿轮可直接用卡尺等测量工具测出，对奇数齿轮应先测量出e，再测量出齿轮轴孔直径D，则da′=2e+D。如下图所示。

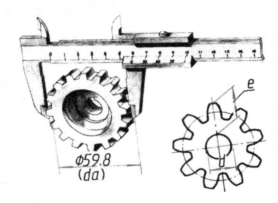

（3）确定齿轮模数m。先由m′=da′÷（z+2）初步确定，再查表选取与算出的m′最接近的模数，该模数为该齿轮的标准模数。

（4）根据齿轮和模数计算齿轮各部分尺寸，并测量齿轮其他部分的尺寸。

> **小提示**
>
> 有些齿轮零件图上，需要单独画出齿廓形状。这时，可以用圆弧近似代替画出。

2.齿轮设计的常用材料

最常用的齿轮材料是钢，其次是铸铁，有时候也采用非金属材料。

齿轮材料必须根据机器对齿轮传动的要求，本着既可靠又经济的原则来选择。

配对齿轮的材料和硬度应有所不同。小齿轮齿根部分的齿厚较薄，弯曲强度较低，且受载齿数比大齿轮多，容易磨损。为了使配对的两齿轮使用寿命接近，应使小齿轮的材料比大齿轮好一些或硬度高一些。齿数比越大，两齿轮的硬度差也应该越大。

对于传动功率中等、传动比较大的齿轮传动，可考虑采用硬齿面（齿面硬度≥350HBS的齿轮）的小齿轮和软齿面（硬齿面硬度≤350HBS的齿轮）的大齿轮匹配。

（1）钢

钢材的强度和韧性好，耐冲击，是应用最广的齿轮材料。多数情况下，钢材要经过热处理或表面处理以提高性能。钢材有锻钢（包括轧制钢材）和铸钢两大类。

① 锻钢。锻钢的力学性能比铸钢好，因此是首选的齿轮材料。

对于齿面硬度≤350HBS的软齿面齿轮，常用的材料有45、40Cr、38SiMnMo等。热处理方法一般是调质或正火（常化）处理。可以在热处理后切齿，加工比较容易，生产率高，易于跑合，不需要磨齿等设备。但承载能力低，齿轮传动尺寸较大。软齿面齿轮用于尺寸紧凑性和精度要求不高、载荷和速度一般或较低的情况。

一对软齿面齿轮啮合时，小齿轮的啮合齿数多于大齿轮，因而小齿轮容易磨损。为了使大小齿轮寿命比较接近，应使小齿轮硬度高于大齿轮30~50HBS。

对于硬度＞350HBS的硬齿面齿轮，齿轮应经表面硬化处理以提高硬度，硬化处理后一般要经过磨齿等精加工。

② 铸钢。铸钢用于制造要求有较高力学性能的大齿轮，要经过正火或退火处理。

（2）铸铁

用于制造齿轮的铸铁主要有灰铸铁和球墨铸铁。

灰铸铁性质较脆，抗冲击及耐磨性都较差，但抗胶合及抗点蚀的能力较强。灰铸铁常用于低速、轻载、工作平稳的场合，尤其是尺寸较大的开式齿轮传动。

球墨铸铁强度高，铸造性能好，且有较强的抗冲击能力，应用日益广泛，常用来代替铸钢。

（3）非金属材料

由于非金属材料的耐热性和导热性较差，对于高速、轻载及精度不高的齿轮传动，为了降低噪声，常用非金属材料（如尼龙、酚醛树脂等）做小齿轮，大齿轮仍用钢或铸铁制造，这样有利于散热。

实战练习

（1）绘制以下图形，并计算出阴影部分的面积。

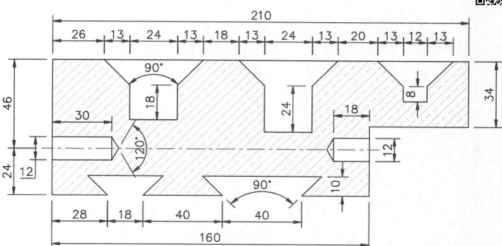

（2）绘制以下图形，并计算出阴影部分的面积。

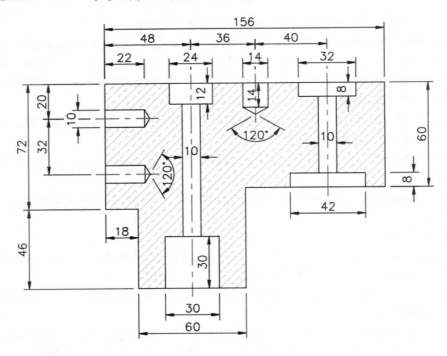

第 **8** 章

链传动和带传动

链传动和带传动是在主动轮、从动轮之间通过挠性件（带或链）来传递运动和动力的。与齿轮传动相比，链传动和带传动具有结构简单、成本低廉、中心距较大等优点，因此在工程上得到了广泛的应用。

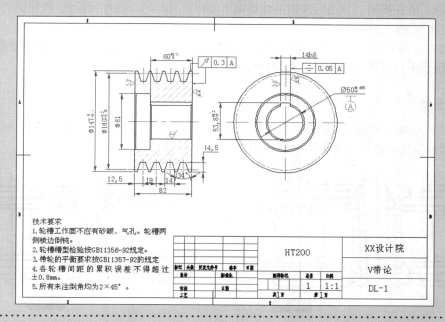

8.1 链传动

链传动是应用较广的一种机械传动，由主动轮、从动轮以及绕在两轮上的环形链条组成，如下图所示。链轮上制有特殊齿形的齿，依靠链轮轮齿与链节的啮合来传递运动和动力。

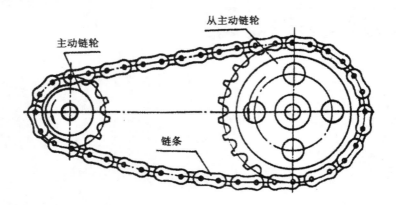

8.1.1 链传动的特点、类型及应用

1. 链传动的特点

链传动的优点包括：

（1）没有弹性滑动和打滑，能保证准确的平均传动比和较高的机械效率；（2）链传动的初拉力比带传动小得多，因此对轴的作用力较小；（3）链传动中心距适应范围大，相同条件下比带传动紧凑；（4）能在高温、有油污及腐蚀性环境下工作。（5）有较好的缓冲、吸振能力；（6）中心距大，可实现远距离传动。

链传动的主要缺点包括：（1）瞬时传动比不恒定，传动不平稳；（2）工作时有较大的噪声；（3）只限于平行轴传动；（4）不宜用于急速反向的工况条件下工作。

2. 传动链的分类

传动链主要分为滚子链、套筒链、齿形链（也称无声链）、成型链。其中，滚子链应用最为广泛，且已经标准化。链传动的各种类型如下图所示。

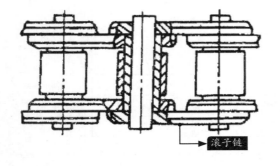

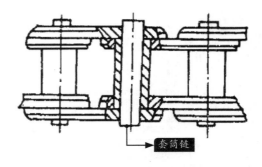

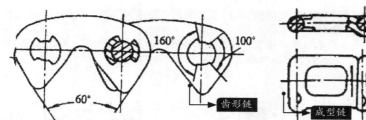
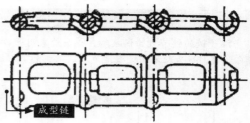

3. 链传动的主要应用场合

链传动适合用于两轴相距较远、对瞬时传动比要求不严、工作环境恶劣等场合。

一般链传动的功率P小于100kW，链速V≤15m/s，传动比i≤7，中心距a≤5~6m。

小提示

特殊要求的链传动最高能传递的功率可达到数兆瓦，速度可达60m/s。润滑良好的链传动，效率为97%~98%。

8.1.2 滚子链的结构形式、基本参数及规格标准

1. 滚子链的结构

滚子链由内链板1、外链板2、销轴3、套筒4和滚子5组成，如下左图所示。

外链板与销轴铆接成外链节，内链板与套筒用过盈配合做成内链节，销轴与套筒、套筒与滚子之间均采用间隙配合，组成两转动副，使相邻的内、外链节可以相对转动，使链条具有挠性。当链节与链轮轮齿啮合时，滚子沿链轮齿廓滚动，减轻了链与轮齿的磨损。为了减轻链条的重量和使链板各横截面强度相近，内、外链板均制成"∞"字形。

除了下左图所示的单排滚子链，为了提升滚子链的承载能力，把两排以上的单排标准滚子链并列组装而成多排滚子链，如下右图所示。由于多排滚子链的制造和安装精度的影响，使得各排链承受载荷不均匀，所以多排滚子链一般不超过4排。

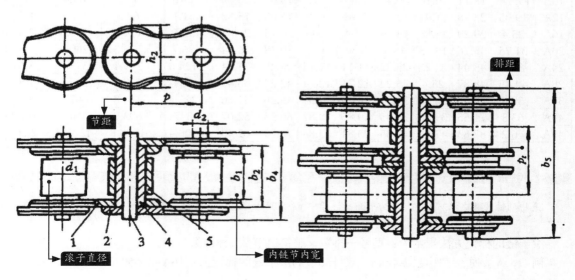

当滚子链的链节数为偶数时，接头处采用开口销或弹性锁片来固定，如下左图所示。当滚子链的链节数为奇数时，接头处采用过渡链节来固定，如下右图所示。

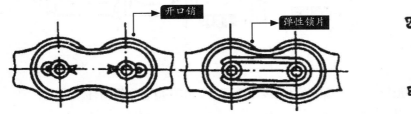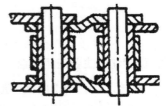

2. 基本参数及规格标准

滚子链有节距P、滚子直径d_1和内链节内宽b_1三个基本参数。

节距是指链条相邻两个铰接元件理论中心之间的距离。

国家标准对这些基本参数做了规定，如表8-1所列。

表8-1 滚子链的基本参数和规格（GB1243 -1997）

链号	节距P	排距Pt	滚子外径d_1	内链节内宽b_1	销轴直径d_2	套筒内径d_3	内链板高度h_2	外链板与中链板高度h_3	破断载荷			单排每米质量q
									单排Q	双排Q	三排Q	
	mm	mm	最大 mm	最小 mm	最大 mm	最小 mm	最大 mm	最大 mm	最小kN	最小 kN	最小 kN	≈kg/m
05B	8	5.64	5	3	2.31	2.36	7.11	7.11	4.4	7.8	11.1	0.18
06B	9.525	10.24	6.35	5.72	3.28	3.33	8.26	8.26	8.9	16.9	24.9	0.4
08A	12.7	14.38	7.92	7.85	3.98	4	12.07	10.41	13.8	27.6	41.4	0.6
08B	12.7	13.92	8.51	7.75	4.45	4.5	11.81	10.92	17.8	31.1	44.5	0.7
10A	15.875	18.11	10.16	9.4	5.09	5.12	15.09	13.03	21.8	43.6	65.4	1
12A	19.05	22.78	11.91	12.57	5.96	5.98	18.08	15.62	31.1	62.3	93.4	1.5
16A	25.4	29.29	15.88	15.75	7.94	7.96	24.13	20.83	55.6	111.2	166.8	2.6
20A	31.75	35.76	19.05	18.9	9.54	9.56	30.18	26.04	86.7	173.5	260.2	3.8
24A	38.1	45.44	22.23	25.22	11.11	11.14	36.2	31.24	124.6	249.1	373.7	5.6
28A	44.45	48.87	25.4	25.22	12.71	12.74	42.24	36.45	169	338.1	507.1	7.5
32A	50.8	58.55	28.58	31.55	14.29	14.31	48.26	41.66	222.4	444.8	667.2	10.1
40A	63.5	71.55	39.68	37.85	19.85	19.87	60.33	52.07	347	693.9	1040.9	16.1
48A	76.2	87.83	47.63	47.35	23.81	23.84	72.39	62.48	500.4	1000.8	1501.3	22.6

表中的链号数乘以25.4/16，即为节距。链号中A系列用于重载、高速和重要传动，B系列用于一般传动。

滚子链的标记方法规定为：型号—排数×整链链节数　标准编号

例如，A系列、节距为25.4mm、双排50节的滚子链的标记为：16A–2×50 GB1243–1997

8.1.3 链轮的材料和结构

链轮的齿形已经标准化，设计时主要是确定其结构尺寸，合理地选择材料和热处理的方法。

1. 链轮的基本参数和主要尺寸

链轮的基本参数是由配用链条的基本参数通过计算公式计算出来的，链轮的主要尺寸及计算公式如表8-2所列。其中，p、d_1分别为配用链条的节距和滚子外径，z为链轮的齿数。

表8-2 链轮的基本参数和主要尺寸

名称	代号	计算公式	备注
分度圆直径/mm	d	$d=p/\sin 180°/z$	
齿顶圆直径/mm	d_a	$d_{amax}=d+1.25p-d_1$ $d_{amin}=d+(1-1.6/z)p-d_1$	可在d_{amax}和d_{amin}之间任意取值，但选取d_{amax}时，应考虑采用展成法加工有发生顶切的可能
分度圆弦齿高/mm	h_a	$h_{amax}=(0.625+0.8/z)p-0.5d_1$ $h_{amin}=0.5(p-d_1)$	h_a是为简化放大齿形图而引入的辅助尺寸
齿根圆直径/mm	d_f	$d_f=d-d_1$	
齿侧凸缘（或排间槽）直径/mm	d_g	$d_g\leq p\operatorname{ctg}180°/z-1.04h_2-0.76$	h_2表示内链板高度

2. 链轮的材料

链轮的材料应能保证轮齿具有足够的耐磨性和强度。由于小链轮轮齿啮合齿数比大链轮齿数多，所受冲击也较大，所以小链轮应采用比大链轮好的材料。链轮常用的材料和应用范围如表8-3所列。

表8-3 链轮的常用材料

材料	热处理	热处理后硬度	应用范围
15、20	渗碳、淬火、回火	50~60HRC	$z\leq 25$，有冲击载荷的链轮
35	正火	160~200HBS	轮坯较大（$z>25$）的链轮
45、50、45Mn、ZG310-570	淬火、回火	40~45HRC	无剧烈冲击、振动，要求耐磨损的链轮
15Cr、20Cr	渗碳、淬火、回火	50~60HRC	有动载荷及传递较大功率的重要链轮（$z<25$）
40Cr、35SiMn、35GMo	淬火、回火	40~50HRC	要求强度较高和耐磨损的重要链轮
Q235、Q275	焊接后退火	140HBS	中等速度、传递中等功率的较大链轮

续表

材料	热处理	热处理后硬度	应用范围
HT150以上的灰铸铁		260~280HBS	z>50的从动轮
夹布胶木			功率小于6kW，速度较高、要求传动平稳、噪声小的场合

3. 链轮的结构

链轮主要有整体式、孔板式和组合式，小直径链轮采用整体式，如下左图所示。中等直径的链轮可采用孔板式，如下中图所示。大直径的链轮可采用组合式，如下右图所示。

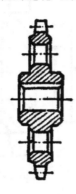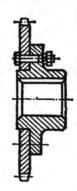

> **小提示**
>
> 对于组合式的链轮结构，轮缘与轮心可采用不同的材料以便于更换。

8.1.4 实战演练——绘制链轮

前面介绍了链轮的结构和材料，本节绘制一个与链号为12A的滚子链相配的链轮。经查表8-1可知，节距p=19.05，滚子外径d_1=11.91。且已知本链轮的齿数z=25，由表8-2计算可得到分度圆直径d=152，da在157.9208~163.9025之间，取值161，d_f=140。

具体绘制步骤如下。

步骤01 新建一个DWG文件，调用【图层】命令，创建下图所示的图层，并将"轮廓线"层置为当前。

步骤02 调用【矩形】命令，绘制一个161×65的矩形，其中，161为齿顶圆的直径，65为整个链轮的宽度。结果如下图所示。

绘制矩形

步骤 **03** 将"中心线"层置为当前，调用【直线】命令，给上步绘制的链轮轮廓添加中心线，结果如下图所示。

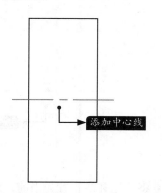

步骤 **04** 调用【分解】命令，对矩形进行分解，然后调用【偏移】命令，将分解后的矩形的最右侧边向左侧偏移11.94（齿宽），结果如下图所示。

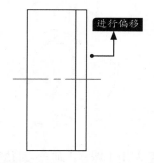

步骤 **05** 重复 步骤 **04**，将中心线分别向两侧各偏移76（分度圆的半径）、70（齿根圆的半径）和42.5（链轮轮毂的半径），结果如下图所示。

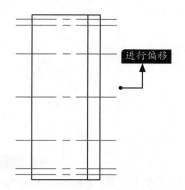

步骤 **06** 调用【修剪】命令，修剪出链轮主视图的外轮廓，对修剪后的分度圆投影线的比例进行修改，然后将齿根圆和轮毂放到"轮廓线"层，结果如右上图所示。

步骤 **07** 调用【偏移】命令，将最右侧的直线向右偏移2.4（根据GB/T 1243—1997绘制齿形），结果如下图所示。

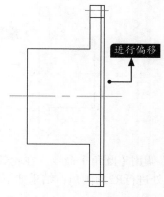

步骤 **08** 调用【起点、端点、半径】绘制圆弧的方式，根据GB/T 1243—1997绘制齿形倒角，结果如下图所示。

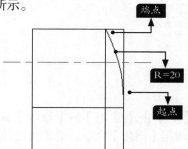

> **小提示**
>
> 链轮的齿形倒角圆弧非常复杂，这里只是根据形状简单地进行绘制，并不完全是真实的齿形圆弧轮廓。

步骤 **09** 调用【镜像】命令，对上步绘制的圆弧进行镜像，结果如下页图所示。

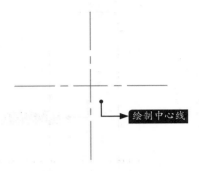

步骤⑩ 单击【常用】▶【修改】▶【 ⚊ 】按钮，调用【修剪】命令，对齿形倒角圆弧进行修剪，修剪后将 **步骤⑰** 偏移的辅助线进行删除，结果如下图所示。

进行修剪

步骤⑪ 调用【圆角】命令，在轮毂与链轮齿厚的交线处进行R2的圆角，结果如下图所示。

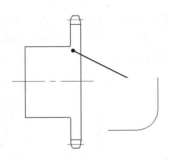

步骤⑫ 单击【常用】▶【修改】▶【 ◰ 】按钮，调用【倒角】命令，给轮毂进行2×45°的倒角，结果如下图所示。

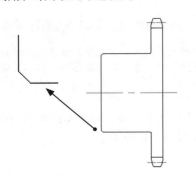

步骤⑬ 将"中心线"层置为当前，调用【直线】命令，绘制左视图的中心线，结果如下图所示。

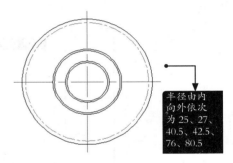

绘制中心线

步骤⑭ 将"轮廓线"置为当前，调用【圆心、半径】绘制圆的方式，绘制链轮的外轮廓圆、分度圆和轴孔，并将分度圆放置到"中心线"层上，结果如下图所示。

半径由内向外依次为25、27、40.5、42.5、76、80.5

步骤⑮ 调用【偏移】命令，将竖直中心线向两侧各偏移7，水平中心线向上偏移28.8，结果如下图所示。

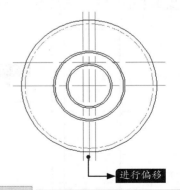

进行偏移

小提示

键槽的大小由轴的大小决定，通过设计手册即可查到键槽的宽度和深度。

步骤⑯ 调用【修剪】命令，对键槽进行修剪并将修剪后键槽轮廓线放置到"轮廓线"层，结果如下图所示。

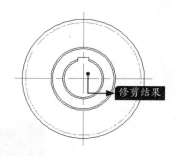

步骤17 调用【射线】命令，由左视图的轴孔、键槽以及倒角圆投影特征点为射线的起点绘制射线，结果如下图所示。

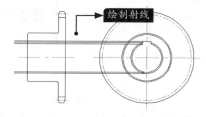

步骤18 调用【偏移】命令，将主视图外轮廓的两侧直线分别向内偏移2（倒角的距离），结果如下图所示。

步骤19 调用【直线】命令，连接两端点，绘制轴孔的倒角，结果如下图所示。

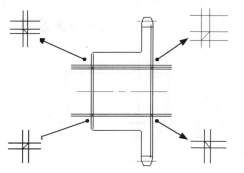

步骤20 调用【修剪】命令，对轴孔和轴孔倒角进行修剪，结果如下图所示。

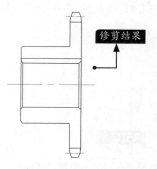

步骤21 调用【直线】命令，绘制螺纹孔的中心线，命令行提示如下。

> 命令：LINE
> 　指定第一个点：fro 基点： // 捕捉步骤22图中的 A 点
> 　< 偏移 >：@20,–7
> 　指定下一点或 [放弃 (U)]：@0,27.5
> 　指定下一点或 [放弃 (U)]：　// 【 Enter 】结束命令

步骤22 直线绘制完成后结果如下图所示。

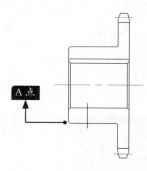

步骤23 调用【偏移】命令，将上步绘制的直线分别向两侧各偏移3.4和4，结果如下图所示。

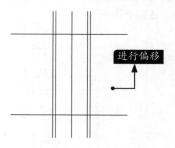

小提示

偏移距离参照第6章中关于螺纹孔的绘制。

步骤 24 调用【修剪】命令，对螺纹进行修剪并将修剪后的螺纹公称直径放置到"细实线"层，中心线放置到"中心线"层，结果如下图所示。

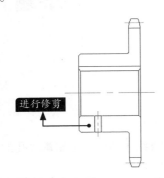

进行修剪

步骤 25 将"剖面线"层置为当前，调用【图案填充】命令，对主视图进行填充，结果如下图所示。

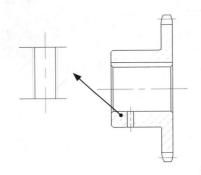

小提示

连同螺纹小径一起填充。

步骤 26 将"符号"层置为当前，调用【圆心、半径】绘制圆弧的方式，绘制局部放大图的标示，结果如下图所示。

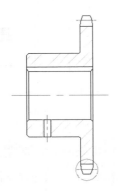

步骤 27 调用【复制】命令，将上步绘制圆内的图形复制到绘图窗口的空白处，结果如下图所示。

为了方便复制，通常会多选择一部分图形

步骤 28 调用【修剪】命令，将圆外的部分修剪掉，然后将圆删除，结果如下图所示。

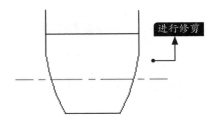

进行修剪

步骤 29 将"细实线"层置为当前，调用【拟合点】绘制样条曲线的方式，绘制剖断轮廓线，然后调用【缩放】命令，将局部视图放大4倍，结果如下图所示。

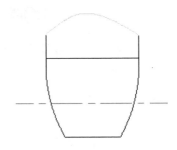

步骤 30 将"剖面线"层置为当前，调用【图案填充】命令，对局部视图进行填充，结果如下图所示。

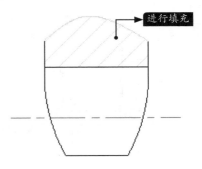

进行填充

步骤 ③ 将"标注"层置为当前，给图形添加标注，结果如下图所示。

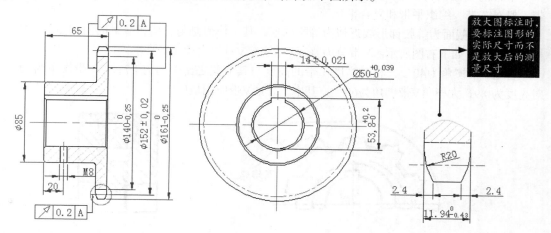

放大图标注时，要标注图形的实际尺寸而不是放大后的测量尺寸

8.2　带传动

　　带传动是由主动轮、从动轮和张紧在两轮上的挠性带组成，如下图所示。当原动机驱动主动轮转动时，由带和带轮之间的摩擦或啮合拖动从动轮一起转动，并传递一定动力。带传动具有结构简单、传动平稳、造价低廉以及缓冲吸振等特点。

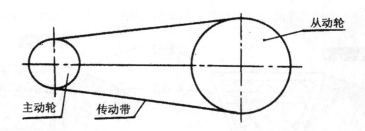

从动轮

主动轮　　传动带

8.2.1　带传动的类型和特点

1. 带传动的类型

带传动主要分为摩擦带传动和啮合带传动两种。

摩擦带传动按带的横截面形状可分为平带、V带、多楔带和圆带等，带的横截面如下图所示。

平带　　　　　V带　　　　多楔带　　圆带

啮合带传动也称同步带传动，靠带轮轮齿与带工作面上的齿啮合传动，如下页左图所示。

平带的横截面为矩形或近似为矩形，其工作面是与轮面接触的内表面。常用的平带有皮革带、帆布芯带、编织平带和复合平带等。

V带的横截面为等腰梯形或近似为等腰梯形，其工作面是与轮槽相接触的两侧面，且V带与轮槽底不接触，如下右图所示。V带分为普通V带、窄V带、大楔角V带等。

普通V带楔角为40°，相对高度（带的高度与其节宽之比）约为0.7；窄V带楔角为40°，相对高度为0.9；大楔角V带楔角为60°。其中，普通V带应用最广。

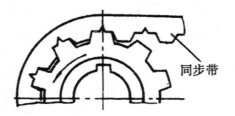

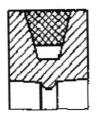

2. 带传动的特点

带传动的优点包括：（1）能缓冲、吸振，传动平稳，噪声小；（2）当传动过载时，带在带轮上打滑可防止其他零件损坏，保护原动机；（3）结构简单，成本低；（4）适用于中心距较大的传动。

带传动的缺点包括：（1）由于滑动使传动比不准确；（2）外形尺寸较大；（3）传动效率低；（4）带的寿命短；（5）不宜用于高温、易燃及有腐蚀性的环境。

8.2.2 普通V带的结构和标准

普通V带为无接头的环形橡胶带，由顶胶、承载层、底胶和包布层组成，如下图所示。

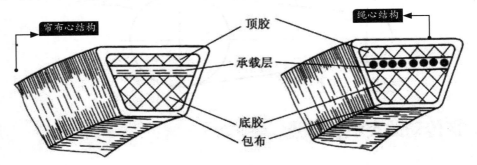

按承载层材料不同可分为帘布心结构和绳心结构两种。两者的强力层分别由几层帘布心或一层胶线绳组成，用来承受基体拉力。帘布心结构制造方便，抗拉强度高，型号齐全，应用较多。绳心结构柔韧性好，抗弯强度较高，适用于带轮直径较小、载荷不大、转速较高的场合。

> **小提示**
>
> 目前国产绳心结构的V带有Z、A、B、C共4种类型。

普通V带已经标准化，按照截面尺寸由小到大分为Y、Z、A、B、C、D、E共7种型号，其截面基本尺寸见表8-4所列。

表8-4 普通V带截面尺寸（GB 11544-1997）

带型		Y	Z	A	B	C	D	E
节宽bp/mm		5.3	8.5	11	14	19	27	32
顶宽b/mm		6	10	13	17	22	32	38
高度h/mm		4	6	8	11	14	19	23
截面面积A/mm^2		18	47	81	138	280	476	692
最小带轮基准直径 ddmin/mm		20	50	75	125	200	335	500
单位长度质量 q/kg·m^{-1}		0.02	0.06	0.1	0.17	0.3	0.62	0.9
楔角Φ		40°						

当V带垂直其底边弯曲时，在带中保持原长度不变的任意一条周线称为节线；由全部节线构成的面称为节面。节面的宽度称为节宽bp，当垂直其底边弯曲时，该宽度保持不变。

在V带轮上，与所配V带的节宽bp相对应的带轮直径称为基准直径dd。V带在规定的张紧力下，位于测量带轮基准直径上的周线长度称为基准长度Ld，它是V带传动几何尺寸计算中所用带长，为标准值。普通V带基准长度系列如表8-5所列。

表8-5 普通V带的基准长度系列（GB/T 11544-1997）

基本尺寸	基准长度Ld 极限偏差	Y	Z	A	B	C	D	E	配组公差
200	(+8，−4)	√							2
224	(+8，−4)	√							2
250	(+8，−4)	√							2
280	(+9，−4)	√							2
316	(+9，−4)	√							2
355	(+10，−5)	√							2
400	(+10，−5)	√	√						2
450	(+11，−6)	√	√						2
500	(+11，−6)	√	√						2
560	(+13，−6)		√						2
630	(+13，−6)		√	√					2
710	(+15，−7)		√	√					2
800	(+15，−7)		√	√					2
900	(+17，−8)		√	√	√				2
1 000	(+17，−8)		√	√	√				2
1 120	(+19，−10)		√	√	√				2
1 250	(+19，−10)		√	√	√				2
1 400	(+23，−11)		√	√	√				4
1 600	(+23，−11)		√	√	√				4
1 800	(+27，−13)			√	√	√			4
2 000	(+27，−13)			√	√	√			4
2 240	(+31，−16)			√	√	√			8
2 500	(+31，−16)			√	√	√			8
2 800	(+37，−18)			√	√	√	√		8
3 150	(+37，−18)			√	√	√	√		8
3 550	(+44，−22)				√	√	√		12
4 000	(+44，−22)				√	√	√		12
4 500	(+52，−28)				√	√	√	√	12

续表

| 基准长度Ld | | 带型 | | | | | | | 配组公差 |
基本尺寸	极限偏差	Y	Z	A	B	C	D	E	
5 000	(+52, −28)				√	√	√	√	12
5 600	(+63, −32)					√	√	√	20
6 300	(+63, −32)					√	√	√	20
7 100	(+77, −38)					√	√	√	20
8 000	(+77, −38)					√	√	√	20
9 000	(+93, −46)						√	√	32
10 000	(+93, −46)						√	√	32
11 200	(+112, −56)						√	√	32
12 500	(+112, −56)						√	√	32
14 000	(+140, −70)						√	√	48
16 000	(+140, −70)							√	48
18 000	(+170, −85)							√	48
20 000	(+170, −85)							√	48

小提示

普通V带的标记，如三根A型帘布芯结构V带，基准长度Ld=1 400，则标记为：普通V带（帘布）A-1400 三根 GB 11544—1997。

8.2.3 实战演练——绘制V带轮

前面介绍了V带轮的设计要求、结构以及材料等，本节绘制一个轴孔直径为50、带轮基准直径为140、槽角为34°的B型带（节宽为14）的带轮。

小提示

因基准直径小于3倍的轴孔直径，所以本带轮采用实心式。

具体绘制步骤如下。

步骤01 新建一个DWG文件，调用【图层】命令，创建下图所示的图层，并将"中心线"层置为当前。

步骤02 调用【直线】命令，在绘图区域绘制一条长100的水平中心线，结果如下图所示。

— — —

步骤03 将"轮廓线"层置为当前，调用【矩形】命令，绘制一个82×147的矩形，然后调用【分解】命令，将绘制的矩形分解，结果如下页图所示。

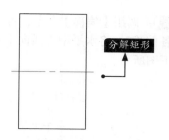

分解矩形

步骤 04 调用【偏移】命令，将最左侧的竖直线向右分别偏移5.5和19.5，将中心线向上偏移70（带轮的基准半径）和59（带轮底部圆的半径），向上侧偏移70，结果如下图所示。

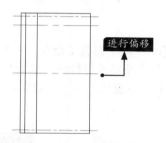

进行偏移

步骤 05 调用【构造线】命令，命令行提示如下。

    命令：_xline
    指定点或 [水平 (H)/ 垂直 (V)/ 角度 (A)/
二等分 (B)/ 偏移 (O)]: a
    输入构造线的角度 (0) 或 [参照 (R)]: 73
    // 与竖直中心线夹角 17°
    指定通过点：   // 捕捉下图中的 A 点
    指定通过点：   // 按【Enter】键结
束命令
    命令：XLINE
    指定点或 [水平 (H)/ 垂直 (V)/ 角度 (A)/
二等分 (B)/ 偏移 (O)]: a
    输入构造线的角度 (0) 或 [参照 (R)]: 107
    // 与竖直中心线夹角成 17°
    指定通过点：   // 捕捉下图中的
B 点
    指定通过点：   // 按【Enter】
键结束命令

步骤 06 构造线绘制完毕后，结果如下图所示。

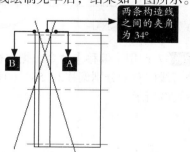

两条构造线
之间的夹角
为34°

步骤 07 调用【修剪】命令，修剪出轮槽并将两条竖直线删除，然后将轮槽底部放置到"轮廓线"层上，结果如下图所示。

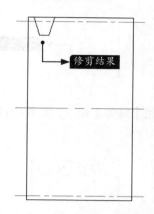

修剪结果

步骤 08 将"中心线"层置为当前，调用【直线】命令，给轮槽添加中心线，结果如下图所示。

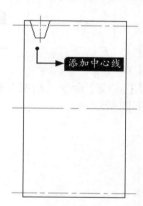

添加中心线

步骤 09 调用【矩形阵列】命令，将上两步绘制的轮槽和中心线进行4行1列阵列，行间距为19，结果如下图所示。

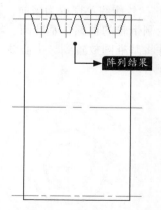

阵列结果

步骤 10 调用【镜像】命令，将阵列后的轮槽和中心线沿水平中心线进行镜像，结果如下页图所示。

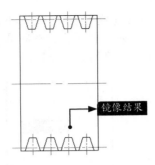

步骤 11 调用【修剪】命令，对轮槽进行修剪，结果如下图所示。

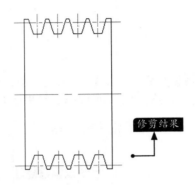

步骤 12 调用【直线】命令，绘制左视图的中心线，结果如下图所示。

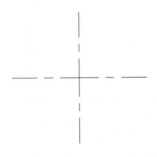

步骤 13 将"轮廓线"层置为当前，调用【圆】命令，绘制带轮的顶圆、基准圆、轴孔以及倒角圆，并将基准圆放置到"中心线"层，结果如下图所示。

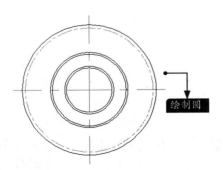

步骤 14 调用【偏移】命令，将竖直中心线向两侧各偏移7，将水平中心线向上偏移28.8，结果如下图所示。

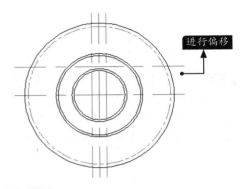

步骤 15 调用【修剪】命令，对带轮的键槽在左视图上的投影进行修剪，修剪后将键槽轮廓线放置到"轮廓线"层上，结果如下图所示。

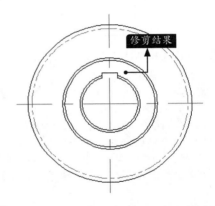

步骤 16 调用【射线】命令，以左视图的轴孔、键槽和倒角特征点为射线的起点绘制水平射线，如下图所示。

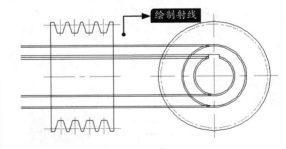

步骤 17 调用【偏移】命令，把主视图最右侧的竖直线向左侧分别偏移2、58、60和80，结果如下页图所示。

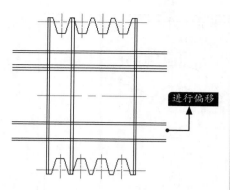

步骤 18 调用【直线】命令，绘制倒角投影线，结果如下图所示。

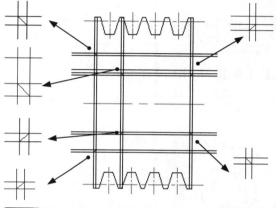

步骤 19 调用【修剪】命令，对轴孔、键槽和倒

角特征进行修剪，结果如下图所示。

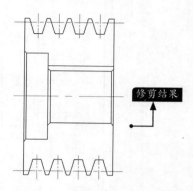

步骤 20 将"剖面线"层置为当前，调用【图案填充】命令，给带轮的主视图添加剖面线，结果如下图所示。

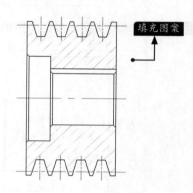

步骤 21 将"标注"层置为当前，对图形进行标注，结果如下图所示。

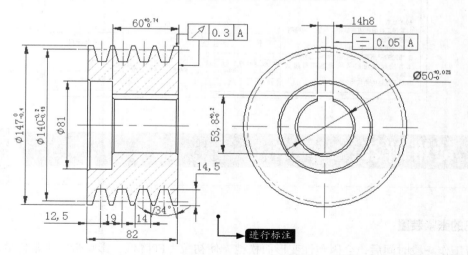

步骤 22 调用插入【块选项板】命令，选择素材文件中的基准符号、粗糙度和图框，并把图框的缩放比例设置为2，结果如下页图所示。

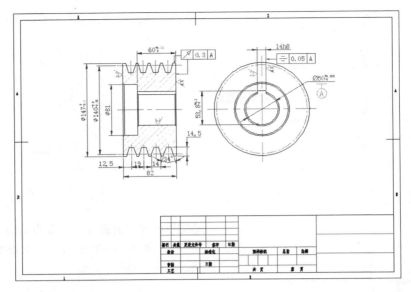

步骤 ㉓ 通过单行文字和多行文字填写标题栏和输入技术要求，结果如下图所示。

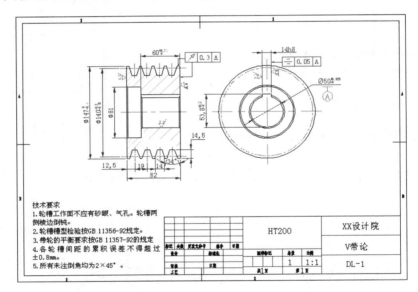

疑难解答

1.V带轮的张紧装置

V带工作一段时间后，会因塑性变形而松弛，使初拉力F0降低，影响带的正常传动，为此必须重新张紧。常用的张紧装置有定期改变中心距的张紧装置、自动张紧装置和张紧轮装置。

（1）定期改变中心距的张紧装置。

在水平或倾斜不大的传动中，可采用如下页左图所示的方法，将装有带轮的电动机安装在滑道上。要调节带的预紧力时，松开基板上各螺栓的螺母2，旋动调节螺钉3，将电机向右推动到所需的位置，然后拧紧螺母2即可。

在垂直或接近垂直的传动中，可采用下右图所示的方法，将装有带轮的电机安装在可调的摆架上即可。

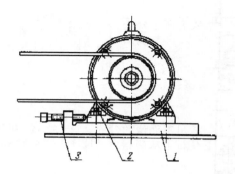 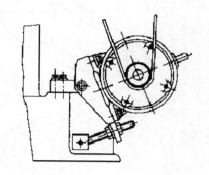

（2）自动张紧装置。

将装有带轮的电动机安装在浮动的摆架上，利用电机和摆架的自重，使带轮随电机绕固定轴摆动来自动张紧传动带。这种张紧装置适用于中、小功率的带传动。如下左图所示。

（3）张紧轮装置。

当中心距不能调节时，可采用张紧轮将带张紧。张紧轮一般放在松边的内侧，并尽量靠近大带轮，以免小轮包角减少太多。张紧轮的轮槽尺寸与带轮相同，且直径小于小带轮的直径。如下右图所示。

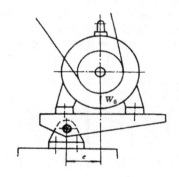 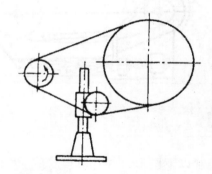

2.链传动的润滑

良好的润滑有利于减少磨损和摩擦，延长链的使用寿命。常用的润滑方式有人工润滑、滴油润滑、油浴润滑、飞溅润滑、压力润滑。

链传动的润滑方法如表8-6所列。

表8-6 链传动的润滑

方式	简图	润滑方法	供油量
人工润滑		用刷子或油壶定期在链条松边内、外链板间隙中注油	每班注油一次

续表

方式	简图	润滑方法	供油量
滴油润滑		装有简单外壳，用油杯滴油	单排链，每分钟供油5~20滴，速度大时取大值
油浴润滑		采用不漏油的外壳，使链条从油槽中通过	一般浸油深度为6~12mm
飞溅润滑	导油板	采用不漏油的外壳，甩油盘的圆周速度V≥3m/s，当链条宽度>125mm时，链轮两侧各装一个甩油盘	甩油盘浸油深度为12~35mm
压力润滑		采用不漏油的外壳，油泵强制供油，喷油管口设在链条啮入处，循环油可起冷却作用	每个喷油口供油量可根据链节距及链速大小查阅相关手册

实战练习

（1）绘制以下图形，并计算出阴影部分的面积。

（2）绘制以下图形，并计算出阴影部分的面积。

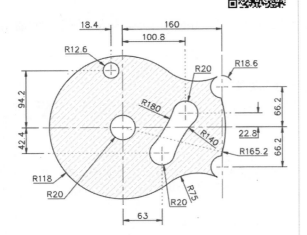

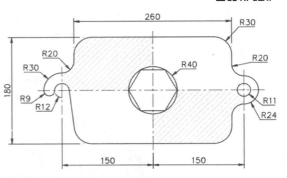

第9章

轴和联轴器

学习目标

轴的主要功能是支撑作回转运动的传动零件（如齿轮、蜗轮等），并传递运动和动力。联轴器是用来联接两轴、使它们一起旋转并传递转矩的部件。由联轴器联接的两个轴，只有在停机后，经过拆卸才能进行分离。

学习效果

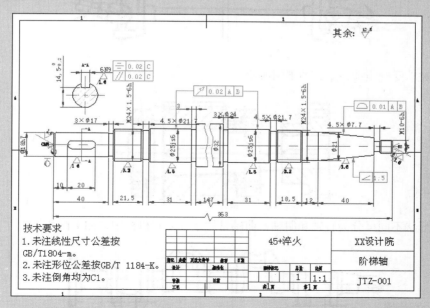

9.1 轴

轴是组成机器的主要零件之一，本节主要从轴的分类、轴上零件的固定以及阶梯轴的画法等内容来介绍轴的设计。

9.1.1 轴的分类

根据所受载荷的不同，轴可分为心轴、传动轴和转轴。

心轴只承受弯矩不承受转矩，心轴又可分为固定心轴和转动心轴，如下图所示。

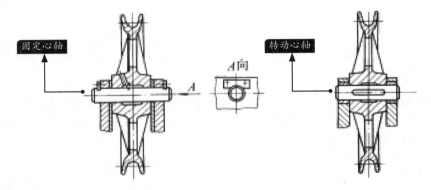

传动轴主要承受转矩，如下图所示。

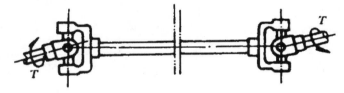

转轴则同时承受弯矩和转矩，如下图所示。

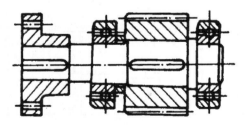

轴按轴线形状不同可分为直轴和曲轴，曲轴常用于往复式机构中，如下图所示。

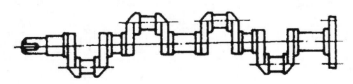

此外，还有一些特殊用途的轴，如钢丝软轴，它可以把回转运动灵活地传到任何位置，如下图所示。

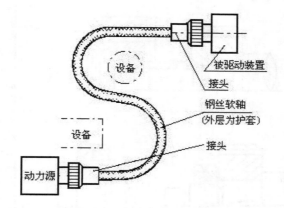

9.1.2 轴上零件的定位和固定

轴上零件定位主要是指轴向和周向两个方向的定位和固定。

1. 轴向定位和固定

轴上零件的轴向定位和固定常用的方法有轴肩、轴环、锁紧挡圈、套筒、圆螺母和止动垫圈、弹性挡圈、轴端挡圈及圆锥面等。其特点和应用如表9-1所列。

表9-1 轴上零件轴向定位和固定的方法及特点

固定方法	简图	特点
轴肩、轴环	轴肩 轴环	结构简单，定位可靠，可承受较大轴向力，常用于齿轮、链轮、带轮、联轴器和轴承等定位 （1）为保证零件紧靠定位面，轴的过渡圆角半径r应小于相配零件的倒角c或圆角半径R；（2）轴肩或轴环高度h，既不能太低，也不能太高，一般h=（0.07~0.1）d。轴环宽度b≈1.4h。与滚动轴承相配处的h与r见轴承标准
圆锥面		能消除轴与轮毂间的径向间隙，装拆较方便，可兼作轴向固定，能承受冲击载荷。多用于轴端零件固定，常用轴端压板或螺母联合使用，使零件获得双向轴向固定

固定方法	简图	特点
套筒		结构简单，定位可靠，轴上不需要开槽、钻孔和切制螺纹，因而不影响轴的疲劳强度。一般用于零件间距较小的场合，以免增加结构重量。轴的转速很高时不宜采用
圆螺母		固定可靠，装拆方便，可承受较大轴向力。用于轴上切制螺纹，使轴的疲劳强度降低。常用双圆螺母或圆螺母与止动垫圈固定轴端零件，当零件间距较大时，也可以用圆螺母代替套筒以减小结构重量
锁紧挡圈		结构简单，不能承受大的轴向力，不宜用于高速，常用于光轴上零件的固定
弹性挡圈		结构紧凑简单，只能承受很小的轴向力，常用于固定滚动轴承
轴端挡圈		适用于固定轴端零件，可承受剧烈振动和冲击载荷
轴端挡板		适用于心轴和轴端固定
紧定螺钉		适用于轴向力很小、转速很低或仅为防止零件偶然沿轴向滑动的场合。为防止螺钉松动，可加锁圈。紧定螺钉同时起到周向固定作用

2. 周向定位和固定

轴上零件的周向固定常用方法有键、花键、销、过盈配合和成型联接等。周向定位和固定的方法和特点如表9-2所列。

表9-2 轴上零件周向定位和固定的方法及特点

固定方法	简图	特点
平键		制造简单，装拆方便，对中性好。用于较高精度、高转速及受冲击或变载荷作用下的固定连接中，还可用于一般要求的导向联接中。齿轮、蜗轮、带轮与轴的联接常用平键形式
楔键		能传递转矩，同时能承受单向轴向力。由于装配后造成轴上零件的偏心或偏斜，故不适合要求严格的对中、有冲击载荷及高速传动联接
花键		承载能力高、定心性及导向性好，制造困难，成本较高。适用于载荷较大、对定心精度要求较高的滑动联接或固定联接
半圆键		键在轴上键槽中能绕其几何中心摆动，故便于轮毂往轴上装配，但轴上键槽很深，削弱了轴的强度。用于载荷较小的联接或作为辅助性联接，也用于锥形轴及轮毂联接
圆柱销		适用于轮毂宽度较小（如l/d<0.6）、用键联接难以保证轮毂和轴可靠固定的场合。这种联接一般采用过盈配合，并可同时采用几只圆柱销。为避免钻孔时钻头偏斜，要求轴上轮毂的硬度差不能太大
圆锥销		用于固定不太重要、受力不大但同时需要轴向固定的零件，或作安全装置用。由于在轴上钻孔，对强度削弱较大，故对重载的轴不宜采用。有冲击或振动时可采用开尾圆锥销

续表

固定方法	简图	特点
过盈配合	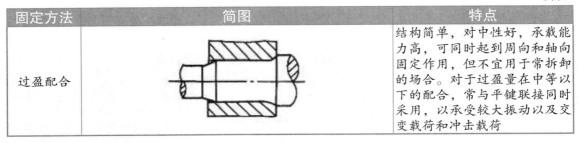	结构简单，对中性好，承载能力高，可同时起到周向和轴向固定作用，但不宜用于常拆卸的场合。对于过盈量在中等以下的配合，常与平键联接同时采用，以承受较大振动以及交变载荷和冲击载荷

9.1.3 实战演练——绘制阶梯轴

前面介绍了轴的基础知识，本节通过绘制一个最常见的阶梯轴来介绍轴类零件的画法。轴类零件的画法有多种，这里介绍的只是其中的一种。

具体绘制步骤如下。

步骤 01 新建一个DWG文件，调用【图层】命令，创建如下图所示的图层，并将"轮廓线"层置为当前。

步骤 02 调用【直线】命令，在绘图区域绘制两条垂直的直线，如下图所示。

步骤 03 调用【偏移】命令，将竖直直线向右侧偏移40和43，将水平直线向上、下各偏移9和8.5，如下图所示。

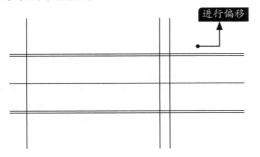

步骤 04 调用【修剪】命令，修剪出阶梯轴的第一段和退刀槽，结果如下图所示。

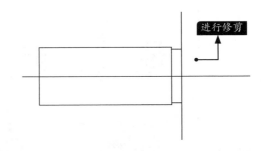

步骤 05 调用【偏移】命令，将竖直线向右偏移21.5和26，将水平直线向上和向下分别偏移12和10.85，结果如下图所示。

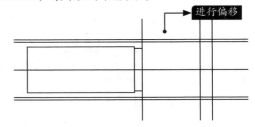

步骤 06 调用【修剪】命令，修剪出阶梯轴的第二段和退刀槽，结果如下图所示。

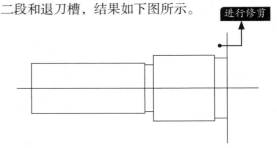

步骤 07 调用【偏移】命令，将竖直线向右偏移31和34，将水平直线向上和向下分别偏移12和12.5，结果如下图所示。

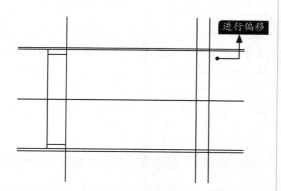

步骤 08 调用【修剪】命令，修剪出阶梯轴的第三段和退刀槽，结果如下图所示。

步骤 09 调用【偏移】命令，将竖直线向右偏移20和23，将水平直线向上和向下分别偏移16和12，结果如下图所示。

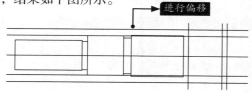

步骤 10 调用【修剪】命令，修剪出阶梯轴的第四段和退刀槽，结果如下图所示。

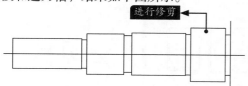

步骤 11 调用【偏移】命令，将竖直线向右偏移31和35.5，将水平直线向上和向下分别偏移12.5和10.85，结果如下图所示。

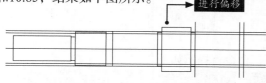

步骤 12 调用【修剪】命令，修剪出阶梯轴的第

五段和退刀槽，结果如下图所示。

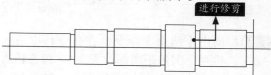

步骤 13 调用【偏移】命令，将竖直线向右偏移18.5和30.5，将水平直线向上和向下分别偏移12和10.5，结果如下图所示。

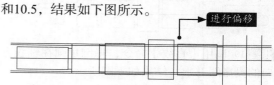

步骤 14 调用【修剪】命令，修剪出阶梯轴的第六段和第七段，结果如下图所示。

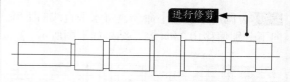

步骤 15 调用【偏移】命令，将最右侧的竖直线向右偏移40、44.5和54，将水平直线向上和向下分别偏移6.5、3.85和5，结果如下图所示。

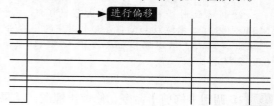

步骤 16 调用【直线】命令，绘制阶梯轴上圆锥面这一段，结果如下图所示。

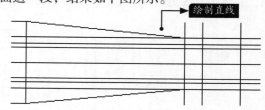

> **小提示**
>
> 　　该段阶梯轴的锥度为1:5，已知D=21，l=40，根据锥度的计算公式D/L=（D-d）/l可计算出d=13，故上步偏移距离为6.5。

步骤 17 调用【修剪】命令，修剪出阶梯轴的锥面和最后一段，结果如下页图所示。

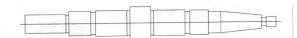

步骤⑱ 调用【倒角】命令，在命令行中输入"d"，将两个倒角距离都设置为1，接着输入m，然后选择每段阶梯轴进行倒角，结果如下图所示。

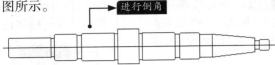

进行倒角

步骤⑲ 调用【直线】命令，将倒角圆在轴线方向的投影线补上，结果如下图所示。

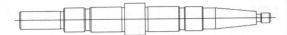

步骤⑳ 调用【偏移】命令，将水平直线向上和向下分别偏移10.2和4.25，结果如下图所示。

小提示

绘制螺纹时小径的直径为大径的0.85，故M24×1.5的细牙螺纹和M10d粗牙螺纹的小径分别为20.4和8.5，所以偏移距离为20.4÷2=10.2和8.5÷2=4.25。

步骤㉑ 调用【修剪】命令，修剪出螺纹，结果如下图所示。

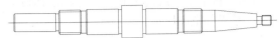

步骤㉒ 选择【工具】➤【新建UCS】➤【原点】，然后将坐标系放置到轴左端的中心点处，如下图所示。

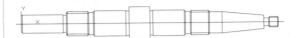

小提示

有时候为了便于绘图对象定位，常将坐标系移动某特殊点的位置，例如在进行坐标标注时就经常需要移动坐标系来定位标注原点的位置。

步骤㉓ 调用【矩形】命令，在命令行中输入"f"，设置圆角半径为3，绘制一个矩形角点分别在（10，-3）和（30，3）矩形作为键槽的投影图，结果如下图所示。

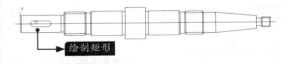

绘制矩形

小提示

键槽的宽度以及在轴上的深度可以根据轴的直径通过相关设计手册查询得到。

步骤㉔ 将"细实线"层置为当前，调用【拟合点】绘制样条曲线的方式，绘制阶梯轴的打断断面，并将中心线更改到"中心线"层，将螺纹小径改到"细实线"层，结果如下图所示。

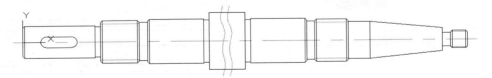

步骤㉕ 调用【修剪】命令，对阶梯轴打断处进行修改，结果如下图所示。

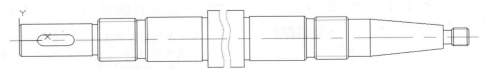

步骤㉖ 调用【多段线】命令，绘制键槽的剖切符号，命令行提示如下。

```
命令：_PLINE  指定起点：25,12  当前线宽为 0.0000
指定下一个点或 [ 圆弧(A)/ 半宽(H)/ 长度(L)/ 放弃(U)/ 宽度(W)]：w
```

指定起点宽度 <0.0000>:0　　指定端点宽度 <0.0000>: 0.5
指定下一个点或 [圆弧 (A)/ 半宽 (H)/ 长度 (L)/ 放弃 (U)/ 宽度 (W)]: @–2,0
指定下一点或 [圆弧 (A)/ 闭合 (C)/ 半宽 (H)/ 长度 (L)/ 放弃 (U)/ 宽度 (W)]: w
指定起点宽度 <0.5000>: 0　　指定端点宽度 <0.0000>: 0
指定下一点或 [圆弧 (A)/ 闭合 (C)/ 半宽 (H)/ 长度 (L)/ 放弃 (U)/ 宽度 (W)]: @–3,0
指定下一点或 [圆弧 (A)/ 闭合 (C)/ 半宽 (H)/ 长度 (L)/ 放弃 (U)/ 宽度 (W)]: @0,–24
指定下一点或 [圆弧 (A)/ 闭合 (C)/ 半宽 (H)/ 长度 (L)/ 放弃 (U)/ 宽度 (W)]: @3,0
指定下一点或 [圆弧 (A)/ 闭合 (C)/ 半宽 (H)/ 长度 (L)/ 放弃 (U)/ 宽度 (W)]: w
指定起点宽度 <0.0000>: 0.5　　指定端点宽度 <0.5000>: 0
指定下一点或 [圆弧 (A)/ 闭合 (C)/ 半宽 (H)/ 长度 (L)/ 放弃 (U)/ 宽度 (W)]: @2,0
指定下一点或 [圆弧 (A)/ 闭合 (C)/ 半宽 (H)/ 长度 (L)/ 放弃 (U)/ 宽度 (W)]:　　// 按【Enter】

键结束多段线命令

结果如下图所示。

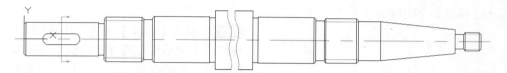

步骤27 将"文字"层置为当前，单击【常用】
➤【注释】➤【Ａ】（单行文字）按钮，调用
【单行文字】命令，给剖视符号添加文字注
释，将文字高度设置为2.5，旋转角度设置为
0，结果如下图所示。

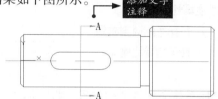

步骤28 将"轮廓线"层置为当前，调用"直
线"命令，绘制键槽剖视图的中心线，结果如
下图所示。

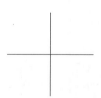

步骤29 调用【圆心、半径】绘制圆的方式，绘
制一个半径为9的圆，结果如下图所示。

步骤30 调用【偏移】命令，将竖直中心线向两
侧分别偏移3，将水平中心线向上偏移5.5，结
果如下图所示。

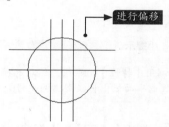

步骤31 调用【修剪】命令，对键槽进行修剪，
结果如下图所示。

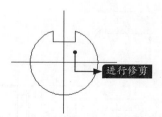

步骤32 调用【图案填充】命令，给键槽剖面图
添加剖面线，结果如下图所示。

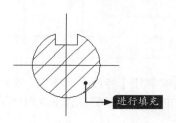

步骤 ③③ 调用【单行文字】命令，给剖视符号添加文字注释，将文字高度设置为2.5，旋转角度设置为0，结果如下图所示。

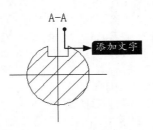

步骤 ③④ 将中心线放置到"中心线"层上，将剖面线放置到"剖面线"层上，将文字放到"文字"层上，结果如下图所示。

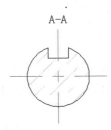

小提示

调用【特性】选项板，然后选择两条中心线，在特性选项面板中将线型比例改为0.5。

步骤 ③⑤ 调用【标注样式】命令，弹出标注样式管理器对话框，如下图所示。

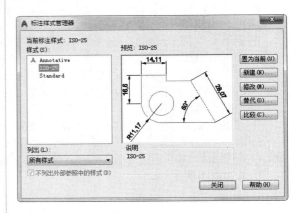

步骤 ③⑥ 单击【修改】按钮，在弹出的【修改标注样式】对话框中选择【调整】选项卡，并将标注特征比例改为1.5，完成设置后单击确定退出【修改标注样式】对话框，然后单击【置为当前】按钮，最后单击【关闭】按钮关闭标注样式管理器对话框。

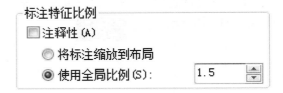

步骤 ③⑦ 选择【工具】▶【新建UCS】▶【原点】，将坐标系移动到合适的位置。将"标注"层置为当前，然后调用【线性】标注命令，对图形进行线性标注，结果如下图所示。

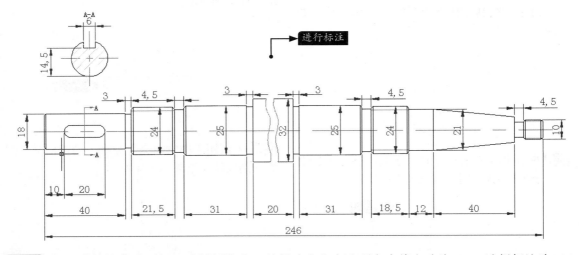

步骤 ③⑧ 调用【特性】选项板，选择标注为20的尺寸在文字选项卡中将它改为137，选择标注为246的尺寸将它改为363，如下页图所示。

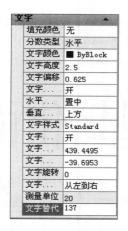

在文字替代输入框中输入"M24×1.5–6h"，如下图所示。

文字	
填充颜色	无
分数类型	水平
文字颜色	■ ByBlock
文字高度	2.5
文字偏移	0.625
文字...	开
水平...	置中
垂直...	上方
文字样式	Standard
文字...	开
文字...	315.186
文字...	0
文字旋转	0
文字...	从左到右
测量单位	18
文字替代	%%C18h7

步骤 39 选择标注为18的尺寸，在文字替代输入框输入"%%C18h7"，选择标注为24的尺寸，

步骤 40 重复**步骤 39**，对其他螺纹标注或直径标注进行修改，结果如下图所示。

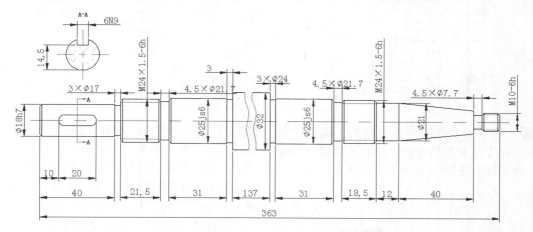

步骤 41 调用【折弯线性】标注命令，分别选择标注为137和363的尺寸，给它们添加折弯线性标注，结果如下图所示。

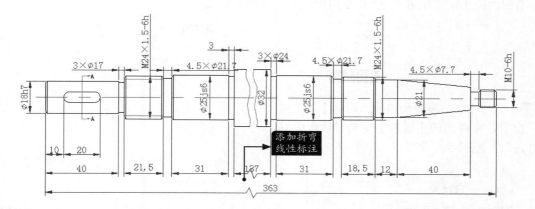

步骤 42 选中键槽剖视图中的深度尺寸14.5，将【公差】选项卡下的显示公差改为"极限偏差"，将下偏差设置为0.2，上偏差设置为0，将公差的文字高度设置为0.75，如下页图所示。

公差	
换算...	是
公差对齐	运算符
显示公差	极限偏差
公差...	0.2
公差...	0
水平	下
公差精度	0.00
公差...	否
公差...	是
公差...	是
公差...	是
公差...	0.75

下偏差默认为负值，上偏差默认为正值，即下偏差输入 0.2 则自动显示为 −0.2，如果输入 −0.2，则显示为 0.2，上偏差正好相反

步骤 43 修改完成后退出特性选项面板，结果如下图所示。

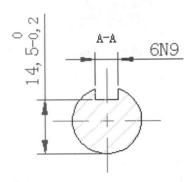

步骤 44 将"细实线"层置为当前，调用【圆心、半径】绘制圆的方式，绘制基准符号，绘制一个半径为2的圆，结果如下图所示。

绘制圆

步骤 45 调用【直线】命令，绘制两条垂直的直线，直线的长度分别为2和4，结果如下图所示。

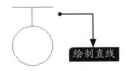

绘制直线

步骤 46 将"文字"层置为当前，调用【定义属性】命令，在弹出的【属性】定义对话框中对属性进行下图所示的设置。

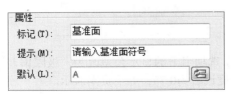

属性	
标记(T):	基准面
提示(M):	请输入基准面符号
默认(L):	A

步骤 47 单击【确定】按钮，将属性放置到基准符号的圆内，结果如下图所示。

步骤 48 调用【创建】块命令，在弹出的属性定义对话框中对属性进行如下图所示的设置。

步骤 49 单击【确定】按钮即可创建一个带属性的基准面图块，重复创建带属性的图块，把粗糙度、加工定位符号也创建成带属性的图块。调用插入【块选项板】命令，在弹出的【块选项板】➤【当前图形】中选择"基准面"，单击右键选择"插入"，如下图所示。

步骤 50 指定插入基点，并输入基准符号C，结果如下图所示。

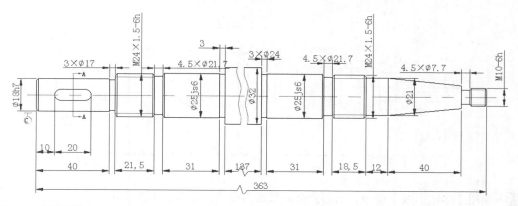

步骤 51 重复 **步骤 50**，继续插入粗糙度、基准面和加工定位基准等图块，结果如下图所示。

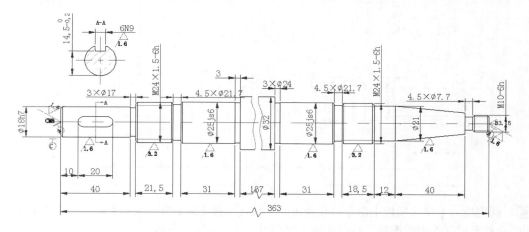

小提示

　　插入带属性的图块时，可以通过输入旋转角度来调整插入的形状和位置，插入后双击插入的图块，在弹出的增强属性对话框中选择文字选项选项卡，通过勾选方向、倒置以及更改文字的对齐方向来设置文字块中文字的方向和位置。

步骤 52 调用【公差】标注命令，弹出【形位公差】输入框，进行下图所示的设置。

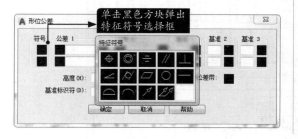

步骤 53 选择特征符号后，在公差值和基准符号输入框输入公差值和基准符号，如下图所示。

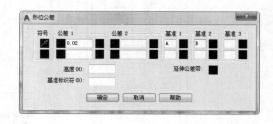

步骤 54 重复 **步骤 53**，继续创建其他形位公差，并将它放置到合适的位置，结果如下页图所示。

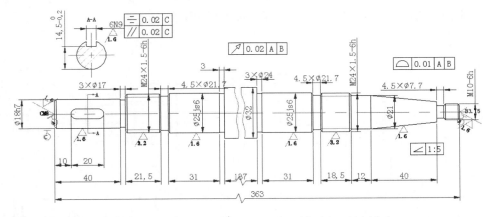

步骤 55 调用【多重引线】命令，给形位公差添加指引线，结果如下图所示。

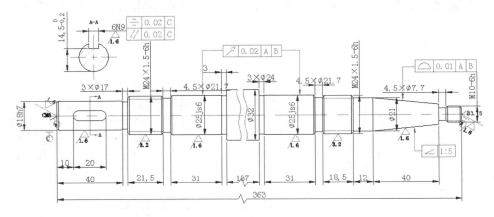

步骤 56 调用插入【块选项板】命令，在弹出的【块选项板】▶【当前图形】选项卡中单击【 … 】按钮，选择素材文件中的图框，将图框插入图形中，结果如下图所示。

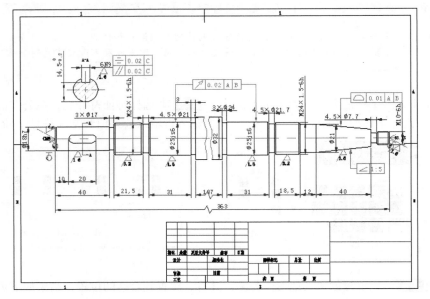

步骤 57 将"文字"层置为当前，然后通过单行文字和多行文字填写标题栏和输入技术要求，结果如下页图所示。

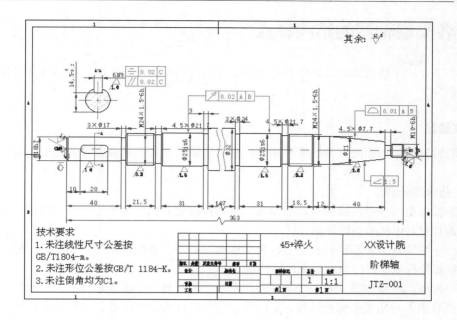

技术要求
1. 未注线性尺寸公差按
　GB/T1804-m。
2. 未注形位公差按GB/T 1184-K。
3. 未注倒角均为C1。

	45+淬火	XX设计院
		阶梯轴
	1　1:1	JTZ-001

9.2　联轴器

联轴器是用来把两轴联接在一起（有时也用于联接轴与其他回转零件），以传递运动和转矩。机器运转时两轴不能分离，只有机器停车并将联轴器拆开后，两轴才能分离。

9.2.1　联轴器的组成分类

联轴器一般由两个半联轴器和联接件组成。而半联轴器与主、从动轴通常采用键联接。

根据联轴器有无弹性元件、对各种相对位移有无补偿能力，联轴器可分为刚性联轴器、挠性联轴器和安全联轴器。联轴器的主要类型、特点及作用如表9-3所列。

表9-3　联轴器的类型及在传动中的作用

类型	在传动系统中的作用	备注
刚性联轴器	只能传递运动和转矩，不具备其他功能	包括凸缘联轴器、套筒联轴器、夹壳联轴器等
挠性联轴器	无弹性元件的挠性联轴器，不仅能传递运动和转矩，而且具有不同程度的轴向、径向、角向补偿性能	包括齿式联轴器、万向联轴器、链条联轴器、滑块联轴器等
	有弹性元件的挠性联轴器，能传递运动和转矩，具有不同程度的轴向、径向、角向补偿性能，还具有不同程度的减振、缓冲作用，能改善传动系统的工作性能	包括各种非金属弹性元件挠性联轴器和金属弹性元件挠性联轴器，各种弹性联轴器的结构不同，差异较大，在传动系统中的作用也不尽相同
安全联轴器	传递运动和转矩，有过载安全保护，挠性安全联轴器还具有不同程度的补偿性能	包括销钉式、摩擦式、离心式、液压式等安全联轴器

263

9.2.2 各类联轴器的结构特点

9.2.1小节介绍了联轴器的分类以及各类联轴器在传动系统中的作用，本小节介绍各类联轴器的结构特点。

1. 刚性联轴器

刚性联轴器按结构不同分为凸缘联轴器、套筒联轴器和夹壳联轴器等，其中凸缘联轴器应用最广泛。

（1）凸缘联轴器。

凸缘联轴器由两个带凸缘的半联轴器和一组螺栓组成，如下图所示。凸缘联轴器主要有普通凸缘联轴器和有对中榫的凸缘联轴器。

普通凸缘联轴器通常靠铰制孔用螺栓来实现两轴对中。采用铰制孔用螺栓时，螺栓杆与孔过渡配合，靠螺栓杆承受挤压与剪切来传递转矩。

有对中榫的凸缘联轴器，靠一个半联轴器上的凸肩与另一个半联轴器上的凹槽相配合对中。联接两个半联轴器时用普通螺栓联接，此时螺栓杆与孔壁为间隙配合，装配时须拧紧螺栓，转矩靠半联轴器结合面的摩擦力矩来传递。

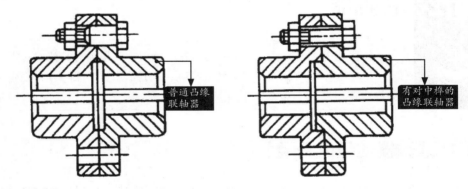

为了便于安全运行，凸缘联轴器可以做成带防护边的形式，如下图所示。

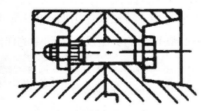

凸缘联轴器的常用材料是灰铸铁和碳钢，重载或圆周速度大于30m/s时应采用铸钢或锻钢。

（2）套筒联轴器。

套筒联轴器是以一共用套筒采用销、键或过盈配合等联接方式与轴相联接的联轴器。如下图所示。

套筒联轴器结构简单紧凑，组成零件少，径向尺寸小，但装拆不方便，轴需要作轴向移动。套筒联轴器常用在径向尺寸受限的小功率传动中。

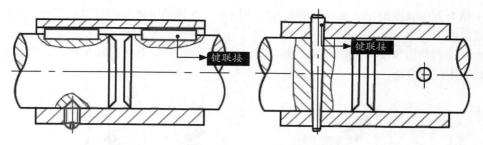

（3）夹壳联轴器。

夹壳联轴器由两个半圆筒形的夹壳和一组螺栓组成。夹壳与轴之间靠夹紧产生的摩擦力或键来传递转矩，如下图所示。夹壳为剖分结构，装拆很方便，但由于外形复杂且不易平衡，故夹壳联轴器常用在工作平稳的低速传动中。

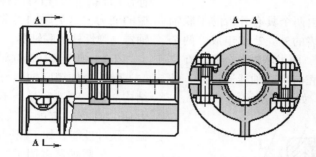

2. 无弹性元件挠性联轴器

这类联轴器因为具有挠性，故可补偿两轴的相对位移。但因为无弹性元件，故不能缓冲减振。常用的挠性联轴器有十字滑块联轴器、万向联轴器和齿轮联轴器等。

（1）十字滑块联轴器。

十字滑块联轴器由两个半联轴器和十字滑块组成，如下图所示。十字滑块两侧互相垂直的凸榫分别与两个半联轴器的凹槽组成移动副。联轴器工作时，十字滑块随两轴转动，同时又相对于两轴移动以补偿两轴的径向位移。

这种联轴器允许的径向偏量较大，并允许有不大的角度位移和轴向位移。由于两十字滑块偏心回转会产生离心力，故不适合用于高速运转的场合。为了减少十字滑块相对移动时的磨损及提高传动效率，需要定期进行润滑。

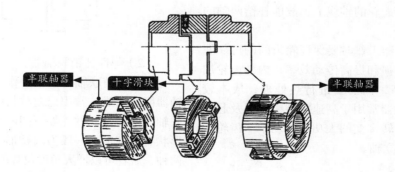

（2）万向联轴器。

万向联轴器又称为十字铰链联轴器，由两个交叉形接头和一个十字形接头等组成，如下页图所示。万向联轴器允许两轴间有较大的角度偏移，两轴夹角 α 可以达到40° ~50°。

由于单个万向联轴的主、从动轴的角速度不同步，在传动中将引起附加动载荷，因此万向联轴器常成对使用。

万向联轴器结构紧凑，维护方便，能补偿较大的综合位移，且传递转矩较大，所以在汽车、机床等机械中应用广泛。

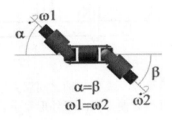 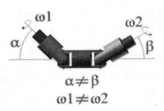

（3）齿轮联轴器。

齿轮联轴器主要由两个具有外齿的半联轴器1、4和两个具有内齿的外壳2、3组成。两个外壳用螺栓5联成一体，两半联轴器分别装在主动轴和从动轴上，外壳与半联轴器通过内、外齿的相互啮合而相联，如下图所示。

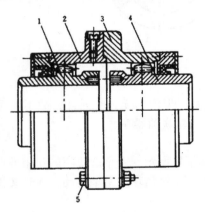

工作时，靠啮合的齿轮传递转矩，轮齿的齿廓常为20°压力角的渐开线齿廓，齿轮间留有较大的齿侧间隙，外齿轮的齿顶做成球面，球面中心位于齿轮的轴线上，故能补偿两轴的综合位移。

齿轮联轴器工作时要保证轮齿间的可靠润滑，以减轻磨损和提高传动效率；内外齿轮加工精度要求高，内齿要进行热处理，成本较高。齿轮联轴器常用于高速重载机械以及起动次数多、正反转多变的大功率传动中。齿轮联轴器不适用于立轴。

3. 有弹性元件挠性联轴器

这类联轴器因为装有弹性元件，不仅可以补偿两轴之间的相对位移，而且具有缓冲、减振的能力。这类联轴器常见的有弹性套柱销联轴器、弹性柱销联轴器。

（1）弹性套柱销联轴器。

弹性套柱销联轴器与凸缘联轴器相似，它结构简单，制造容易，不用润滑，弹性套更换方便，具有一定的补偿两轴线相对偏移和减振、缓冲性能，如下图所示。

这种联轴器多用于经常正、反转，起动频繁，转速较高的场合。

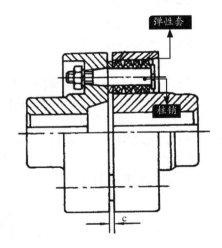

（2）弹性柱销联轴器。

弹性柱销联轴器常被看作是弹性套柱销联轴器简化而成，常用尼龙材料的柱销作为这种联轴器的弹性元件，如下图所示。尼龙柱销的形状有圆柱形或一段为圆柱形另一段为腰鼓形两种，后者可以增大角度位移的补偿能力。

与弹性套柱销联轴器相比，弹性柱销联轴器的承载能力大，但适应转速较低，允许的偏移也较小（轴向位移为0.5~3mm，径向位移为

0.15~0.25mm，角度位移为30′）。

弹性柱销联轴器的特点是结构简单、制造容易、柱销耐磨性好、更换方便。它主要用于有正反转或起动频繁、对缓冲要求不高的场合。

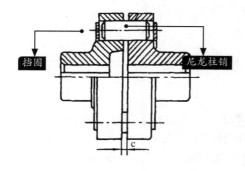

挡圈

尼龙柱销

4．安全联轴器

安全联轴器主要用于过载安全保护，常见的安全联轴器是剪切销安全联轴器，剪切销安

全联轴器又分为单剪和双剪两种，如下图所示。

这种联轴器的销钉装在经过淬火的两段钢制套管中，过载时即被剪断。由于销钉材料机械性能的不稳定以及制造尺寸误差等因素，致使工作精度不高，而且销钉剪断后，不能自动恢复工作能力，必须停车更换销钉。不过它结构简单，所以在很少过载的机器中还是能经常见到的。

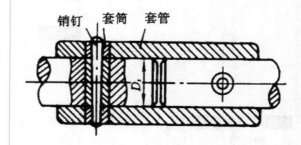

销钉　套筒　套管

9.2.3　绘制弹性柱销联轴器

前面介绍了联轴器分类以及各种联轴器的结构特点，本节通过绘制一个在设计工作中常用的弹性柱销联轴器对前面所讲内容进行总结和巩固。

具体绘制步骤如下。

步骤01 新建一个DWG文件，调用【图层】命令，创建如下图所示的图层，并将"中心线"层置为当前。

步骤02 调用【直线】命令，在绘图区域绘制一条水平中心线和一条竖直中心线，如右上图所示。

步骤03 调用【圆心、半径】绘制圆的方式，以中心线交点为圆心，绘制一个半径为65的圆作为柱销孔分布圆，结果如下图所示。

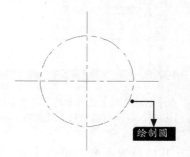

绘制圆

步骤 04 将"轮廓线"层置为当前，调用【圆心、半径】绘制圆的方式，以中心线交点为圆心，绘制一个半径为80的圆作为联轴器的外轮廓圆，结果如下图所示。

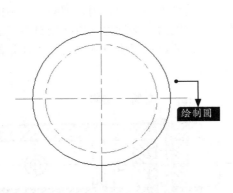

绘制圆

步骤 05 重复 **步骤 04**，分别绘制凸缘轮廓圆、轴孔、轴孔倒角圆以及柱销孔，结果如下图所示。

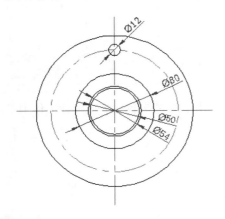

Ø12
Ø80
Ø50
Ø54

步骤 06 调用【环形阵列】命令，选择上图中直径为12的小圆作为阵列对象，并捕捉中心线的交点作为阵列的中心，在弹出的阵列创建选项卡的项目栏中进行下图所示的设置。

	项目数：	6
	介于：	60
	填充：	360
	项目	

小提示

单击【创建阵列】选项卡的【特性】选项栏中的【关联】按钮，将阵列后的对象设置为"不关联"。

步骤 07 其他设置不变，单击【关闭阵列】按

钮，柱销孔阵列完成后如下图所示。

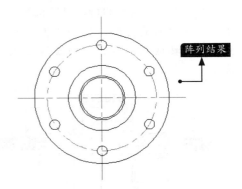

阵列结果

步骤 08 调用【偏移】命令，将竖直中心线向两侧分别偏移7，水平中心线向上偏移28.8绘制主视图的键槽轮廓，结果如下图所示。

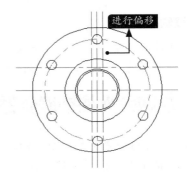

进行偏移

小提示

键槽尺寸可根据轴的大小通过机械设计手册查得。

步骤 09 调用【修剪】命令，对主视图的键槽形状进行修剪，并将修剪后的键槽轮廓放置到"轮廓线"层，结果如下图所示。

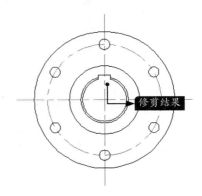

修剪结果

步骤 10 调用【射线】命令，以主视图的外轮廓特征点为射线的起点绘制水平射线，结果如下

图所示。

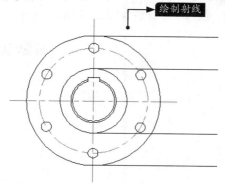

步骤 11 调用【直线】命令，绘制一条竖直直线，结果如下图所示。

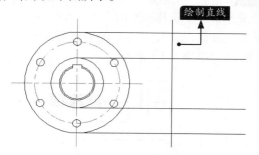

步骤 12 调用【偏移】命令，将上步绘制的直线向右侧分别偏移20和84，结果如下图所示。

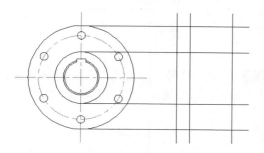

步骤 13 调用【修剪】命令，修剪出联轴器外轮廓在另一个视图中的投影，结果如下图所示。

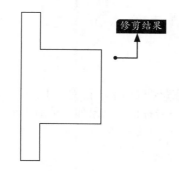

步骤 14 调用【射线】命令，以主视图的柱销孔特

征点为射线的起点绘制水平射线，如下图所示。

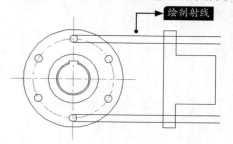

步骤 15 调用【修剪】命令，对柱销孔进行修剪，结果如下图所示。

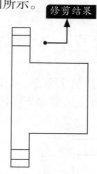

步骤 16 调用【射线】命令，以主视图的轴孔、键槽和倒角特征点为射线的起点绘制水平射线，结果如下图所示。

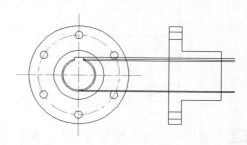

步骤 17 调用【偏移】命令，把左视图最右侧的竖直直线向左侧偏移2，结果如下图所示。

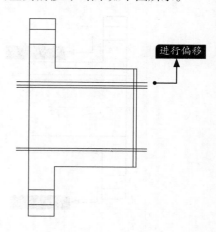

步骤18 调用【直线】命令，绘制倒角投影线，结果如下图所示。

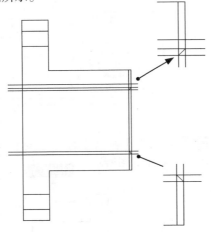

步骤19 调用【修剪】命令，对轴孔、键槽和倒角特征进行修剪，结果如下图所示。

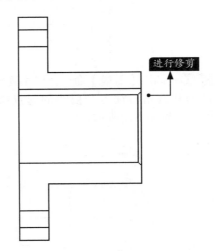

进行修剪

步骤20 将"中心线"层置为当前，调用【直线】命令，给柱销孔和轴孔添加中心线，结果如下图所示。

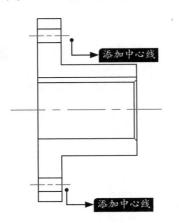

添加中心线

添加中心线

步骤21 调用【圆角】命令，给联轴器左视图添加圆角，圆角半径分别为5和2，结果如下图所示。

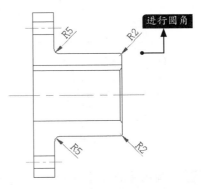

进行圆角

步骤22 将"剖面线"层置为当前，调用【图案填充】命令，选择填充图案为"ANSI31"，并将填充比例设置为"2"，给联轴器剖视图添加剖面线，结果如下图所示。

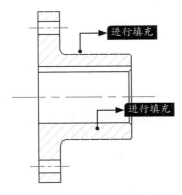

进行填充

进行填充

步骤23 将"符号"层置为当前，调用【多段线】命令，添加剖视符号，结果如下图所示。

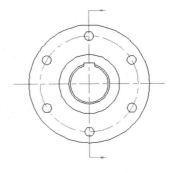

步骤24 调用【单行文字】命令，给视图添加剖视符号标记，结果如下页图所示。

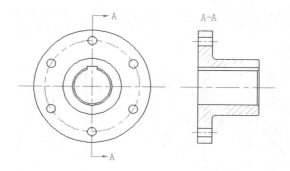

步骤 ㉕ 将"标注"层置为当前，给图形添加标注，结果如下图所示。

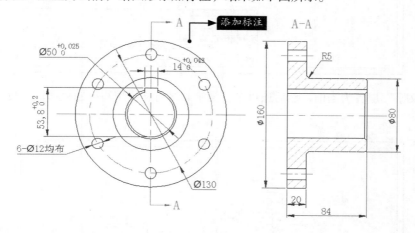

添加标注

小提示

如果标注文字不合适，可以通过调整标注特征比例大小来更改标注显示效果。

步骤 ㉖ 将"符号"层置为当前，创建带属性的粗糙度图块，图块创建完成后给图形添加粗糙度符号，结果如下图所示。

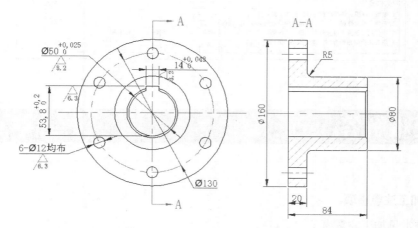

步骤 ㉗ 调用插入【块选项板】命令，在弹出的【块选项板】▶【当前图形】选项卡中单击【…】按钮，选择素材文件中的图框，把缩放比例改为2，将图框插入图形中，结果如下页图所示。

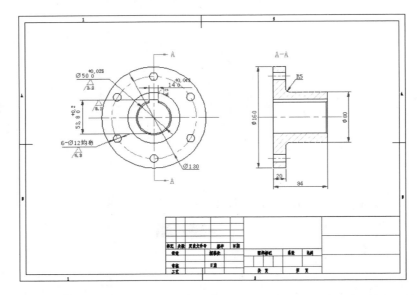

步骤 28 将"文字"层置为当前，然后通过单行文字和多行文字填写标题栏和输入技术要求，结果如下图所示。

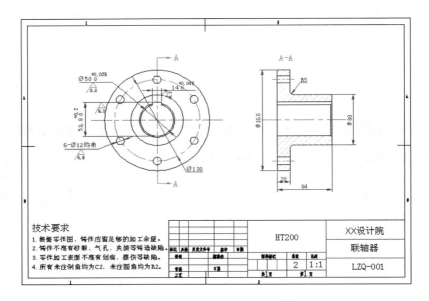

 疑难解答

1. 轴类零件加工注意事项

轴类零件常见加工注意事项如下。

（1）尺寸精度。

轴类零件的主要表面通常分为两类：一类是与轴承的内圈配合的外圆轴颈，用于确定轴的位置并支撑轴，尺寸精度要求较高；另一类是与各种传动件配合的轴颈，尺寸精度要求较低。

（2）几何形状精度。

主要指轴颈表面、外圆锥面、锥孔等重要表面的圆度、圆柱度，其误差一般应限制在尺寸公差范围内。对于精密轴，需在零件图上另行规定几何形状精度。

（3）相互位置精度。

包括内表面、外表面、重要轴面的同轴度、重要端面对轴心线的垂直度、端面间的平行度、圆的径向跳动等。

（4）表面粗糙度。

轴的加工表面基本上有粗糙度的要求，通常根据加工的可行性和经济性来确定。

（5）工艺分析。

零件图工艺分析中，需要充分理解零件结构的特点、材质、精度、热处理等技术要求，并且需要配合参考装配图及验收标准。

2. 轴的常用材料

轴类零件常见加工注意事项如下。

由于轴工作时的应力多是变应力，轴的主要失效为疲劳破坏，因此轴的材料应具有足够的疲劳强度，对应力集中的敏感性低，同时应考虑工艺性和经济性等因素。轴的常用材料主要采用碳素钢和合金钢。

碳素钢比合金钢廉价，对应力集中的敏感性低，经热处理或化学处理，可改善力学性能，故应用广泛。一般用途的轴多用含碳量为0.25%~0.5%的优质碳素钢，其中最常用的是含碳量为0.45%的45钢。为保证碳素钢的力学性能，应进行正火或调质处理。对于不重要或受力较小的轴，则可以采用Q235、Q255等普通碳素钢。

合金钢比碳素钢具有更高的力学性能和淬火性能，但对应力集中比较敏感，且价格较贵，主要用于传递大功率并且要求减小重量和提高轴颈耐磨性，以及在高温或低温条件下工作的轴。常用的合金钢有20Cr、20CrMnTi、20CrMnV、38CrMoAl等，其中20Cr、20CrMnTi等低碳合金钢，径渗碳处理后可提高耐磨性；20CrMoV、38CrMoAl等合金钢，有良好的高温机械性能，常用于高温、高速和重载条件下工作的轴。

> **小提示**
>
> 一般工作温度下（如低于200℃），碳素钢和合金钢的弹性模量相差不多，因此用合金钢代替碳素钢并不能提高轴的刚度。

对于形状复杂的轴，有时也采用铸钢或铸铁制造。经过铸造成型，可得到更合理的形状，而且铸铁的吸振性和耐磨性好，对应力集中的敏感性较低，但冲击韧性低，工艺过程不易控制，质量不够稳定。

实战练习

（1）绘制以下图形，并计算出阴影部分的面积。

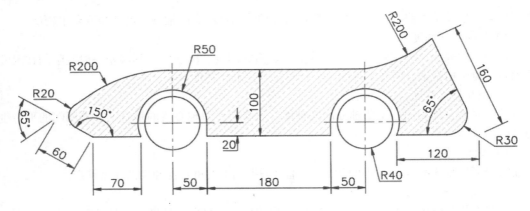

（2）绘制以下图形，并计算出阴影部分的面积。

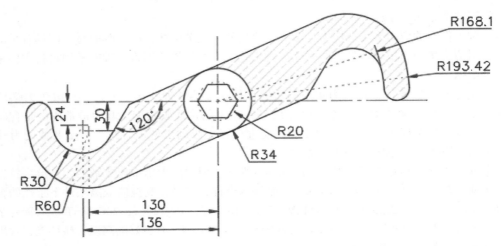

第 10 章

蜗杆蜗轮

    蜗杆蜗轮通常用于垂直交错的两轴之间的传动。蜗杆和蜗轮的齿向是螺旋形，蜗轮的轮齿顶面制成环面。工作时蜗杆是主动件，蜗轮是从动件，用蜗杆蜗轮传动可以得到较大的传动比。

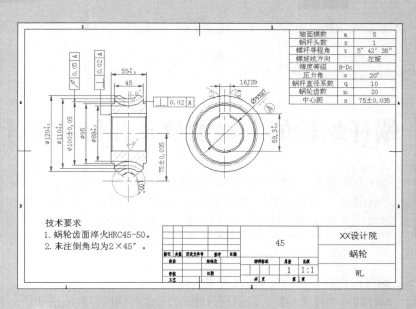

10.1 蜗杆蜗轮传动的特点及分类

1. 蜗杆蜗轮传动的特点

蜗杆蜗轮传动的特点是传动比大，在动力传动中一般传动比在8~100之间，在分度机构中传动比可达到1 000。蜗杆蜗轮传动平稳、噪声低、结构紧凑，而且在一定条件下可以实现自锁。

蜗杆蜗轮传动的缺点是传动效率低，发热量大，磨损较严重，因此蜗轮齿圈部分常用减摩性能好的有色金属（如青铜）制造，成本较高。

2. 蜗杆蜗轮传动的分类

根据蜗杆的不同形状，蜗杆蜗轮传动可分为圆柱蜗杆传动、环面蜗杆传动和锥蜗杆传动三类，如下图所示。

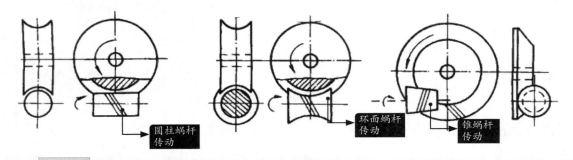

圆柱蜗杆传动　环面蜗杆传动　锥蜗杆传动

> **小提示**
>
> 根据轮齿的选项，蜗杆又分为右旋蜗杆和左旋蜗杆。一对配合传动的蜗杆蜗轮，两个的选项正好是相反的，即当蜗杆是右旋时，配合的蜗轮是左旋的。

10.2 蜗杆蜗轮的主要参数及几何尺寸计算

蜗杆蜗轮的主要参数有蜗杆的轴向模数m_x、蜗轮的轴向模数m_t、压力角α、蜗杆头数z_1、蜗轮齿数z_2、直径系数q和导程角γ。模数、压力角在前面齿轮章节已经进行了详细介绍，下面重点介绍其他几个参数。

蜗杆头数z_1：蜗杆的齿数，有单头、双头和多头蜗杆。

直径系数q：蜗杆的一个特征参数，是蜗杆分度圆直径d_1与轴向模数m_x的比值。为了减少蜗轮加工刀具的数目，降低生产成本，国家标准在规定了蜗杆模数的同时规定了相应的直径系数，如

表10-1所列。

导程角γ：蜗轮分度圆上的螺旋角，圆柱螺旋线的切线与端平面之间所夹的锐角。

小提示

蜗轮齿数z2与蜗杆头数z1的比值就是传动比。

表10-1 蜗杆的模数和直径系数

模数	第一系列	1	1.5	2	2.5	3	4	5	6	8	10	12
	第二系列					3.5	4.5		7	9		
直径系数q	第一系列	14	14	13	12	12	14	10	9	8	8	8
	第二系列							12	11	11	11	11

小提示

第二系列尽可能不使用。

蜗杆蜗轮的啮合情况如下图所示，通过蜗杆的轴向模数mx、蜗轮的轴向模数mt、压力角α、蜗杆头数z1、蜗轮齿数z2、直径系数q和导程角γ可以计算出蜗杆蜗轮各部分的尺寸，如表10-2所列。

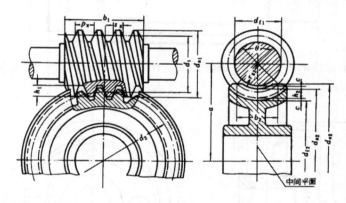

表10-2 蜗杆蜗轮各部分名称、代号及计算

名称	代号及计算	名称	代号及计算
轴向齿距	px=mxπ	蜗杆齿宽	当z1=1~2时，b1≈（13~16）mx 当z1=3~4时，b1≈（15~20）mx
齿顶高	ha=mx	蜗轮分度圆直径	d2=m1z2
齿根高	hf=1.2mx	齿顶圆直径	da2=m（z2+2）
齿高	h=2.2mx	齿顶外圆直径	当z1=1时，de2≤da2+2m 当z1=2~3时，de2≤da2+1.5m 当z1=4时，de2≤da2+m
蜗杆分度圆直径	d1=mxq	齿根圆直径	df2=mt（z2-2.4）
蜗杆齿顶圆直径	da1=mx(q+2)	蜗轮宽度	当z1≤3时，b2≤0.75da1 当z1=4时，b2≤0.67da1
蜗杆齿根圆直径	df1=mx(q-2.4)	齿顶圆弧直径	ra=d1/2-ha
导程角	tanγ=z1/q	齿根圆弧直径	rf=d1/2+hf
蜗杆导程	pz=z1px	中心距	a=mt(q+z)/2

10.3 蜗杆蜗轮的画法及图样标注

与齿轮一样，蜗杆蜗轮的齿形部分也有规定的画法以及规定的图样标注。本节介绍蜗杆蜗轮的规定画法以及图样上规定的标注内容。

10.3.1 蜗杆蜗轮的画法

蜗杆的画法与圆柱齿轮的画法相同。为了表明蜗杆的牙型，一般采用局部剖视画出几个牙型或画出牙型的放大图，如下图所示。

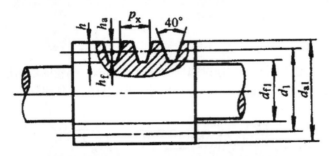

蜗轮在剖视图上轮齿的画法与圆柱齿轮相同。在投影为圆的视图中，只画分度圆和外圆，齿顶圆和齿根圆不需要画出，如下图所示。

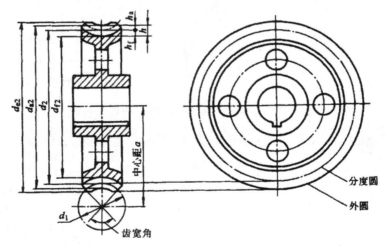

蜗杆和蜗轮啮合时，在不剖的视图中，在垂直于蜗轮轴线投影面的视图上，蜗杆的分度线和蜗轮的分度圆要画成相切，啮合区内的齿顶圆和齿顶线仍用粗实线画，在垂直于蜗杆轴线的视图上，啮合区只画蜗杆不画蜗轮，如下页左两图所示。

在剖视图中，当剖切平面通过蜗轮轴线并垂直于蜗杆轴线时，在啮合区内将蜗杆的轮齿用粗实线绘制，蜗轮的轮齿被遮挡的部分可省略不画；当剖切平面通过蜗杆轴线并垂直于蜗轮轴线时，在啮合区内，蜗轮的外圆、齿顶圆可以省略不画，蜗杆齿顶线可以省略不画出。如下页右两图所示。

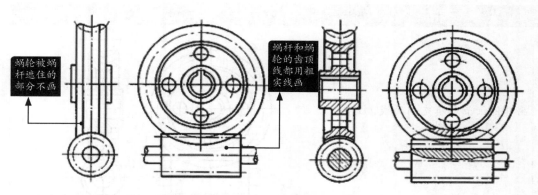

蜗杆蜗轮啮合时规定画法的具体步骤如表10-3所列。

表10-3 蜗杆蜗轮啮合时的画法步骤

步骤	目的	结果
1	画蜗杆蜗轮分度圆的投影	
2	画蜗杆的投影	
3	画蜗轮投影	

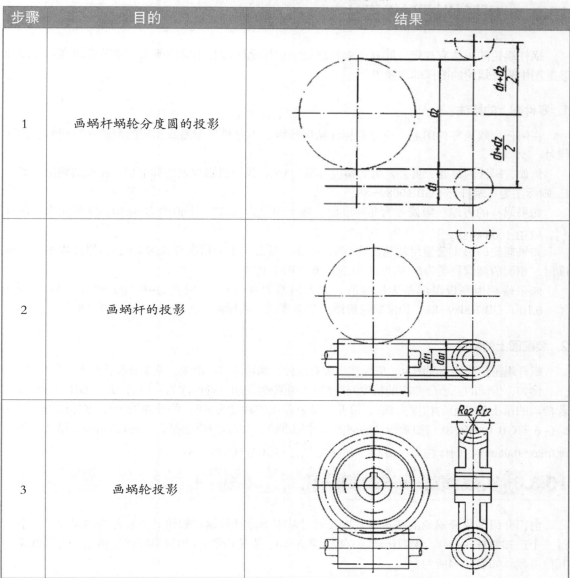

续表

步骤	目的	结果
4	画其他细节和填充剖面线，完善图形	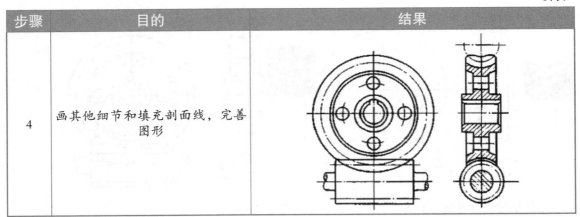

10.3.2　蜗杆蜗轮图样标注

蜗杆蜗轮的画法有规定，同样，蜗杆蜗轮的图样标注也有相应的要求。本节介绍在零件图和装配图中蜗杆蜗轮的图样标注要求。

1．零件图上的标注

在蜗杆、蜗轮零件图上，应分别标注精度等级、齿厚极限偏差或相应的侧隙种类代号和国际代号。

例如，蜗杆的第Ⅱ、Ⅲ公差组的精度等级为5级，齿厚极限偏差为标准值，相配的侧隙种类为f，则标注为：蜗杆 5 f GB 10089—88。

如果蜗杆的齿厚极限偏差为非标准值，如上偏差为–0.27，下偏差为–0.40，则标注为：蜗杆 $5 \binom{-0.27}{-0.40}$ GB 10089—88。

如果蜗轮的第Ⅰ公差组的精度为5级，第Ⅱ、Ⅲ公差组的精度等级为6级，齿厚极限偏差为标准值，相配的侧隙种类为f，则标注为：5 6 6 f GB 10089—88。

如果蜗轮齿厚极限偏差为标准值，如上偏差为+0.10，下偏差为–0.10，则标注为：5 6 6（±0.10）GB 10089—88；如果蜗轮齿厚无公差要求，则标注为：5 6 6 GB 10089—88。

2．装配图上的标注

蜗杆蜗轮传动的装配图上，应标注出配对蜗杆、蜗轮的精度等级，侧隙种类代号和国际代号。

例如，传动的三个公差组的精度同为5级，侧隙种类为f，则标注为：传动 5 f GB10089—88；若传动的第Ⅰ公差组的精度为5级，第Ⅱ、Ⅲ公差组的精度为6级，侧隙种类为f，则标注为：传动 5–6–6 f GB 10089—88；如果传动的侧隙为非标准值，如最小圆周侧隙fmin=0.03mm，最大圆周侧隙fmax=0.06mm，则标注为：传动 5–6–6（$\binom{0.03}{0.06}$）GB 10089—88。

10.3.3　实战演练——绘制蜗轮

前面介绍了蜗杆蜗轮的基本参数以及通过基本参数计算蜗杆蜗轮其他各部分的尺寸，本节通过一个已知蜗杆头z_1=1、模数m=5、直径系数q=10、蜗轮齿数z_2=20的蜗杆蜗轮传动，计算蜗轮的其他参数，如表10–4所列。

表10-4 蜗轮的参数表

名 称	符 号	计 算 公 式	计算结果
蜗轮分度圆直径	$d2$	$d_2 = m\, z_2$	100
蜗轮齿顶圆直径	d_{a2}	$d_{a2} = m(z_2 + 2)$	110
蜗轮齿根圆直径	d_{f2}	$df1 = m(z_2 - 2.4)$	88
蜗轮齿宽	b_2	当 $z_1 \leq 3$ 时，$b_2 \leq 0.75\, d_{a1}$	45
齿顶外圆直径	d_{e2}	当 $z_1 = 1$ 时，$d_{e2} \leq d_{a2} + 2m$	120
中心距	a	$a = m/2 \times (q + z)$	75

具体绘制步骤如下。

步骤 01 新建一个DWG文件，调用【图层】命令，创建如下图所示的图层，并将"轮廓线"层置为当前。

步骤 02 调用【矩形】命令，在绘图区域绘制一个55×120的矩形（55为蜗轮的总宽度，120为蜗轮的齿顶外圆直径），结果如下图所示。

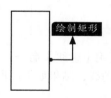

绘制矩形

步骤 03 调用【分解】命令，将上步绘制的矩形进行分解，然后调用【偏移】命令，将矩形的两条竖直边向内侧各偏移5（55-2×5=45即蜗轮宽度），两条水平边向内侧各偏移12.5。结果如下图所示。

进行偏移

步骤 04 调用【修剪】命令，修剪出蜗轮的外轮廓，结果如下图所示。

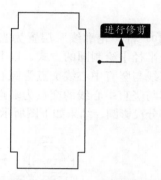

进行修剪

步骤 05 调用【倒角】命令，对蜗轮外轮廓进行 $2 \times 45°$ 的倒角，结果如下图所示。

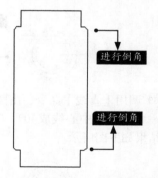

进行倒角

进行倒角

步骤 06 将"中心线"层置为当前，调用【直线】命令，绘制两条中心线，结果如下图所示。

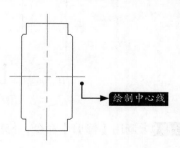

绘制中心线

步骤 07 调用【偏移】命令，将水平中心线分别向两侧各偏移75（中心距即分度圆的圆心位置）、55（齿顶圆半径）、50（分度圆半径）和44（齿根圆半径），结果如下图所示。

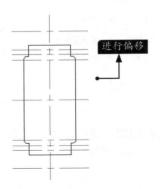

进行偏移

步骤 08 将"轮廓线"层置为当前，调用【圆心、半径】绘制圆的方式，以上步偏移距离75的直线与竖直中心线交点为圆心，以其他偏移距离与竖直中心线的交点为端点，绘制蜗轮的各部分投影圆，结果如下图所示。

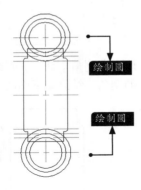

绘制圆

绘制圆

步骤 09 调用【直线】命令，由圆心处向两边各绘制一条与水平中心线成40°（齿宽角）的直线，结果如下图所示。

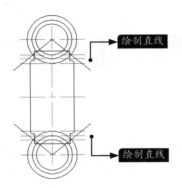

绘制直线

绘制直线

步骤 10 调用【修剪】命令，修剪后保留一侧分

度圆不修剪，并将分度圆放置到"中心线"层上，结果如下图所示。

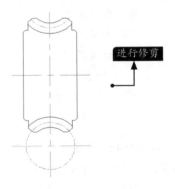

进行修剪

> **小提示**
>
> 　修剪后同时将多余的线删除，并对中心线和分度圆进行调整。

步骤 11 将"中心线"层置为当前，调用【直线】命令，绘制左视图的中心线，结果如下图所示。

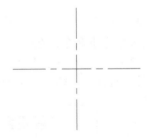

步骤 12 调用【射线】命令，绘制蜗轮在左视图投影的辅助线，结果如下图所示。

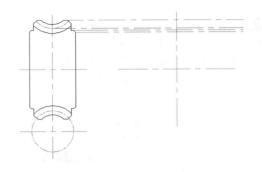

> **小提示**
>
> 　蜗轮在投影为圆的视图上只绘制齿顶外圆和分度圆，不绘制齿顶圆和齿根圆。

步骤⑬ 将"轮廓线"层置为当前，调用【圆心、半径】绘制圆的方式，绘制蜗轮在左视图的投影圆，并将分度圆放置到"中心线"层上，删除辅助线后结果如下图所示。

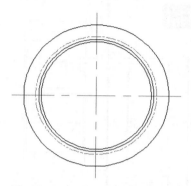

步骤⑭ 调用【圆心、半径】绘制圆的方式，绘制蜗轮的轴孔和倒角圆，半径分别为27.5和29.5，结果如下图所示。

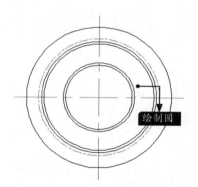

步骤⑮ 调用【偏移】命令，将水平中心线向上侧偏移31.8、竖直中心线向两侧各偏移8，结果如下图所示。

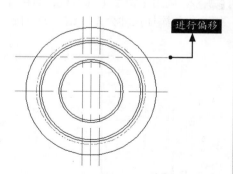

步骤⑯ 调用【修剪】命令，修剪出键槽的形状，并将键槽的轮廓线放置到"轮廓线"层上，结果如右上图所示。

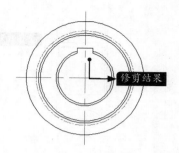

步骤⑰ 调用【射线】命令，绘制蜗轮键槽、轴孔以及轴孔倒角圆在主视图投影的辅助线，结果如下图所示。

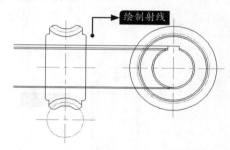

步骤⑱ 调用【偏移】命令，将主视图外轮廓的最外侧两条线分别向内侧偏移2，结果如下图所示。

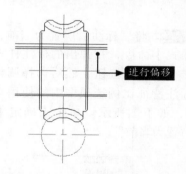

步骤⑲ 调用【直线】命令，绘制轴孔的倒角，结果如下图所示。

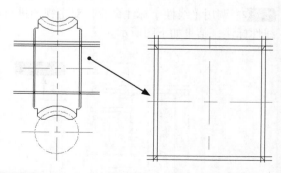

步骤⑳ 调用【修剪】命令，修剪键槽、轴孔以及轴孔倒角在主视图上的投影，结果如下页图所示。

步骤 21 将"剖面线"置为当前，调用【图案填充】命令，对剖视图进行填充，图案选择"ANSI31"，比例设置为"2"，结果如下图所示。

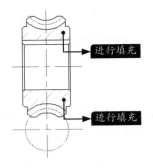

步骤 22 将"标注"层置为当前，调用【标注样式】命令，在弹出的标注样式对话框中单击"修改"按钮，然后选择调整选项卡，将标注特征比例选项框中的使用全局比例改为3，如下图所示。单击【确定】，然后单击"置为当前"。

步骤 23 调用【线性】标注命令，对主视图进行线性标注，结果如下图所示。

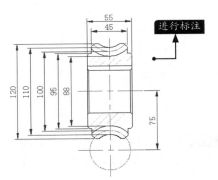

步骤 24 调用【标注间距】命令，选择尺寸为88的标注为基准标注，然后选择95、100、110、120为要产生间距的标注，并设置标注间距为18，结果如下图所示。

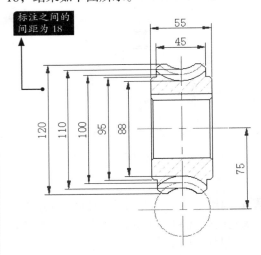

步骤 25 重复线性标注，并添加直径标注、角度标注和形位公差标注，结果如下图所示。

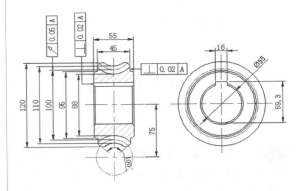

步骤 26 调用【特性】选项板，对标注尺寸进行修改，并添加尺寸公差，结果如下图所示。

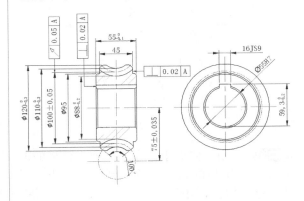

小提示

用特性选项板修改尺寸公差时，对于公差尺寸公差相同的标注，可以采用只标注一个，然后调用【特性匹配】命令，对相同的标注进行特性匹配即可。例如，本例中120、110、88和59.3的尺寸公差相同，那么就可以在特性选项板中给尺寸为120的尺寸添加公差，然后调用【特性匹配】命令，选择标注为120的尺寸，当按钮鼠标变成"刷子"时，分别单击标注为110、88和59.3的尺寸即可完成公差标注。

步骤 27 调用【块选项板】命令，在弹出的【块选项板】▶【当前图形】选项卡中单击【…】按钮，选择素材文件中的基准符号和粗糙度图块，将它们插入图形中，结果如下图所示。

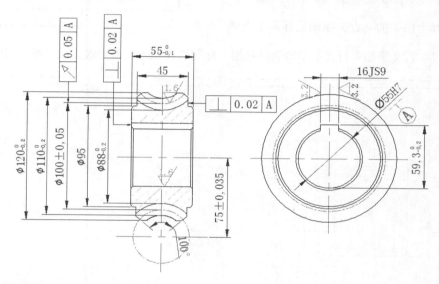

步骤 28 重复**步骤 27**，将图框插入图形中，结果如下图所示。

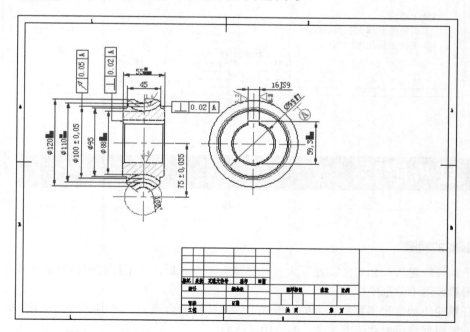

步骤 29 调用【表格】命令，插入一个3列7行、列宽为55行、高为1行的表格，将表格插入图形中后选中表格，如下页图所示。

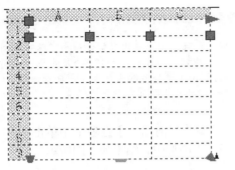

的列宽，结果如下图所示。

步骤 30 选择上图中的夹点，拖动鼠标调整表格的列宽。

步骤 31 通过单行文字和多行文字填写表格数据、标题栏和输入技术要求，结果如下图所示。

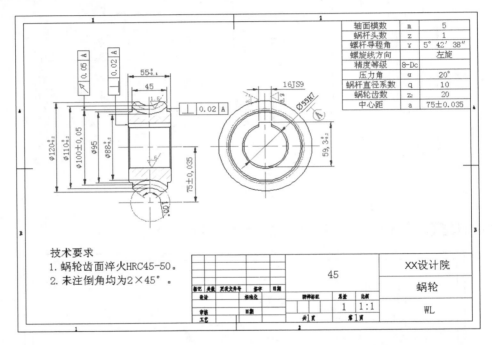

轴面模数	m	5
蜗杆头数	z	1
螺杆导程角	γ	5° 42′ 38″
螺旋线方向		左旋
精度等级		8-Dc
压力角	α	20°
蜗杆直径系数	q	10
蜗轮齿数	z₂	20
中心距	a	75±0.035

技术要求
1. 蜗轮齿面淬火HRC45-50。
2. 未注倒角均为2×45°。

疑难解答

1. 蜗杆蜗轮的润滑

由于蜗杆蜗轮传动相对滑动速度大，发热量大，效率低，为了提高传动效率和寿命，蜗杆蜗轮的润滑就显得十分重要。

蜗杆蜗轮传动常采用黏度较大的润滑油，以增强抗胶合能力，减小磨损。润滑油黏度及润滑方法，一般根据载荷滑动速度选择，如表10-5所列。

表10-5 蜗杆蜗轮润滑油黏度推荐值及润滑方法

滑动速度vs/m·s⁻¹	<1	<2.5	<5	>5~10	>10~15	>15~25	>25
工作条件	重载	重载	中载	——			
运动黏度 γ/mm²·s⁻¹(40℃时)	1 000	680	320	220	150	100	68
润滑方法	浸油润滑			浸油或喷油润滑	喷油润滑压力/MPa		
					0.07	0.2	0.3

采用浸油润滑时，对下置蜗杆传动，浸油深度为蜗杆的一个齿高，且油面不超过蜗杆滚动轴承最下方滚动体的中心，如下左图所示。

当vs>5m/s时，蜗杆搅油阻力太大，此时应采用上置蜗杆，浸油深度可达蜗轮半径的1/3，如下右图所示。

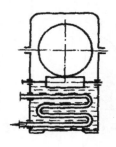
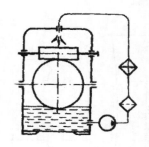

2. 蜗轮的常见结构设计

蜗轮的结构主要有整体式、轮箍式、螺栓联接式和镶铸式4种。

（1）整体式。

整体式适用于直径小于100mm的青铜蜗轮和任意直径的铸铁蜗轮。直径较小时，可用实心或辐板结构；直径较大时，可采用辐板加筋的结构。如下图所示。

（2）轮箍式。

当直径较大时，为了节约有色金属，降低成本，常将蜗轮轮缘用青铜制成，轮芯则采用铸铁。青铜轮缘与铸铁轮芯通常采用H7/r6或H7/s6的公差配合，为防止轮缘滑动，在配合面间加上4~6个螺钉固定。为便于钻孔，螺钉中心线由配合缝向材料较硬的轮芯偏移2~3mm。如

下图所示。

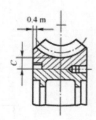

（3）螺栓联接式。

这种结构装拆方便，用于大直径或易磨损的蜗轮。铰制孔螺栓联接，配合公差采用H7/m6，螺栓的尺寸和数目应通过强度校验。如下图所示。

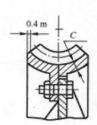

（4）镶铸式。

这种结构在铸铁轮芯上加青铜轮缘，用于大批量生产。如右图所示。

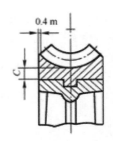

实战练习

（1）绘制以下图形，并计算出阴影部分的面积。

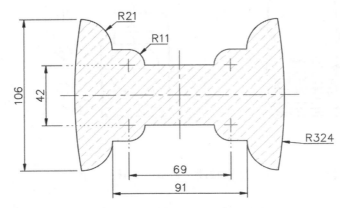

（2）绘制以下图形，并计算出阴影部分的面积。

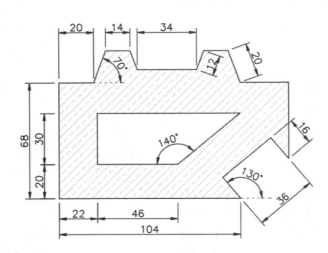

第3篇
案例篇

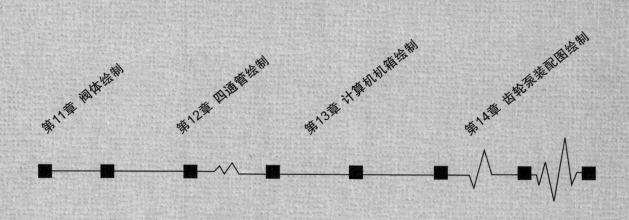

第11章 阀体绘制

第12章 四通管绘制

第13章 计算机机箱绘制

第14章 齿轮泵装配图绘制

第 **11** 章

阀体绘制

学习目标

　　阀体是阀门中的主要零部件，有多种压力等级，主要用来控制流体的方向、压力、流量等，不同规格的阀体所采用的制造工艺有所差别。

学习效果

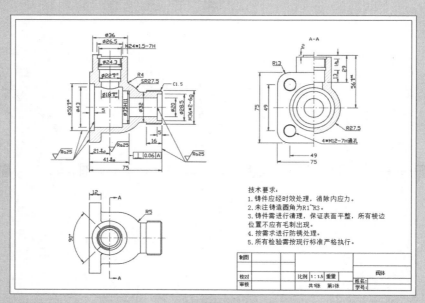

11.1 阀体设计简介

　　阀体在阀门中起着至关重要的作用，下面分别对其设计标准、绘制思路、注意事项进行介绍。

11.1.1 阀体的设计标准

　　中低压规格的阀体通常采用铸造工艺进行生产，中高压规格的阀体通常采用锻造工艺进行生产。下面分别进行介绍。

1. 铸造

　　铸造是将金属熔炼成符合要求的液体并浇进铸型里，经冷却凝固并有效清理后得到有预定形状、尺寸和性能的铸件。铸造是现代机械制造工业的基础工艺。

　　铸造生产的毛坯成本低廉，对于形状复杂，特别是具有复杂内腔的零件，更可以突显经济性。另外，因为铸造的适应性较强，所以更加具有综合机械性能。

　　铸造生产所需要的材料和设备会产生粉尘、噪声等，对环境会有所污染。

　　铸造按造型可以分为普通砂型铸造和特种铸造，铸造工艺通常包括铸型准备、铸造金属的熔化与浇注、铸件处理和检验等。

2. 锻造

　　锻造是利用锻压机械对金属坯料施加压力，使其产生塑性变形以获得具有预定性能、形状和尺寸的锻件。

　　铸造能消除金属的铸态疏松，铸件的机械性能一般情况下优于同样材料的铸件。机械中除形状简单的可用轧制的板材、型材或焊接件外，负载高、工作条件严峻的重要零件大部分采用锻件。

　　锻造按成型方式一般可分为开式锻造和闭模式锻造。锻造用料主要是各种成分的碳素钢和合金钢，以及铝、镁、钛、铜等。

11.1.2 阀体的绘制思路

　　绘制阀体的思路是先设置绘图环境，然后绘制阀体主视图、全剖视图、半剖视图并添加注释。具体绘制思路如表11-1所列。

表11-1 阀体的具体绘制思路

序号	绘图方法	结果	备注
1	设置绘图环境,如图层、文字样式、标注样式、多重引线样式、草图设置等	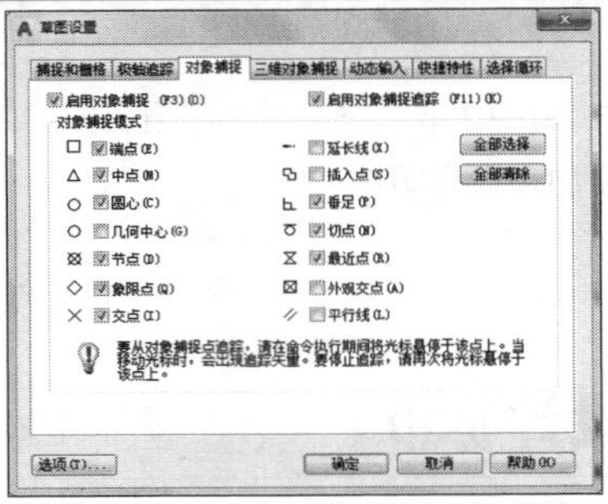	
2	利用直线、矩形、圆、构造线、延伸、镜像、修剪、圆角、倒角、偏移等命令绘制阀体主视图	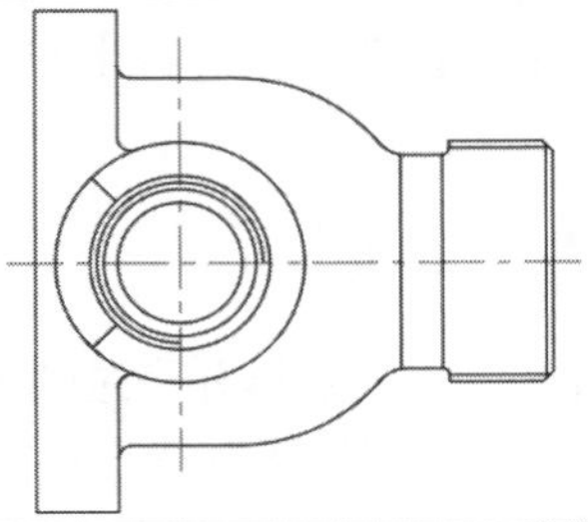	注意fro的应用
3	利用直线、矩形、构造线、圆、圆弧、修剪、圆角、倒角、图案填充等命令绘制阀体全剖视图	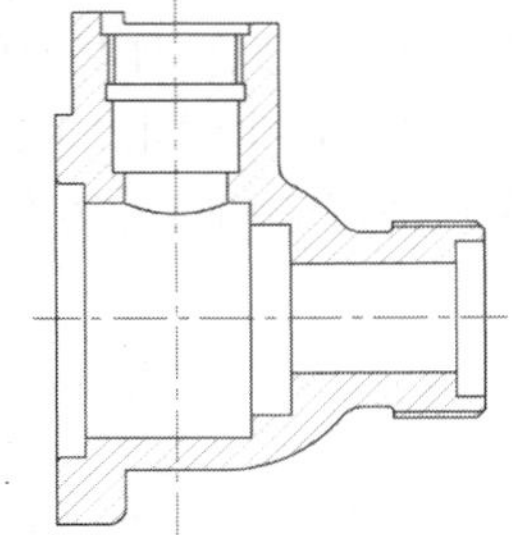	注意视图之间的对应关系
4	利用直线、构造线、圆、偏移、修剪、圆角、图案填充等命令绘制阀体半剖视图	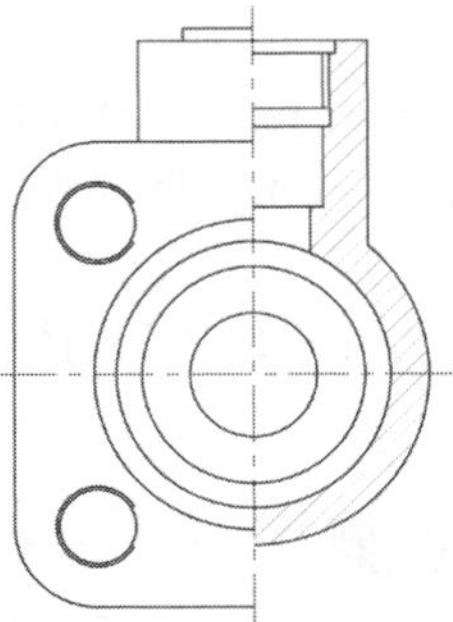	注意视图之间的对应关系
5	利用标注、插入图块、文字等命令为阀体零件图添加注释	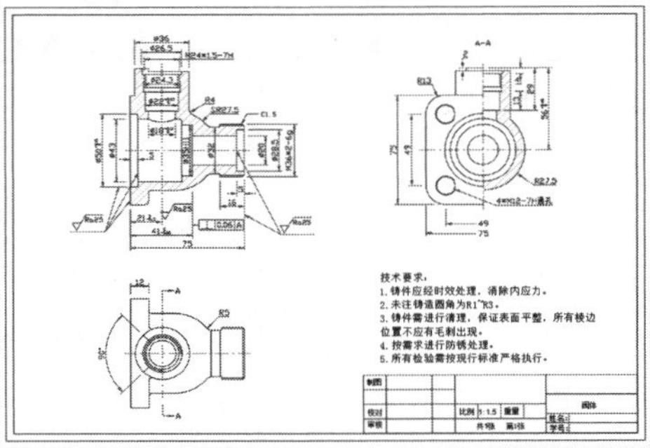	注意标注对象中文字内容的有效处理

11.1.3 阀体设计的注意事项

由于阀门有多种类型，所以阀体的结构形式又分为许多类别，但由于阀体在受力功能方面基本相似，所以阀体在结构上也有共性。下面以阀体的流道和旋启式阀体结构设计为例，对阀体设计的注意事项进行介绍。

1. 阀体的流道

阀体的流道通常可分为直通式、直角式和直流式，进行流道设计时需要注意以下几点。

（1）阀体端口必须为圆形，介质流道应尽可能设计成直线形或流线形，尽量避免介质流动方向的突然改变以及通道形状和截面积的急剧变化，以有效减少流体阻力、腐蚀和冲蚀。

（2）直通式阀体设计时应保证通道喉部的流通面积至少等于阀体端口的截面积。

（3）阀座直径不得小于阀体端口直径（公称通径）的90%。

（4）直流式阀体设计时，阀瓣启闭轴线与阀体流道出口端轴线的夹角通常为45°~60°。

2. 旋启式阀体结构设计

旋启式阀体设计需要注意以下几点。

（1）摇杆回转中心距，即摇杆销轴孔至阀座中心的距离，在整体尺寸允许的情况下要增加一些，从而增大以销轴孔为支点的阀瓣开启力矩。

（2）阀瓣应有适当的开启高度。

（3）阀瓣开启时，必须使流道任意处的横截面面积不小于通道口的截面积。

11.2 绘制阀体

阀体主要包括主视图、全剖面图、半剖视图等，下面分别进行介绍。

11.2.1 设置绘图环境

在绘制图形之前，首先要设置绘图环境，例如图层、文字样式、标注样式、多重引线样式、草图设置等。

1. 设置图层

步骤 01 新建一个DWG文件，选择【格式】▶【图层】菜单命令，系统弹出【图层特性管理器】对话框，新建一个名称为"中心线"的图层，如右图所示。

步骤 02 单击"中心线"图层的颜色按钮，弹出

【选择颜色】对话框，将颜色设置为"红"，单击【确定】按钮，如下图所示。

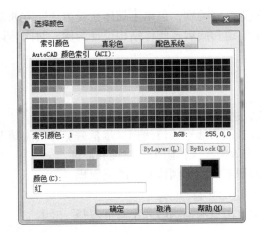

步骤 03 返回【图层特性管理器】对话框，"中心线"图层的颜色已经发生变化，如下图所示。

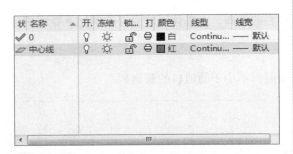

步骤 04 单击"中心线"图层的线宽按钮，弹出【线宽】对话框，选择"0.13mm"，单击【确定】按钮，如下图所示。

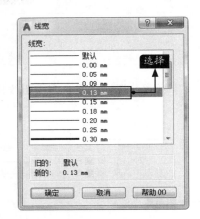

步骤 05 返回【图层特性管理器】对话框，"中心"图层线宽变为"0.13mm"，如右上图所示。

步骤 06 单击"中心线"图层的线型按钮，弹出【选择线型】对话框，单击【加载】按钮，弹出【加载或重载线型】对话框，选择"CENTER"线型，单击【确定】按钮，如下图所示。

步骤 07 返回【选择线型】对话框，选择刚才加载的"CENTER"线型，单击【确定】按钮，如下图所示。

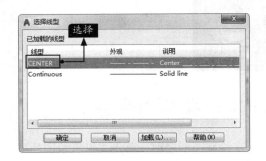

步骤 08 返回【图层特性管理器】对话框，"中心线"图层线型变为"CENTER"，如下图所示。

步骤 09 重复上述步骤，继续创建其他图层，结果如下图所示。

2. 设置文字样式

步骤 01 选择【格式】➤【文字样式】菜单命令，弹出【新建文字样式】对话框，新建一个名称为"机械样式1"的文字样式，如下图所示。

步骤 02 将"机械样式1"的字体设置为"txt.shx"，单击【应用】按钮，并将其置为当前，如下图所示。

步骤 03 继续新建一个名称为"机械样式2"的文字样式，将"机械样式2"的字体设置为"宋体"，单击【应用】按钮，并将"机械样式1"置为当前，如下图所示。

3. 设置标注样式

步骤 01 选择【格式】➤【标注样式】菜单命令，弹出【创建新标注样式】对话框，新建一个名称为"机械标注样式"的标注样式，如下图所示。

步骤 02 单击【继续】按钮，弹出【新建标注样式：机械标注样式】对话框，选择【线】选项卡，进行下图所示的参数设置。

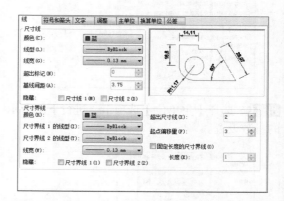

步骤 03 选择【符号和箭头】选项卡，进行下图所示的参数设置。

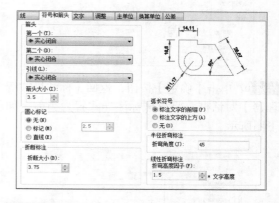

步骤 04 选择【文字】选项卡，进行下页图所示的参数设置。

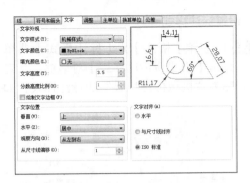

步骤 05 选择【调整】选项卡，进行下图所示的参数设置。

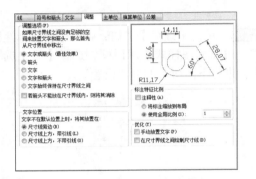

步骤 06 选择【主单位】选项卡，进行下图所示的参数设置。

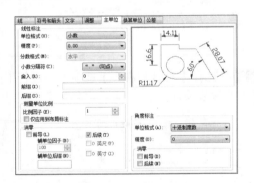

步骤 07 单击【确定】按钮，返回【标注样式管理器】对话框，将机械标注样式置为当前，如下图所示。

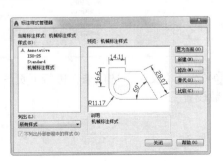

4. 设置多重引线样式

步骤 01 选择【格式】➤【多重引线样式】菜单命令，弹出【创建新多重引线样式】对话框，新建一个名称为"机械样式"的多重引线样式，如下图所示。

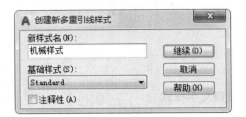

步骤 02 单击【继续】按钮，弹出【修改多重引线样式：机械样式】对话框，选择【引线格式】选项卡，进行下图所示的参数设置。

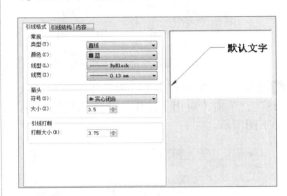

步骤 03 选择【内容】选项卡，进行下图所示的参数设置。

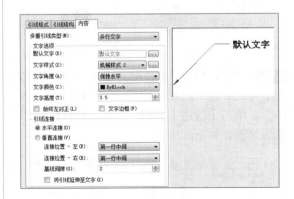

步骤 04 单击【确定】按钮，返回【多重引线样式管理器】对话框，将机械样式置为当前，如下页图所示。

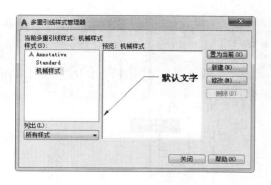

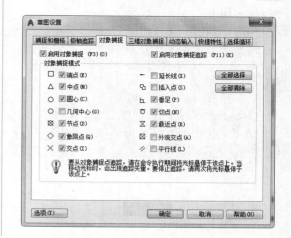

卡，进行相关参数设置，如下图所示。

5. 草图设置

选择【工具】➤【绘图设置】菜单命令，弹出【草图设置】对话框，选择【对象捕捉】选项

11.2.2 绘制主视图

下面综合利用直线、矩形、圆、构造线、延伸、镜像、修剪、圆角、倒角、偏移等命令绘制阀体主视图，具体操作步骤如下。

1. 利用直线、圆、矩形、修剪、镜像、圆角等命令绘制主视图

步骤 01 将"中心线"层置为当前，选择【绘图】➤【直线】菜单命令，在绘图区域的任意位置处绘制一条长度为83的水平直线段，结果如下图所示。

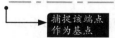

小提示

可以通过【特性】选项板对线型比例进行适当调整。

步骤 02 选择【绘图】➤【直线】菜单命令，命令行提示如下。

```
命令：_line
指定第一个点：fro
基点：  // 捕捉步骤 01 绘制的直线段
的左侧端点
<偏移>：@25，-31.5
指定下一点或 [ 放弃 (U)]：@0，65
指定下一点或 [ 退出 (E)/ 放弃 (U)]：  // 按
【Enter】键结束直线命令
```

结果如下图所示。

步骤 03 将"轮廓线"层置为当前，选择【绘图】➤【圆】➤【圆心、半径】菜单命令，捕捉两条中心线的交点作为圆心，分别绘制半径为9、11、13、18的同心圆，结果如下图所示。

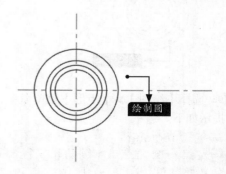

绘制圆

步骤 04 选择【绘图】➤【直线】菜单命令，命令行提示如下。

```
命令：_line
指定第一个点：fro
基点： // 捕捉步骤03绘制的圆形的圆心点
<偏移>：@-13<-45
指定下一点或[放弃(U)]：@-5<-45
指定下一点或[退出(E)/放弃(U)]： // 按
【Enter】键结束直线命令
```

结果如下图所示。

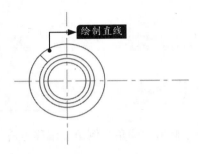

绘制直线

步骤 05 选择【修改】➤【镜像】菜单命令，命令行提示如下。

```
命令：_mirror
选择对象： // 选择步骤04~05绘制的直线段
选择对象： // 按【Enter】键确认
指定镜像线的第一点： // 捕捉水平中心线的左侧端点
指定镜像线的第二点： // 捕捉水平中心线的右侧端点
要删除源对象吗？[是(Y)/否(N)]<否>： // 按【Enter】键确认
```

结果如下图所示。

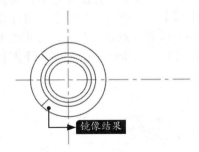

镜像结果

步骤 06 选择【绘图】➤【矩形】菜单命令，命令行提示如下。

```
命令：_rectang
指定第一个角点或[倒角(C)/标高(E)/圆角(F)/厚度(T)/宽度(W)]：fro
```

```
基点： // 捕捉步骤03绘制的圆形的圆心点
<偏移>：@-21,-37.5
指定另一个角点或[面积(A)/尺寸(D)/旋转(R)]：@12,75
```

结果如下图所示。

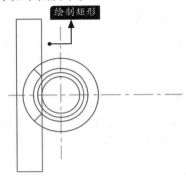

绘制矩形

步骤 07 选择【修改】➤【修剪】菜单命令，选择R18的圆形作为修剪的边界，对刚绘制的矩形进行修剪，结果如下图所示。

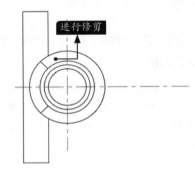

进行修剪

步骤 08 选择【修改】➤【分解】菜单命令，将**步骤 06**~**步骤 07**绘制的矩形分解，结果如下图所示。

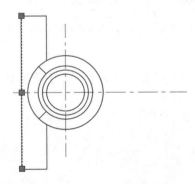

步骤 09 选择【修改】➤【圆角】菜单命令，将圆角半径设置为2，对下页图所示的两个位置进行圆角。

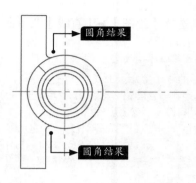

2. 利用构造线、圆、延伸、偏移、修剪、镜像、圆角、倒角等命令绘制主视图

步骤 01 选择【绘图】➤【圆】➤【圆心、半径】菜单命令，命令行提示如下。

```
命令：_circle
指定圆的圆心或 [ 三点 (3P)/ 两点 (2P)/ 切点、切点、半径 (T)]: fro
基点：   // 捕捉步骤 03 绘制的圆形的圆心点
< 偏移 >: @8,0
指定圆的半径或 [ 直径 (D)] <18.0000>: 27.5
结果如下图所示。
```

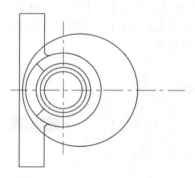

步骤 02 选择【修改】➤【偏移】菜单命令，将最左侧的竖直直线段分别向右侧偏移29和50，结果如下图所示。

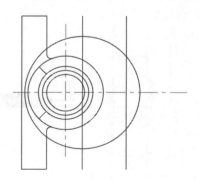

步骤 03 选择【修改】➤【修剪】菜单命令，将步骤 02 通过偏移得到的两条竖直直线段作为修剪的边界，对步骤 01 绘制的圆形进行修剪，结果如下图所示。

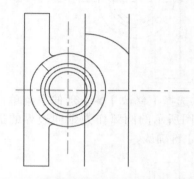

步骤 04 选择步骤 02 通过偏移得到的两条竖直直线段，按【Delete】键将其删除，结果如下图所示。

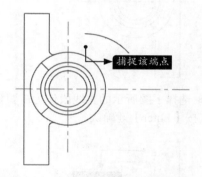

步骤 05 选择【绘图】➤【直线】菜单命令，捕捉步骤 03～步骤 04 绘制的圆弧的左侧端点作为直线的第一个点，绘制一条长度为17的水平直线段，结果如下图所示。

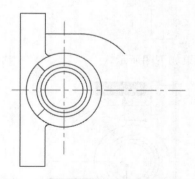

步骤 06 选择【修改】➤【圆角】菜单命令，将圆角半径设置为2，对下页图所示的位置进行圆角。

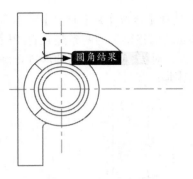

圆角结果

步骤 07 选择【修改】➤【延伸】菜单命令，选择下图所示的圆弧作为延伸边界的边，按【Enter】键确认。

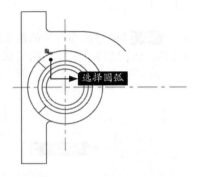

选择圆弧

步骤 08 选择下图所示的直线段作为需要延伸的对象，按【Enter】键确认。

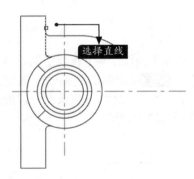

选择直线

结果如下图所示。

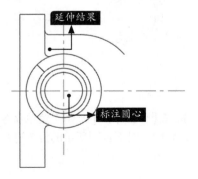

延伸结果

标注圆心

步骤 09 选择【绘图】➤【直线】菜单命令，命令行提示如下。

```
命令：_line
指定第一个点：fro
基点：// 捕捉步骤 08 所示的圆心点
< 偏移 >：@29,16
指定下一点或 [ 放弃 (U)]: @10,0
指定下一点或 [ 退出 (E)/ 放弃 (U)]: @0,2
指定下一点或 [ 关闭 (C)/ 退出 (X)/ 放弃
(U)]: @15,0
指定下一点或 [ 关闭 (C)/ 退出 (X)/ 放弃
(U)]: // 按【Enter】键结束直线命令
```
结果如下图所示。

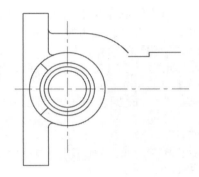

步骤 10 选择【修改】➤【圆角】菜单命令，圆角半径设置为5，选择下图所示的圆弧作为圆角的第一个对象。

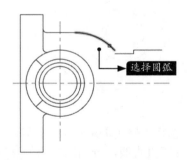

选择圆弧

步骤 11 选择下图所示的直线段作为圆角的第二个对象。

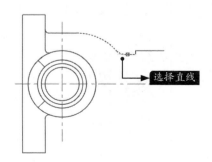

选择直线

结果如下图所示。

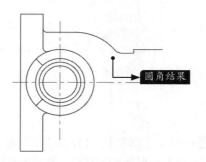

步骤⑫ 选择【修改】▶【圆角】菜单命令，将圆角半径设置为1，对下图所示的位置进行圆角。

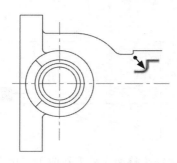

步骤⑬ 选择【修改】▶【镜像】菜单命令，选择下图所示的部分图形作为需要镜像的对象，按【Enter】键确认。

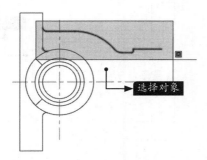

步骤⑭ 捕捉水平中心线的两个端点分别作为镜像线的第一个点和第二个点，并且保留源对象，结果如下图所示。

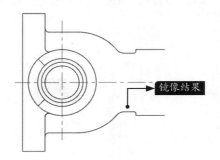

步骤⑮ 选择【绘图】▶【直线】菜单命令，分别捕捉相应端点绘制一条竖直直线段，结果如下图所示。

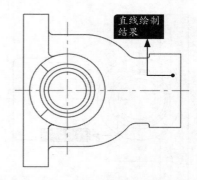

步骤⑯ 选择【修改】▶【倒角】菜单命令，倒角距离设置为1.5，对下图所示的两个位置分别进行倒角。

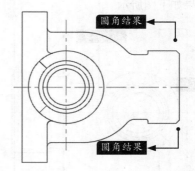

3. 完善细节部分

步骤① 选择【绘图】▶【圆】▶【圆心、半径】菜单命令，命令行提示如下。

```
命令：_circle
    指定圆的圆心或 [ 三点 (3P)/ 两点 (2P)/ 切
点、切点、半径 (T)]: // 捕捉 R18 的圆形的
圆心点
    指定圆的半径或 [ 直径 (D)] <27.5000>: 12
    结果如下图所示。
```

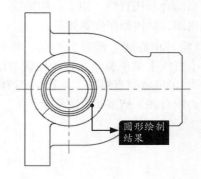

步骤 02 选择【修改】▶【打断】菜单命令，对刚绘制的R12的圆形进行适当的打断操作，结果如下图所示。

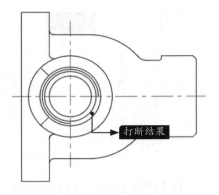

步骤 03 选择【修改】▶【偏移】菜单命令，将最左侧的竖直直线段分别向右侧偏移53、59、74，结果如下图所示。

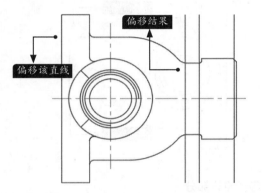

步骤 04 选择【修改】▶【修剪】菜单命令，对刚偏移得到的三条直线段进行修剪操作，结果如右上图所示。

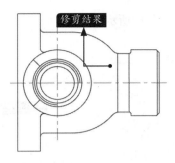

步骤 05 选择【修改】▶【偏移】菜单命令，将水平中心线分别向两侧偏移17，并将偏移得到的对象放置到"轮廓线"图层，结果如下图所示。

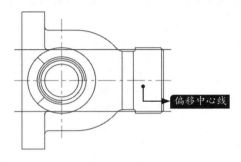

步骤 06 选择【修改】▶【修剪】菜单命令，对刚偏移得到的两条直线段进行修剪操作，结果如下图所示。

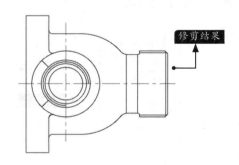

11.2.3 绘制全剖视图

下面综合利用直线、矩形、构造线、圆、圆弧、修剪、圆角、倒角、图案填充等命令绘制阀体全剖视图，具体操作步骤如下。

步骤 01 将"中心线"层置为当前，选择【绘图】▶【直线】菜单命令，在绘图区域绘制一条长度为102的竖直直线段，并且与主视图中的竖直中心线对齐，结果如右图所示。

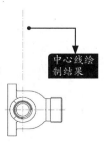

步骤 02 选择【绘图】➤【直线】菜单命令，命令行提示如下。

> 命令：_line
> 指定第一个点：fro
> 基点： // 捕捉步骤 01 绘制的直线段的下侧端点
> ＜偏移＞：@-25,41.75
> 指定下一点或 [放弃 (U)]：@83,0
> 指定下一点或 [退出 (E)/ 放弃 (U)]： // 按【Enter】键结束直线命令

结果如下图所示。

步骤 03 将"轮廓线"层置为当前，选择【绘图】➤【构造线】菜单命令，参考主视图绘制6条竖直构造线，结果如下图所示。

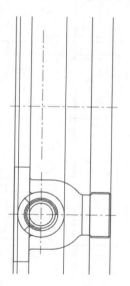

步骤 04 选择【修改】➤【偏移】菜单命令，将全剖视图的水平中心线向上分别偏移16、18、37.5、54、56，向下分别偏移16、18、27.5、37.5，并将偏移得到的直线放置到【轮廓线】图层，结果如右上图所示。

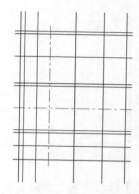

步骤 05 选择【修改】➤【修剪】菜单命令，对**步骤 02**~**步骤 04**得到的图形进行修剪，结果如下图所示。

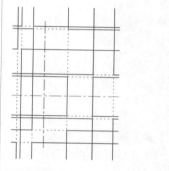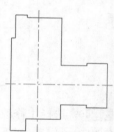

步骤 06 选择【绘图】➤【圆】➤【圆心、半径】菜单命令，命令行提示如下。

> 命令：_circle
> 指定圆的圆心或 [三点 (3P)/ 两点 (2P)/ 切点、切点、半径 (T)]：fro
> 基点： // 捕捉两条中心线的交点
> ＜偏移＞：@8,0
> 指定圆的半径或 [直径 (D)] <12.0000>：27.5

结果如下图所示。

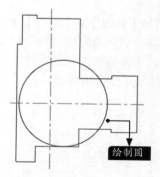

绘制圆

步骤 07 选择【修改】➤【修剪】菜单命令，修剪出需要的圆弧部分，结果如下页图所示。

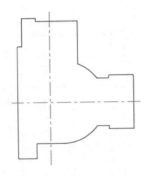

步骤 08 选择【修改】▶【圆角】菜单命令，对下图所示的部分图形进行圆角。

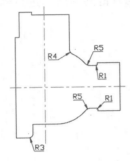

步骤 09 选择【修改】▶【倒角】菜单命令，将倒角距离设置为1.5，对下图所示的部分图形进行倒角。

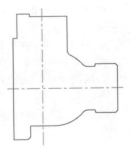

步骤 10 选择【修改】▶【偏移】菜单命令，将水平中心线分别向两侧偏移10、14.25、17.5、21.5、25，并将偏移得到的直线放置到【轮廓线】图层，结果如下图所示。

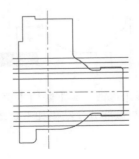

步骤 11 重复调用【偏移】命令，将竖直中心线向左侧偏移16，向右侧分别偏移13、20、49，并将偏移得到的直线放置到【轮廓线】图层，结果如下图所示。

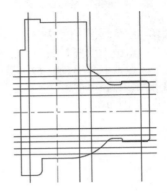

步骤 12 选择【修改】▶【修剪】菜单命令，对**步骤 10**~**步骤 11**得到的图形进行修剪，结果如下图所示。

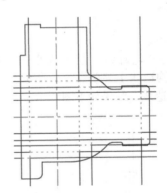

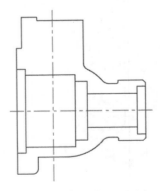

步骤 13 选择【修改】▶【偏移】菜单命令，将水平中心线向上偏移27、40、43、52，并将偏移得到的直线放置到【轮廓线】图层，结果如下页图所示。

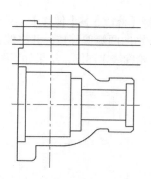

步骤⑭ 重复调用【偏移】命令，将竖直中心线分别向两侧偏移9、11、10.65、12.15、13，并将偏移得到的直线放置到【轮廓线】图层，结果如下图所示。

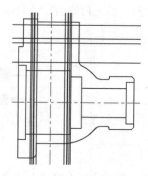

步骤⑮ 选择【修改】▶【修剪】菜单命令，对**步骤**⑬~**步骤**⑭得到的图形进行修剪，结果如下图所示。

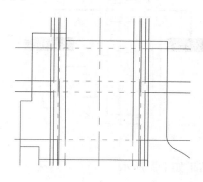

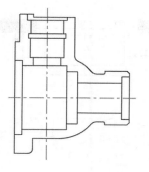

步骤⑯ 选择【绘图】▶【圆弧】▶【起点、端点、半径】菜单命令，捕捉下图所示的端点作为圆弧的起点。

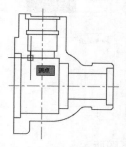

步骤⑰ 继续捕捉下图所示的端点作为圆弧的端点。

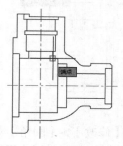

步骤⑱ 在命令行提示下指定圆弧半径为"21.5"，按【Enter】键确认，结果如下图所示。

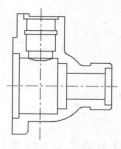

步骤⑲ 选择【修改】▶【修剪】菜单命令，选择**步骤**⑯~**步骤**⑱绘制的圆弧作为修剪的边界，按【Enter】键确认，如下图所示。

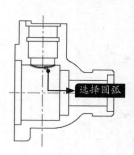

选择圆弧

步骤 20 选择如下图所示的直线段作为需要修剪的对象，按【Enter】键确认，如下图所示。

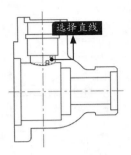

结果如下图所示。

步骤 21 选择【修改】▶【圆角】菜单命令，将圆角半径设置为1，模式设置为不修剪，对下图所示的部分图形进行圆角。

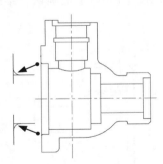

步骤 22 选择【修改】▶【修剪】菜单命令，对下图所示的部分对象进行修剪，结果如下图所示。

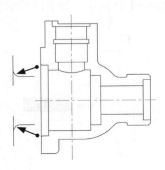

步骤 23 选择【修改】▶【偏移】菜单命令，将水平中心线分别向两侧偏移17，并将偏移得到的直线放置到【轮廓线】图层，结果如下图所示。

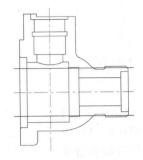

步骤 24 选择【修改】▶【修剪】菜单命令，对步骤 22 得到的图形进行修剪，结果如下图所示。

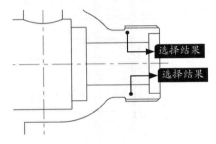

步骤 25 选择【修改】▶【偏移】菜单命令，将下图所示的两条竖直直线段分别向外侧偏移1。

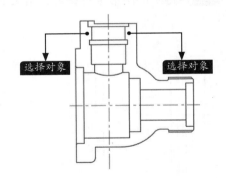

结果如下图所示。

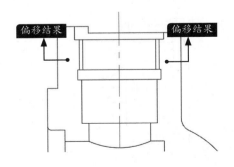

步骤 26 将"剖面线"层置为当前，选择【绘图】▶【图案填充】菜单命令，在弹出的【图案填充创建】选项卡中选择填充图案为"ANSI31"，填充比例设置为"0.7"，填充角度设置为"0"，在绘图区域选择适当的填充区域，然后关闭【图案填充创建】选项卡，结果如右图所示。

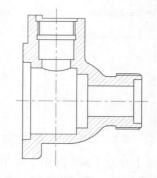

11.2.4 绘制半剖视图

下面综合利用直线、构造线、圆、偏移、修剪、圆角、图案填充等命令绘制阀体半剖视图，具体操作步骤如下。

步骤 01 将"中心线"层置为当前，选择【绘图】▶【直线】菜单命令，在绘图区域绘制一条长度为73的水平直线段，并且与全剖视图中的水平中心线对齐，结果如下图所示。

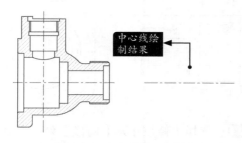

步骤 02 选择【绘图】▶【直线】菜单命令，命令行提示如下。

```
命令：_line
指定第一个点：fro
基点：  // 捕捉步骤 01 绘制的直线段
的左侧端点
< 偏移 >：@41.5,-41.5
指定下一点或 [ 放弃 (U)]：@0,101
指定下一点或 [ 退出 (E)/ 放弃 (U)]：// 按
【Enter】键结束直线命令
```
结果如下图所示。

步骤 03 将"轮廓线"层置为当前，选择【绘图】▶【构造线】菜单命令，参考全剖视图绘制4条水平构造线，结果如下图所示。

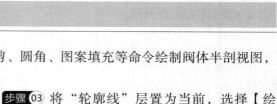

步骤 04 选择【修改】▶【偏移】菜单命令，将半剖视图的竖直中心线向左偏移11、18、37.5，并将偏移得到的直线放置到【轮廓线】图层，结果如下图所示。

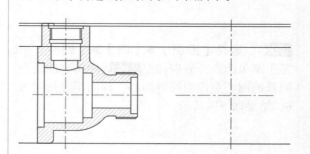

步骤 05 选择【修改】▶【修剪】菜单命令，对步骤 03~步骤 04得到的图形进行修剪，结果如下页图所示。

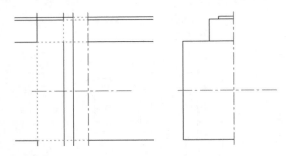

步骤06 选择【修改】►【圆角】菜单命令，将圆角半径设置为13，模式设置为修剪，对下图所示的部分图形进行圆角。

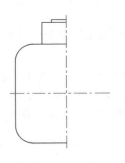

步骤07 选择【绘图】►【圆】►【圆心、半径】菜单命令，分别捕捉**步骤06**中得到的两个圆弧的圆心点作为圆的圆心，圆的半径指定为6，结果如下图所示。

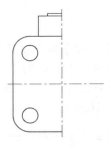

步骤08 选择【绘图】►【圆】►【圆心、半径】菜单命令，捕捉两条中心线的交点作为圆的圆心，圆的半径分别指定为10、17.5、21.5、25、27.5，结果如下图所示。

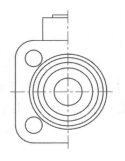

步骤09 选择【修改】►【修剪】菜单命令，将竖直中心线作为修剪的边界，对R25的圆形进行修剪，结果如下图所示。

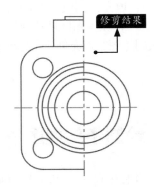

修剪结果

步骤10 选择【绘图】►【构造线】菜单命令，参考全剖视图绘制5条水平构造线，结果如下图所示。

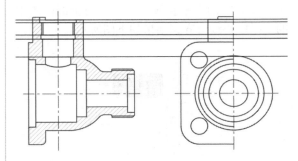

步骤11 选择【修改】►【偏移】菜单命令，将半剖视图的竖直中心线向右偏移9、11、12.15、13、18，并将偏移得到的直线放置到【轮廓线】图层，结果如下图所示。

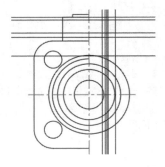

步骤12 选择【修改】►【修剪】菜单命令，对**步骤08**~**步骤11**得到的图形进行修剪，结果如下页图所示。

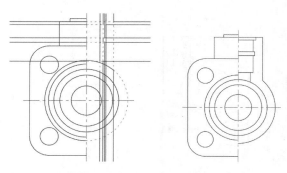

下图所示的竖直直线段向右侧偏移1。

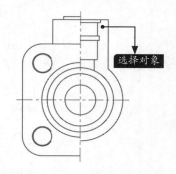

步骤13 选择【绘图】▶【圆】▶【圆心、半径】菜单命令，分别捕捉R6的圆的圆心点作为圆心，圆的半径指定为6.5，结果如下图所示。

结果如下图所示。

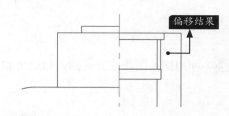

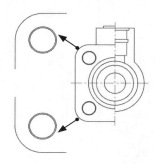

步骤14 选择【修改】▶【打断】菜单命令，对刚绘制的R6.5的圆进行适当的打断操作，结果如下图所示。

步骤16 将"剖面线"层置为当前，选择【绘图】▶【图案填充】菜单命令，在弹出的【图案填充创建】选项卡中选择填充图案为"ANSI31"，填充比例设置为"0.7"，填充角度设置为"0"，在绘图区域选择适当的填充区域，然后关闭【图案填充创建】选项卡，结果如下图所示。

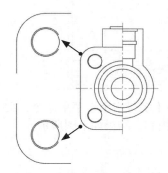

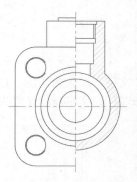

步骤15 选择【修改】▶【偏移】菜单命令，将

11.2.5 添加注释

下面综合利用标注、插入图块以及文字等命令为阀体零件图添加注释，具体操作步骤如下。

步骤01 将"标注"层置为当前，选择标注命令，为阀体零件图添加相应尺寸标注，结果如下页图所示。

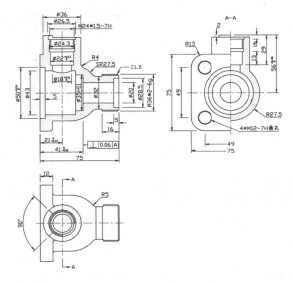

步骤 02 利用插入图块的方式插入粗糙度和图框，结果如下图所示。

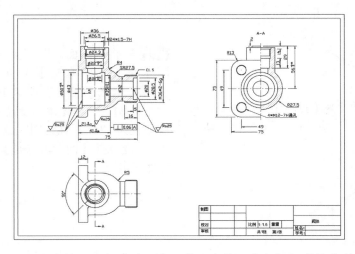

步骤 03 将"文字"层置为当前，选择【绘图】➤【文字】➤【多行文字】菜单命令，文字样式选择"机械样式2"，文字高度设置为"5"，输入适当的文字内容，结果如下图所示。

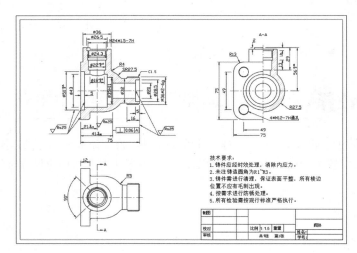

第 **12** 章

四通管绘制

学习目标

　　四通管是一种管件，主要应用于管道汇集的地方，用于连接管道并传输相应介质。本章对四通管的绘制进行介绍。

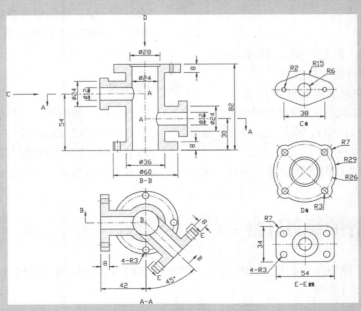

12.1 四通管设计简介

四通管规格很多，但作用基本相同。下面分别对四通管的设计标准、绘制思路、注意事项进行介绍。

12.1.1 四通管的设计标准

四通管是管件中的一种，设计标准可以参考管件。下面对管件的常见标准进行介绍。

1. 国家标准

GB 12459：钢制对焊无缝管件

GB/T 13401：钢板制对焊管件

GB/T 14383：锻钢制承插焊管件

GB/T 14626：锻钢制螺纹管件

GB 9112－9131：钢制管法兰、法兰盖及法兰用垫片

2. 中石化标准

SH 3406：石油化工钢制管法兰

SH 3408：钢制对焊无缝管件

SH 3409：锻钢制承插焊管件

SH 3410：钢板制对焊管件

3. 化工标准

HGJ 514：碳钢、低合金钢无缝对焊管件

HGJ 528：钢制有缝对焊管件

HGJ 10：锻钢制承插焊管件

HGJ 529：锻钢制承插焊、螺纹和对焊接管台

HGJ－44－76－91：钢管制法兰、垫片、紧固件

HG 20592－20635：钢管制法兰、垫片、紧固件

4. 中石油标准

SY/T 0510－1998：钢制对焊管件

SY 5257－91：钢制弯管

5. 美国标准

ASME/ANSI B16.9：工厂制造的锻钢对焊管件

ASME/ANSI B16.11：承插焊和螺纹锻造管件

ASME ANSI B16.28：钢制对焊小半径弯头和回头弯

ASME B16.5：管法兰和法兰配件

MSS SP－43：锻制不锈钢对焊管件

MSS SP－83：承插焊和螺纹活接头

MSS SP－97：承插焊、螺纹和对焊端的整体加强式管座

6. 日本标准

JIS B2311：通用钢制对焊管件

JIS B2312：钢制对焊管件

JIS B2313：钢板制对焊管件

JIS B2316：钢制承插焊管件

12.1.2 四通管的绘制思路

绘制四通管零件图思路是先设置绘图环境，然后绘制四通管剖视图及局部视图并添加注释。具体绘制思路如表12-1所列。

表12-1 四通管的绘制思路

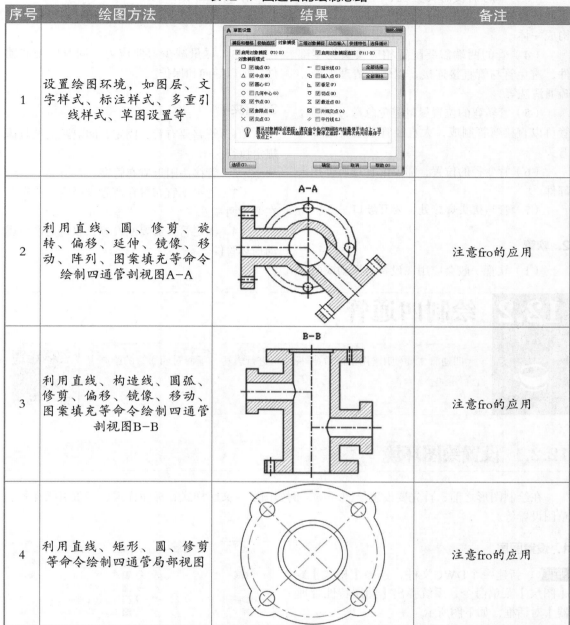

序号	绘图方法	结果	备注
1	设置绘图环境，如图层、文字样式、标注样式、多重引线样式、草图设置等		
2	利用直线、圆、修剪、旋转、偏移、延伸、镜像、移动、阵列、图案填充等命令绘制四通管剖视图A-A		注意fro的应用
3	利用直线、构造线、圆弧、修剪、偏移、镜像、移动、图案填充等命令绘制四通管剖视图B-B		注意fro的应用
4	利用直线、矩形、圆、修剪等命令绘制四通管局部视图		注意fro的应用

12.1.3 四通管设计的注意事项

四通管通常应用于管路中，管路的合理设计与四通管息息相关。下面对管路设计中的常见注意事项进行介绍。

1. 非软管

（1）根据系统技术参数对管的材质、壁厚、通径等进行选择。

（2）对于各类接头零部件进行适当的选择。

（3）管的铺设需要美观、互不干涉，如果靠近设备，应尽量沿设备进行布置，与设备构成一体。

（4）管的两端需要配置相应接头类零部件，避免管与管直接连接，以便于清理焊渣、疏通清洗等。

（5）管转弯的位置尽量避免急弯，小通径管可以直接弯管制成，大直径管选用流线形的弯头。

（6）管变径的位置，需要配置过渡类接头部件。

（7）管与接头焊接处，要开坡口。

2. 软管

（1）软管一般会应用在设备有振动或两个接口有相对运动的环境。

（2）尽量避免软管的过度扭转，以免造成损伤。

（3）尽量减少弯曲应力，同时应安装辅件，加以导向和保护。

3. 管夹

（1）管路要有管夹固定，间隔距离按具体规定执行。

（2）管接头附近应有管夹。

（3）管夹不宜布置在弯管半径内，应布置在弯管两端处。

（4）固定管夹需要刚性好，以避免产生震动损坏管件。

12.2 绘制四通管

四通管主要使用剖视图和局部视图来进行表达，下面对四通管的绘制进行介绍。

12.2.1 设置绘图环境

在绘制图形之前，首先要设置绘图环境，例如图层、文字样式、标注样式、多重引线样式、草图设置等。

1. 设置图层

步骤 01 新建一个DWG文件，选择【格式】➤【图层】菜单命令，系统弹出【图层特性管理器】对话框，如下图所示。

步骤 02 依次创建右图所示的图层。

2. 设置文字样式

步骤 01 选择【格式】➤【文字样式】菜单命令，弹出【新建文字样式】对话框，新建一个名称为"机械样式"的文字样式，如下页图所示。

步骤 02 将"机械样式"的字体设置为"txt.shx",勾选"使用大字体"选项,大字体选择"gbcbig.shx",单击【应用】按钮,并将其置为当前,如下图所示。

3. 设置标注样式

步骤 01 选择【格式】➤【标注样式】菜单命令,弹出【创建新标注样式】对话框,新建一个名称为"机械标注样式"的标注样式,如下图所示。

步骤 02 单击【继续】按钮,弹出【新建标注样式:机械标注样式】对话框,选择【线】选项卡,进行下图所示的参数设置。

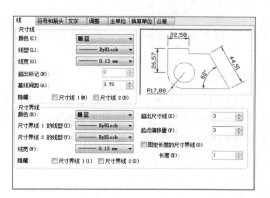

步骤 03 选择【符号和箭头】选项卡,进行下图所示的参数设置。

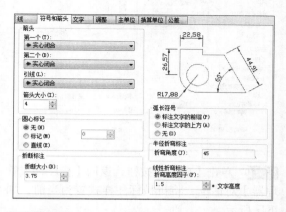

步骤 04 选择【文字】选项卡,进行下图所示的参数设置。

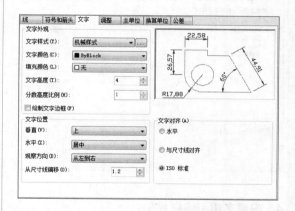

步骤 05 选择【调整】选项卡,进行下图所示的参数设置。

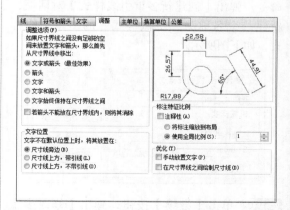

步骤 06 选择【主单位】选项卡,进行下页图所示的参数设置。

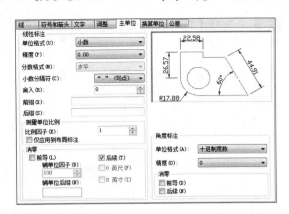

步骤 07 单击【确定】按钮，返回【标注样式管理器】对话框，将机械标注样式置为当前，如下图所示。

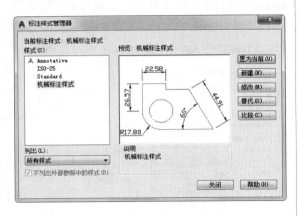

4. 设置多重引线样式

步骤 01 选择【格式】▶【多重引线样式】菜单命令，弹出【创建新多重引线样式】对话框，新建一个名称为"机械样式"的多重引线样式，如下图所示。

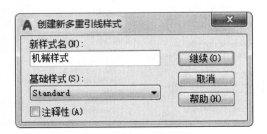

步骤 02 单击【继续】按钮，弹出【修改多重引线样式：机械样式】对话框，选择【引线格式】选项卡，进行右上图所示的参数设置。

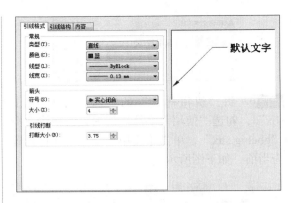

步骤 03 选择【内容】选项卡，进行下图所示的参数设置。

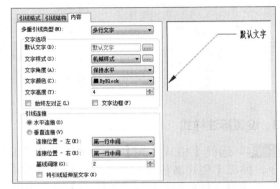

步骤 04 单击【确定】按钮，返回【多重引线样式管理器】对话框，将机械样式置为当前，如下图所示。

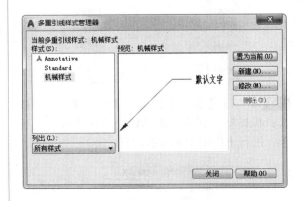

5. 草图设置

选择【工具】▶【绘图设置】菜单命令，弹出【草图设置】对话框，选择【对象捕捉】选项卡，进行相关参数设置，如下页图所示。

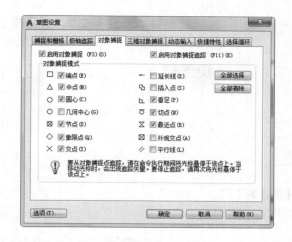

12.2.2 绘制剖视图A-A

下面综合利用直线、圆、修剪、旋转、偏移、延伸、镜像、移动、阵列、图案填充等命令绘制四通管剖视图A-A，具体操作步骤如下。

步骤 01 将"中心线"层置为当前，选择【绘图】➤【直线】菜单命令，在绘图区域任意位置处绘制一条长度为45的水平直线段，如下图所示。

直线绘制结果

> **小提示**
>
> 可以在【特性】选项板中适当调整中心线的线型比例。

步骤 02 选择【绘图】➤【直线】菜单命令，命令行提示如下。

```
命令：_line
指定第一个点：fro
基点：// 捕捉步骤 01 绘制的中心线的
右侧端点
 < 偏移 >：@0,-33
指定下一点或 [ 放弃 (U)]：@0,66
指定下一点或 [ 退出 (E)/ 放弃 (U)]：// 按
【Enter】键结束直线命令
```

结果如右上图所示。

步骤 03 将"轮廓线"层置为当前，选择【绘图】➤【圆】➤【圆心、半径】菜单命令，以两条中心线的交点作为圆心，分别绘制半径为12、18、26、30的圆形，结果如下图所示。

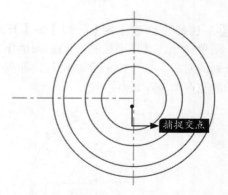

捕捉交点

步骤 04 将R26的圆形放置到"中心线"图层上面，结果如下页图所示。

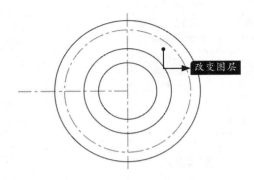

步骤 05 选择【绘图】▶【圆】▶【圆心、半径】菜单命令，捕捉下图所示的交点作为圆心点。

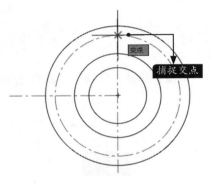

步骤 06 圆的半径指定为3，结果如下图所示。

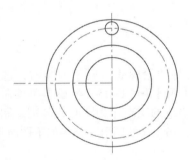

步骤 07 选择【修改】▶【阵列】▶【环形阵列】菜单命令，选择刚绘制的R3的圆形作为需要阵列的对象，按【Enter】键确认，捕捉下图所示的交点作为阵列中心点。

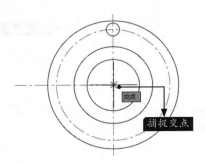

步骤 08 在系统弹出的【阵列创建】选项卡中进行下图所示的参数设置。

步骤 09 在【阵列创建】选项卡中单击【关闭阵列】按钮，结果如下图所示。

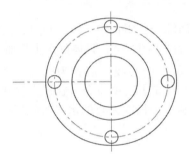

步骤 10 选择下图所示的圆形。

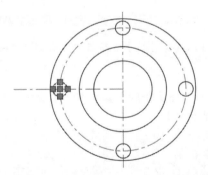

步骤 11 按【Delete】键将其删除，结果如下图所示。

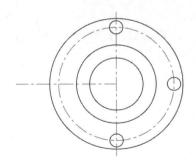

步骤 ⑫ 将水平中心线分别向两侧偏移6、12、27，并将偏移得到的直线段放置到"轮廓线"图层，结果如下图所示。

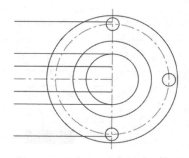

步骤 ⑬ 将竖直中心线向左侧分别偏移34、42，并将偏移得到的直线段放置到"轮廓线"图层，结果如下图所示。

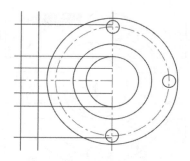

步骤 ⑭ 选择【修改】➤【修剪】菜单命令，对 步骤 ⑫~步骤 ⑬ 偏移得到的图形进行修剪操作，结果如下图所示。

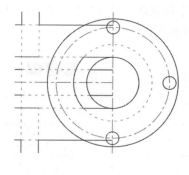

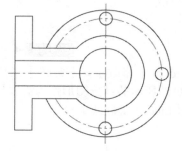

步骤 ⑮ 选择【修改】➤【偏移】菜单命令，选择下图所示的直线段作为需要偏移的对象。

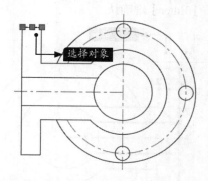

选择对象

步骤 ⑯ 将直线段分别向下偏移4、6、8、46、48、50，结果如下图所示。

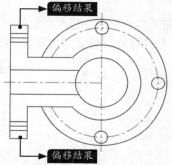

偏移结果

偏移结果

步骤 ⑰ 选择下图所示的两条直线段。

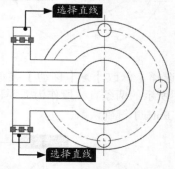

选择直线

选择直线

步骤 ⑱ 对长度进行适当调整，并将其放置到"中心线"图层，结果如下图所示。

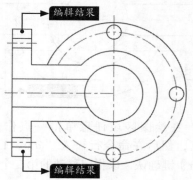

编辑结果

编辑结果

步骤⑲ 选择【修改】➤【镜像】菜单命令，选择如下图所示的部分图形作为需要镜像的对象，按【Enter】键确认。

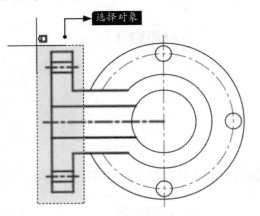

步骤⑳ 在竖直中心线上任意指定两点，以确定镜像线，并且保留源对象，结果如下图所示。

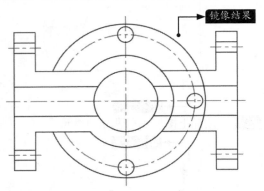

步骤㉑ 选择【修改】➤【移动】菜单命令，选择下图所示的两条直线段作为需要移动的对象，按【Enter】键确认。

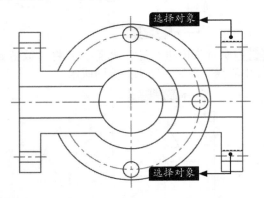

步骤㉒ 在绘图区域任意单击一点作为移动的基点，然后在命令行输入"@0，1"并按【Enter】键确认，以指定移动的第二个点，结

果如下图所示。

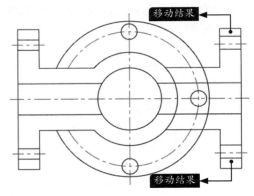

步骤㉓ 继续调用【移动】命令，选择如下图所示的两条直线段作为需要移动的对象，按【Enter】键确认。

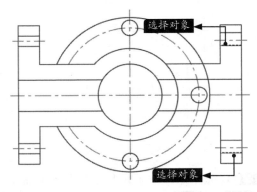

步骤㉔ 在绘图区域任意单击一点作为移动的基点，然后在命令行输入"@0，-1"并按【Enter】键确认，以指定移动的第二个点，结果如下图所示。

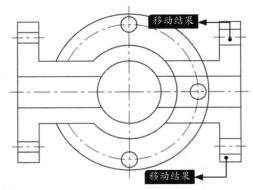

步骤㉕ 选择【修改】➤【旋转】菜单命令，选择下页图所示的部分图形作为需要旋转的对象，按【Enter】键确认。

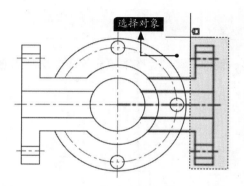

步骤 26 捕捉下图所示的交点作为旋转基点。

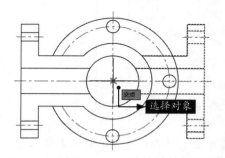

步骤 27 旋转角度设置为 "-45"，结果如下图所示。

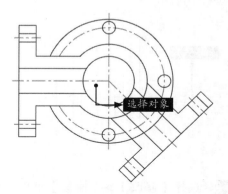

步骤 28 选择【修改】▶【修剪】菜单命令，对部分图形对象进行修剪操作，结果如下图所示。

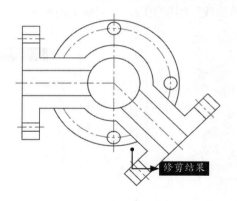

步骤 29 选择【修改】▶【延伸】菜单命令，选择如下图所示的圆形作为延伸的边界，按【Enter】键确认。

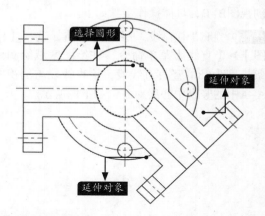

步骤 30 对 步骤 29 中所示的两条直线段进行延伸操作，结果如下图所示。

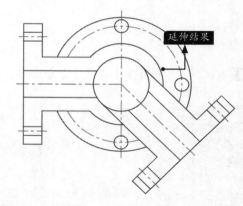

步骤 31 将 "剖面线" 层置为当前，选择【绘图】▶【图案填充】菜单命令，填充图案选择 "ANSI31"，填充比例设置为 "0.5"，填充角度设置为 "0"，对适当的区域进行填充，结果如下图所示。

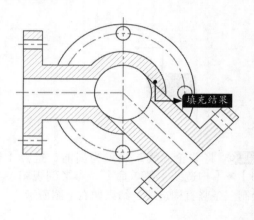

12.2.3 绘制剖视图B-B

下面综合利用直线、构造线、圆弧、修剪、偏移、镜像、移动、图案填充等命令绘制四通管剖视图B-B，具体操作步骤如下。

步骤 01 将"中心线"层置为当前，选择【绘图】➤【直线】菜单命令，在绘图区域绘制一条长度为88的竖直直线段，该直线段与剖视图A-A中的竖直中心线对齐，如下图所示。

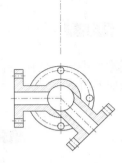

步骤 02 选择【绘图】➤【直线】菜单命令，命令行提示如下。

```
命令：_line
指定第一个点：fro
基点： // 捕捉步骤01绘制的中心线的下侧端点
 <偏移>：@0,57
指定下一点或[放弃(U)]：@-45,0
指定下一点或[退出(E)/放弃(U)]： // 按【Enter】键结束直线命令
结果如下图所示。
```

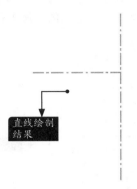

步骤 03 将"轮廓线"层置为当前，选择【绘图】➤【构造线】菜单命令，参考剖视图A-A绘制三条竖直构造线，结果如右上图所示。

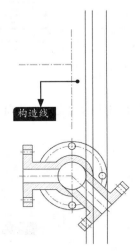

步骤 04 选择【修改】➤【镜像】菜单命令，对刚绘制的三条构造线进行镜像操作，镜像线为剖视图B-B的竖直中心线，并且保留源对象，结果如下图所示。

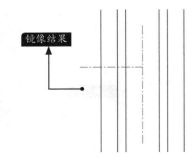

步骤 05 选择【修改】➤【偏移】菜单命令，将剖视图B-B的竖直中心线向左侧偏移29、向右侧偏移33，将偏移得到的两条直线段放置到"轮廓线"图层上面，结果如下图所示。

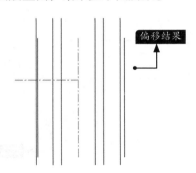

步骤 06 选择【绘图】▶【构造线】菜单命令，捕捉剖视图B-B的两条中心线的交点作为构造线的中点，绘制一条水平构造线，结果如下图所示。

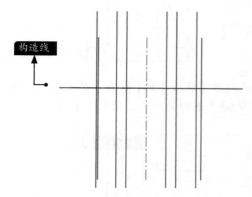

步骤 07 选择【修改】▶【偏移】菜单命令，将刚绘制的水平构造线向下分别偏移46、54，向上分别偏移20、28，结果如下图所示。

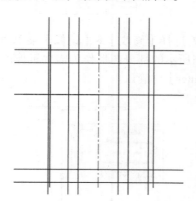

步骤 08 选择【修改】▶【修剪】菜单命令，对步骤 03~步骤 07 绘制的图形进行修剪操作，结果如下图所示。

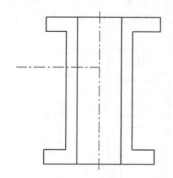

步骤 09 选择【修改】▶【偏移】菜单命令，将竖直中心线分别向两侧各偏移14，并且将偏移得到的直线段放置到"轮廓线"图层上面，然后将步骤 08 中的水平直线段向下偏移2，结果如下图所示。

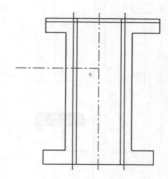

步骤 10 选择【修改】▶【修剪】菜单命令，对步骤 09 绘制的图形进行修剪操作，结果如下图所示。

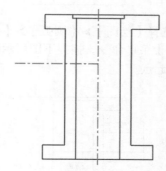

步骤 11 选择【修改】▶【偏移】菜单命令，将水平中心线分别向两侧各偏移6、12、15，然后将竖直中心线向左侧分别偏移34、42，并且将偏移得到的直线段放置到"轮廓线"图层上面，结果如下图所示。

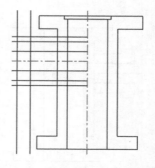

步骤 12 选择【修改】▶【修剪】菜单命令，对步骤 11 绘制的图形进行修剪操作，结果如下页图所示。

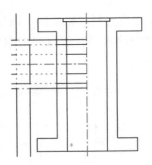

步骤 13 选择【绘图】➤【圆弧】➤【起点、端点、半径】菜单命令，捕捉下图所示的端点作为圆弧的起点。

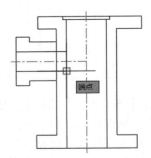

步骤 14 继续捕捉下图所示的端点作为圆弧的端点。

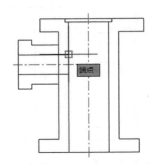

步骤 15 圆弧半径指定为11.5，结果如右上图所示。

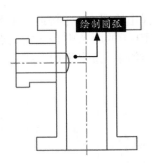

步骤 16 选择【修改】➤【修剪】菜单命令，对图形进行适当的修剪操作，结果如下图所示。

步骤 17 选择【修改】➤【镜像】菜单命令，选择下图所示的部分图形作为需要镜像的对象，按【Enter】键确认。

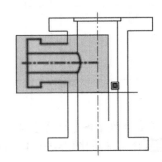

步骤 18 在竖直中心线上面任意指定两点以确定镜像线，并且保留源对象，结果如下图所示。

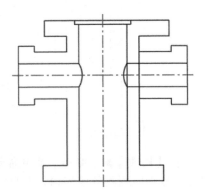

步骤⑲ 选择【修改】➤【移动】菜单命令，选择刚才镜像得到的图形作为需要移动的对象，按【Enter】键确认，然后任意单击一点作为移动基点，在命令行中输入"@0,–24"以指定位移第二点，结果如下图所示。

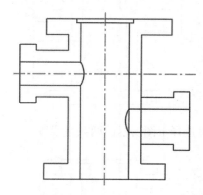

步骤⑳ 选择【修改】➤【拉伸】菜单命令，选择下图所示的部分图形作为需要拉伸的对象，按【Enter】键确认。

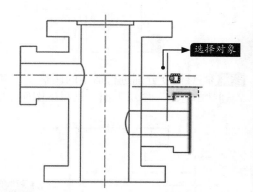

选择对象

步骤㉑ 任意单击一点作为拉伸基点，在命令行中输入"@0，2"以指定拉伸第二点，结果如下图所示。

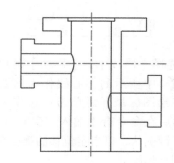

步骤㉒ 对右上图所示的部分图形继续进行拉伸操作。

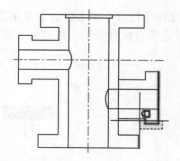

步骤㉓ 任意单击一点作为拉伸基点，在命令行中输入"@0，–2"以指定拉伸第二点，结果如下图所示。

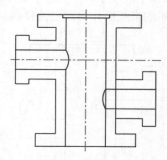

步骤㉔ 对下图所示的部分图形继续进行拉伸操作。

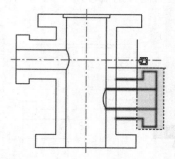

步骤㉕ 任意单击一点作为拉伸基点，在命令行中输入"@–3，0"以指定拉伸第二点，结果如下图所示。

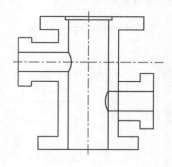

步骤26 选择【修改】➤【修剪】菜单命令，对图形进行适当的修剪操作，结果如下图所示。

步骤27 选择【修改】➤【偏移】菜单命令，选择下图所示的直线段作为需要偏移的对象。

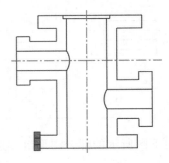

步骤28 向右侧分别偏移1.5、4、6.5，结果如下图所示。

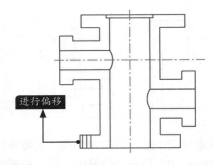

步骤29 继续选择【偏移】命令，选择下图所示的直线段作为需要偏移的对象。

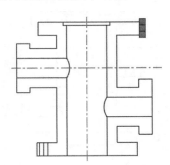

步骤30 向左侧分别偏移7、8.5、10，结果如下图所示。

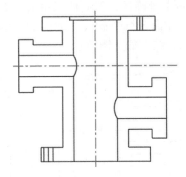

步骤31 选择下图所示的两条直线段。

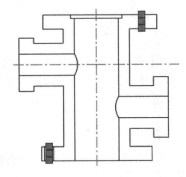

步骤32 对长度分别进行适当的调整，并将其放置到"中心线"图层上面，结果下图所示。

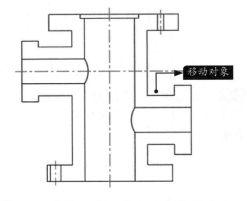

步骤33 选择【修改】➤【移动】菜单命令，选择步骤32中所示的中心线作为需要移动的对象，在绘图区域任意单击一点作为移动的基点，然后在命令行中输入"@0,-24"并按【Enter】键确认，以指定位移的第二个点，结果如下页图所示。

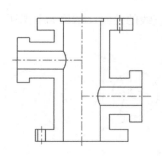

度设置为"0",对适当的区域进行填充,结果如下图所示。

步骤 34 将"剖面线"层置为当前,选择【绘图】➤【图案填充】菜单命令,填充图案选择"ANSI31",填充比例设置为"0.5",填充角

12.2.4 绘制局部视图

下面综合利用直线、矩形、圆、修剪等命令绘制四通管局部视图,具体操作步骤如下。

1. 绘制C向视图

步骤 01 将"中心线"层置为当前,选择【绘图】➤【直线】菜单命令,在绘图区域的任意位置处绘制一条长度为60的水平直线段,如下图所示。

步骤 02 选择【绘图】➤【直线】菜单命令,命令行提示如下。

```
命令：_line
指定第一个点：fro
基点： // 捕捉步骤01绘制的中心线的下侧端点
＜偏移＞：@30,–18
指定下一点或 [ 放弃(U)]：@0,36
指定下一点或 [ 退出(E)/ 放弃(U)]： // 按
【Enter】键结束直线命令
结果如下图所示。
```

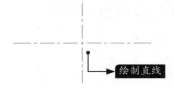

绘制直线

步骤 03 将"轮廓线"层置为当前,选择【绘图】➤【圆】➤【圆心、半径】菜单命令,捕捉两条中心线的交点作为圆心点,半径分别指定为6、15,结果如右图所示。

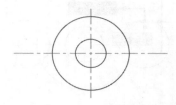

步骤 04 继续选择【圆心、半径】绘制圆的方式,命令行提示如下。

```
命令：_circle
指定圆的圆心或 [ 三点(3P)/ 两点(2P)/ 切点、切点、半径(T)]：fro
基点： // 捕捉两条中心线的交点
＜偏移＞：@–19,0
指定圆的半径或 [ 直径(D)] <8.0000>：8
命令：_circle
指定圆的圆心或 [ 三点(3P)/ 两点(2P)/ 切点、切点、半径(T)]：fro
基点： // 捕捉两条中心线的交点
＜偏移＞：@–19,0
指定圆的半径或 [ 直径(D)] <8.0000>：2
命令：_circle
指定圆的圆心或 [ 三点(3P)/ 两点(2P)/ 切点、切点、半径(T)]：fro
基点： // 捕捉两条中心线的交点
＜偏移＞：@19,0
指定圆的半径或 [ 直径(D)] <2.0000>：8
命令：_circle
指定圆的圆心或 [ 三点(3P)/ 两点(2P)/ 切点、切点、半径(T)]：fro
基点： // 捕捉两条中心线的交点
```

< 偏移 >：@19,0
指定圆的半径或 [直径 (D)] <8.0000>：2
结果如下图所示。

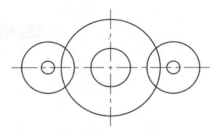

步骤 05 选择【绘图】➤【直线】菜单命令，按住【Shift】键单击鼠标右键，在弹出的快捷菜单中选择"切点"，捕捉下图所示的切点位置。

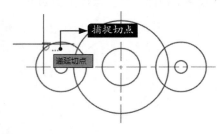

步骤 06 继续按住【Shift】键单击鼠标右键，在弹出的快捷菜单中选择"切点"，捕捉下图所示的切点位置。

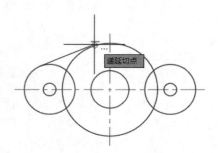

步骤 07 按【Enter】键结束【直线】命令，结果如下图所示。

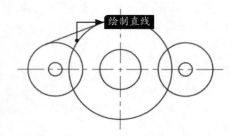

步骤 08 重复 **步骤 05**~**步骤 07** 的操作，继续进行

另外三条直线的绘制，结果如下图所示。

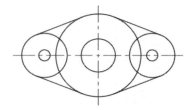

步骤 09 选择【修改】➤【修剪】菜单命令，对C向视图进行适当的修剪操作，结果如下图所示。

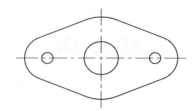

2. 绘制D向视图

步骤 01 将"中心线"层置为当前，选择【绘图】➤【直线】菜单命令，在绘图区域的任意位置处单击一点作为直线第一个点，然后在命令行中输入"@72<45"并按【Enter】键结束直线命令，结果如下图所示。

步骤 02 选择【修改】➤【旋转】菜单命令，选择刚才绘制的中心线作为需要旋转的对象，捕捉中心线中点作为旋转基点，然后在命令行中输入"C"并按【Enter】键确认，旋转角度设置为"90"，结果如下图所示。

步骤 **03** 将"轮廓线"层置为当前，选择【绘图】➤【圆】➤【圆心、半径】菜单命令，捕捉两条中心线的交点作为圆心点，半径分别指定为12、14、26、29，结果如下图所示。

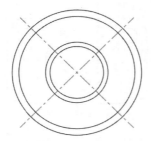

步骤 **04** 将R26的圆形放置到"中心线"图层上面，结果如下图所示。

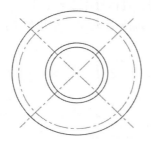

步骤 **05** 选择【绘图】➤【圆】➤【圆心、半径】菜单命令，分别捕捉中心线和R26的交点作为圆心，绘制半径为3和7的同心圆，结果如下图所示。

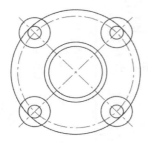

步骤 **06** 选择【修改】➤【修剪】菜单命令，对D向视图进行适当的修剪操作，结果如下图所示。

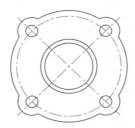

3. 绘制E-E旋转视图

步骤 **01** 将"中心线"层置为当前，选择【绘图】➤【直线】菜单命令，在绘图区域的任意位置绘制一条长度为60的水平中心线，结果如下图所示。

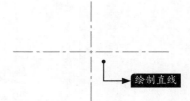

步骤 **02** 选择【绘图】➤【直线】菜单命令，命令行提示如下。

命令：_line
指定第一个点：fro
基点： // 捕捉步骤 01 绘制的中心线的左侧端点
< 偏移 >：@30，-20
指定下一点或 [放弃 (U)]：@0，40
指定下一点或 [退出 (E)/ 放弃 (U)]： // 按【Enter】键结束直线命令
结果如下图所示。

步骤 **03** 将"轮廓线"层置为当前，选择【绘图】➤【矩形】菜单命令，命令行提示如下。

命令：_rectang
指定第一个角点或 [倒角 (C)/ 标高 (E)/ 圆角 (F)/ 厚度 (T)/ 宽度 (W)]：f
指定矩形的圆角半径 <0.0000>：7
指定第一个角点或 [倒角 (C)/ 标高 (E)/ 圆角 (F)/ 厚度 (T)/ 宽度 (W)]：fro
基点： // 捕捉两条中心线的交点
< 偏移 >：@-27，-17
指定另一个角点或 [面积 (A)/ 尺寸 (D)/ 旋转 (R)]：@54，34
结果如下图所示。

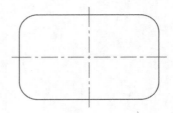

步骤 04 选择【绘图】➤【圆】➤【圆心、半径】菜单命令，捕捉两条中心线的交点作为圆心点，绘制半径为6和12的同心圆，结果如下图所示。

步骤 05 继续选择【圆心、半径】绘制圆形的方式，分别捕捉矩形4个角圆弧的圆心作为圆形的圆心点，绘制半径为3的四个圆形，结果如下图所示。

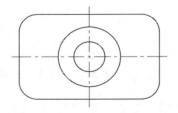 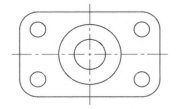

12.2.5 添加注释

下面综合利用标注及文字等命令为四通管零件图添加注释，具体操作步骤如下。

步骤 01 将"注释"层置为当前，选择【标注】命令为各视图添加标注对象，结果如下图所示。

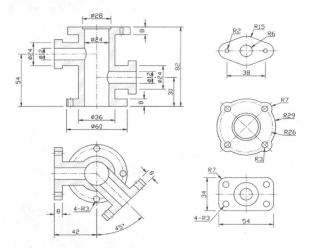

步骤 02 选择【文字】命令为各视图添加注释对象，结果如下图所示。

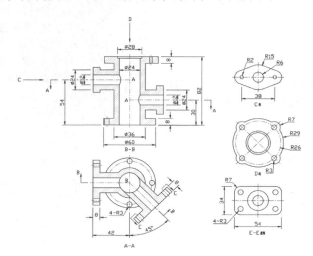

第 **13** 章

计算机机箱绘制

伴随着计算机的广泛应用，计算机机箱也不可缺少地进入了人们的工作及生活中。本章以最常见的安装ITX主板的计算机机箱为例对机箱进行介绍。

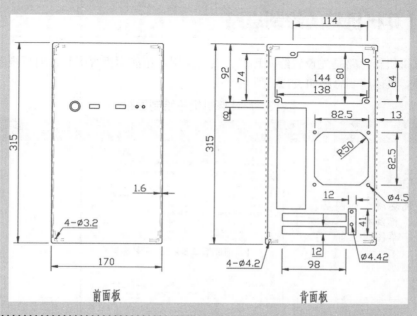

前面板   背面板

13.1 计算机机箱设计简介

计算机机箱主要对计算机主机中的零部件起固定和防护的作用。下面分别对机箱的设计标准、绘制思路、注意事项进行介绍。

13.1.1 计算机机箱的设计标准

计算机机箱常见标准如下。

（1）按键的固定形式有卡勾、螺丝、过盈配合、热融等。

（2）用弹性悬壁连接获取行程的按键，弹壁连接处要有足够的强度，防止因为力集中而断裂。

（3）需要用透明脆性材料弹出的按键，弹壁如果有断裂可能，可以在按键上面设计顶柱结构，防止按动的力直接作用在弹壁上，使弹壁压断后按键下陷丧失功能。

（4）按键作用力不正对电子件的时候，特别需要注意面板在按动方向上的台阶情况，防止卡键。

（5）有弹簧回弹结构的按键，弹簧固定要稳定准确，防止施力不均造成卡键或回弹感觉差。

（6）按键面积大的情况下，要保证按键的导向结构准确稳定，不能出现按键过程中按键的扭曲或歪斜，否则容易造成卡键。

（7）多个灯和按键在一起的，需要注意灯、按键、缝隙之间的蹿光和漏光，可以在主面板中加挡墙结构分隔光线。

（8）按键表面有喷漆或电镀字符的，需要注意耐磨性，防止漆或电镀褪色或碎裂。

（9）灯键一体的按键直接卡在铁板上的，安装时需要注意面板上的结构，不可以把按键碰歪，防止安装后出现功能问题。

13.1.2 计算机机箱的绘制思路

绘制计算机机箱思路是先设置绘图环境，然后绘制机箱前面板视图和背面板视图，并添加尺寸及文字注释。具体绘制思路如表13-1所列。

表13-1 计算机机箱绘制思路

序号	绘图方法	结果	备注
1	设置绘图环境，如图层、文字样式、标注样式、多重引线样式、草图设置等		

序号	绘图方法	结果	备注
2	利用直线、矩形、圆、复制、镜像、圆角、修剪、分解、偏移等命令绘制计算机机箱前面板视图	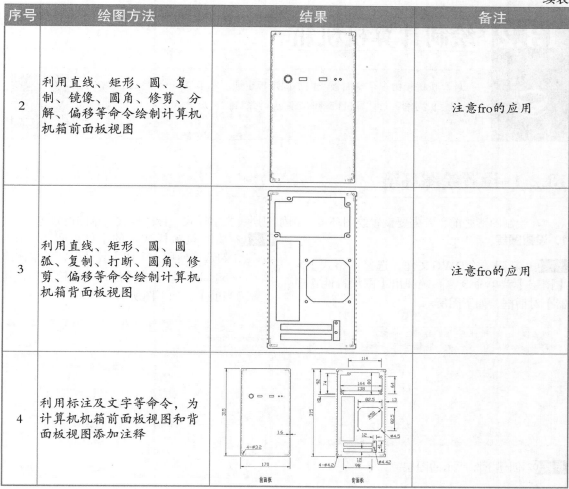	注意fro的应用
3	利用直线、矩形、圆、圆弧、复制、打断、圆角、修剪、偏移等命令绘制计算机机箱背面板视图		注意fro的应用
4	利用标注及文字等命令，为计算机机箱前面板视图和背面板视图添加注释		

13.1.3 计算机机箱设计的注意事项

计算机机箱常见的注意事项如下。

（1）设计机箱时必须考虑机箱内元器件相互之间的电磁干扰以及热量的影响，以保证计算机性能的稳定性。

（2）计算机机箱需要有良好的强度及刚度，以免产生变形，引起接触不良、插接件卡滞、受振荡后损坏元器件等问题。

（3）可以根据实际工作环境和使用条件，采取相应措施以提高计算机的稳定性，延长使用寿命。

（4）为了便于操作使用和安装检修，计算机机箱的结构不能太过复杂，安装拆卸要方便。

（5）面板上的各类控制单元需要进行合理的布局，除了使用方便之外，还要综合考虑人身安全等因素。

（6）结构与工艺是密切相关的，计算机机箱结构的设计必须有良好的工艺措施来保证。

（7）计算机机箱结构设计过程中尽量减少特殊零部件的数量，增加通用件的数量，多采用标准化的零部件。

13.2 绘制计算机机箱

计算机机箱由多个侧面板及内部固定板组成。本节以机箱中比较典型的面板和背板为例，对计算机机箱的绘制进行介绍。

13.2.1 设置绘图环境

在绘制图形之前，首先要设置绘图环境，例如图层、文字样式、标注样式、草图设置等。

1. 设置图层

步骤 01 新建一个DWG文件，选择【格式】➤【图层】菜单命令，系统弹出【图层特性管理器】对话框，如下图所示。

步骤 02 创建下图所示的图层。

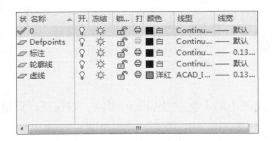

2. 设置文字样式

步骤 01 选择【格式】➤【文字样式】菜单命令，弹出【新建文字样式】对话框，新建一个名称为"机械样式"的文字样式，如下图所示。

步骤 02 将"机械样式"的字体设置为"txt.shx"，勾选【使用大字体】复选框，大字体选择"gbcbig.shx"，单击【应用】按钮，并将其【置为当前】，如下图所示。

3. 设置标注样式

步骤 01 选择【格式】➤【标注样式】菜单命令，弹出【创建新标注样式】对话框，新建一个名称为"机械标注样式"的标注样式，如下图所示。

步骤 02 单击【继续】按钮，弹出【新建标注样式：机械标注样式】对话框，选择【线】选项

卡，进行下图所示的参数设置。

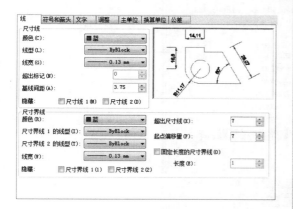

步骤 03 选择【符号和箭头】选项卡，进行下图所示的参数设置。

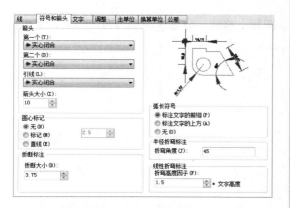

步骤 04 选择【文字】选项卡，进行下图所示的参数设置。

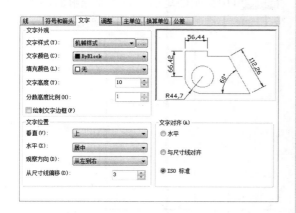

步骤 05 选择【调整】选项卡，进行右上图所示的参数设置。

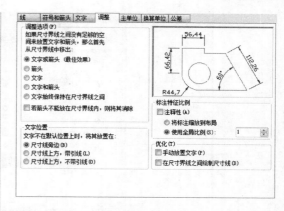

步骤 06 选择【主单位】选项卡，进行下图所示的参数设置。

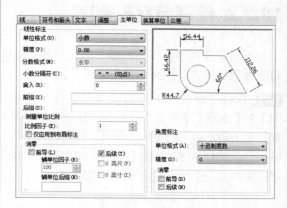

步骤 07 单击【确定】按钮，返回【标注样式管理器】对话框，将机械标注样式置为当前，如下图所示。

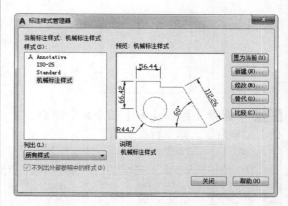

4. 草图设置

选择【工具】▶【绘图设置】菜单命令，弹出【草图设置】对话框，选择【对象捕捉】选项卡，进行相关参数设置，如下页图所示。

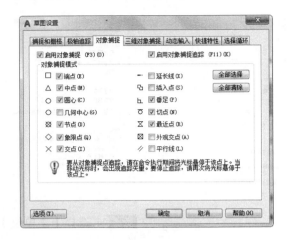

13.2.2 绘制前面板视图

下面综合利用直线、矩形、圆、复制、镜像、圆角、修剪、分解、偏移等命令绘制计算机机箱前面板视图，具体操作步骤如下。

步骤 01 将"轮廓线"层置为当前，选择【绘图】➤【矩形】菜单命令，在绘图区域的任意位置处单击指定矩形的第一个角点，然后在命令行输入"@170，315"并按【Enter】键确认，以指定矩形的另一个角点，结果如下图所示。

步骤 02 选择【绘图】➤【圆】➤【圆心、半径】菜单命令，命令行提示如下。

```
命令：_circle
指定圆的圆心或 [三点(3P)/两点(2P)/切点、切点、半径(T)]: fro
基点：  // 捕捉步骤01绘制的矩形的右下角点
<偏移>: @-6,6
指定圆的半径或 [直径(D)]: 1.6
结果如右上图所示。
```

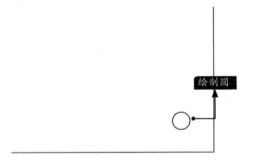

步骤 03 选择【修改】➤【分解】菜单命令，选择**步骤 01**中绘制的矩形作为需要分解的对象，按【Enter】键确认，结果如下图所示。

步骤 04 选择【修改】➤【偏移】菜单命令，将矩形右侧的竖直直线段向左侧分别偏移3、6、9、19，结果如下页图所示。

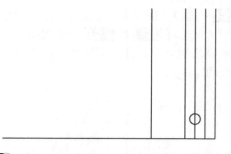

步骤 05 继续选择【偏移】命令，将矩形底边向上分别偏移4、7、9、19，结果如下图所示。

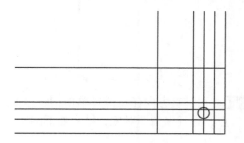

步骤 06 选择【修改】▶【修剪】菜单命令，对步骤 04～步骤 05 中绘制的图形进行修剪，结果如下图所示。

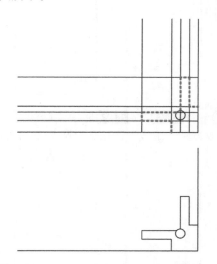

步骤 07 选择【修改】▶【圆角】菜单命令，圆角半径设置为0.5，选择下图所示的直线段作为圆角的第一个对象。

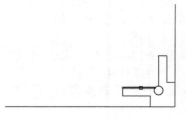

步骤 08 继续选择如下图所示的圆形作为圆角的第二个对象。

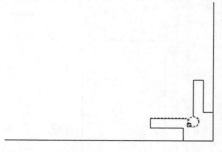

结果如下图所示。

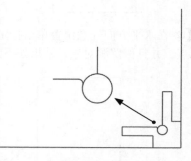

步骤 09 选择下图所示的部分图形对象。

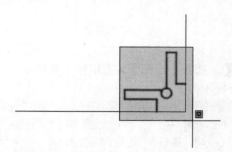

步骤 10 将对象放置到"虚线"层后，结果如下图所示。

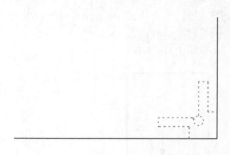

> **小提示**
>
> 可以在【特性】选项板中适当调整线型比例。

步骤⑪ 选择【修改】▶【镜像】菜单命令，选择绘图区域所有虚线图层的对象作为需要镜像的对象，捕捉下图所示的中点作为镜像线的第一点。

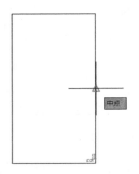

步骤⑫ 在水平方向任意位置单击指定镜像线的第二点，并且保留源对象，结果如下图所示。

步骤⑬ 选择【绘图】▶【矩形】菜单命令，命令行提示如下。

```
命令：_rectang
指定第一个角点或 [ 倒角 (C)/ 标高 (E)/
圆角 (F)/ 厚度 (T)/ 宽度 (W)]: fro
基点： // 捕捉步骤 01 中绘制的矩形
的右下角点
＜偏移＞: @-1.4,9
指定另一个角点或 [ 面积 (A)/ 尺寸 (D)/
旋转 (R)]: @-1.6,297
结果如下图所示。
```

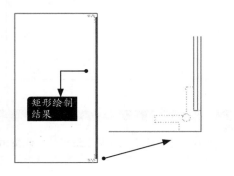

矩形绘制结果

步骤⑭ 选择【修改】▶【镜像】菜单命令，在绘图区域选择步骤 02～步骤 13 绘制的图形作为需要镜像的对象，捕捉下图所示的中点作为镜像线的第一点。

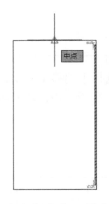

步骤⑮ 在竖直方向任意位置单击指定镜像线的第二点，并且保留源对象，结果如下图所示。

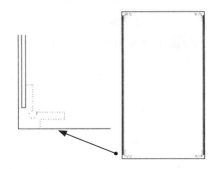

步骤⑯ 将步骤 13 ～步骤 15 中绘制的两个矩形全部放置到"虚线"图层，结果如下图所示。

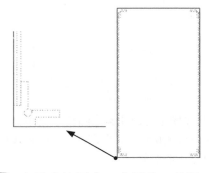

步骤⑰ 选择【绘图】▶【圆】▶【圆心、半径】菜单命令，命令行提示如下。

```
命令：_circle
指定圆的圆心或 [ 三点 (3P)/ 两点 (2P)/ 切
点、切点、半径 (T)]: fro
基点： // 捕捉步骤 01 中绘制的矩形
```

的左上角点

 < 偏移 >: @35,−100

 指定圆的半径或 [直径 (D)] <6.0000>: 6

 命令 : _circle

 指定圆的圆心或 [三点 (3P)/ 两点 (2P)/ 切点、切点、半径 (T)]: fro

 基点： // 捕捉步骤 01 中绘制的矩形的左上角点

 < 偏移 >: @35,−100

 指定圆的半径或 [直径 (D)] <6.0000>: 8

 命令 : _circle

 指定圆的圆心或 [三点 (3P)/ 两点 (2P)/ 切点、切点、半径 (T)]: fro

 基点： // 捕捉步骤 01 中绘制的矩形的左上角点

 < 偏移 >: @130,−100

 指定圆的半径或 [直径 (D)] <8.0000>: 1.75

 命令 : _circle

 指定圆的圆心或 [三点 (3P)/ 两点 (2P)/ 切点、切点、半径 (T)]: fro

 基点： // 捕捉步骤 01 中绘制的矩形的左上角点

 < 偏移 >: @130,−100

 指定圆的半径或 [直径 (D)] <1.7500>: 2

 命令 : _circle

 指定圆的圆心或 [三点 (3P)/ 两点 (2P)/ 切点、切点、半径 (T)]: fro

 基点： // 捕捉步骤 01 中绘制的矩形的左上角点

 < 偏移 >: @140,−100

 指定圆的半径或 [直径 (D)] <2.0000>: 1.75

 命令 : _circle

 指定圆的圆心或 [三点 (3P)/ 两点 (2P)/ 切点、切点、半径 (T)]: fro

 基点： // 捕捉步骤 01 中绘制的矩形的左上角点

 < 偏移 >: @140,−100

 指定圆的半径或 [直径 (D)] <1.7500>: 2

结果如下图所示。

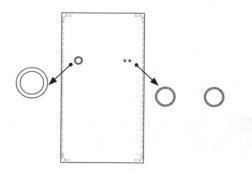

步骤 18 选择【绘图】➤【矩形】菜单命令，命令行提示如下。

 命令 : _rectang

 指定第一个角点或 [倒角 (C)/ 标高 (E)/ 圆角 (F)/ 厚度 (T)/ 宽度 (W)]: fro

 基点： // 捕捉步骤 01 中绘制的矩形的左上角点

 < 偏移 >: @57.5,−103

 指定另一个角点或 [面积 (A)/ 尺寸 (D)/ 旋转 (R)]: @15,6

 命令 : _rectang

 指定第一个角点或 [倒角 (C)/ 标高 (E)/ 圆角 (F)/ 厚度 (T)/ 宽度 (W)]: fro

 基点： // 捕捉步骤 01 中绘制的矩形的左上角点

 < 偏移 >: @97.5,−103

 指定另一个角点或 [面积 (A)/ 尺寸 (D)/ 旋转 (R)]: @15,6

结果如下图所示。

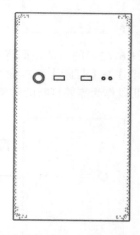

步骤 19 选择【修改】➤【圆角】菜单命令，圆角半径设置为3，将**步骤 01**中绘制的矩形的4个角全部进行圆角操作，结果如下图所示。

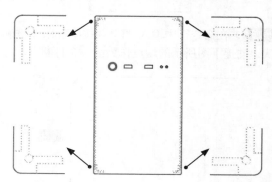

13.2.3 绘制背面板视图

下面综合利用直线、矩形、圆、圆弧、复制、打断、圆角、修剪、偏移等命令绘制计算机机箱背面板视图，具体操作步骤如下。

1. 绘制机箱背面板整体造型

步骤 01 选择【修改】➤【复制】菜单命令，将机箱前面板视图复制一份，结果如下图所示。

步骤 02 选择1.6×297的两个矩形将其删除，然后选择【修改】➤【打断】菜单命令，选择下图所示的直线段作为需要打断的对象。

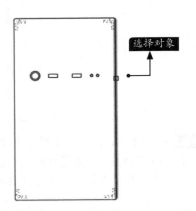

步骤 03 在命令行中输入"f"并按【Enter】键确认，捕捉下图所示的端点作为第一个打断点。

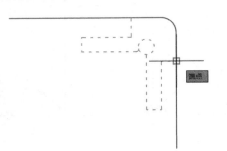

步骤 04 继续捕捉下图所示的端点作为第二个打断点。

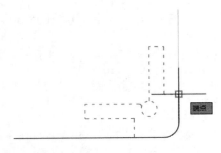

结果如下图所示。

步骤 05 对另一侧执行相同的打断操作，结果如下图所示。

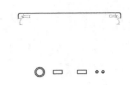

步骤 06 选择【绘图】➤【直线】菜单命令，捕捉下页图所示的端点作为直线的第一个点。

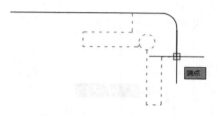

步骤07 在命令行中输入"@-3,0""@0,-297""@3,0",并分别按【Enter】键确认,结束【直线】命令后结果如下图所示。

步骤08 对另一侧执行相同的直线绘制操作,结果如下图所示。

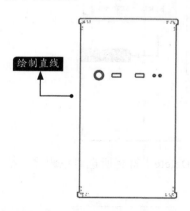

步骤09 继续选择【直线】命令,捕捉下图所示的端点作为直线的第一个点。

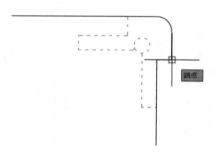

步骤10 在命令行中输入"@0,-297"并按【Enter】键结束【直线】命令,然后将该直线段放置"虚线"图层,结果如下图所示。

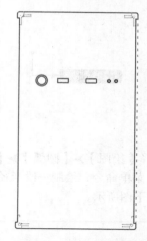

步骤11 对另一侧执行相同的直线绘制操作,结果如下图所示。

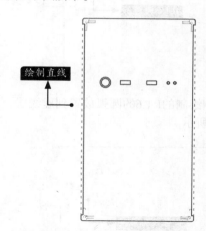

步骤12 选择R1.6的4个圆形,如下图所示。

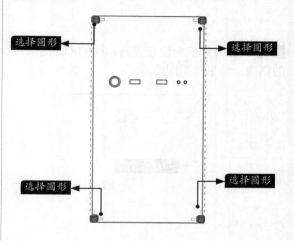

步骤 ⑬ 选择【修改】▶【特性】菜单命令，将4个R1.6的圆形半径修改为2.1，结果如下图所示。

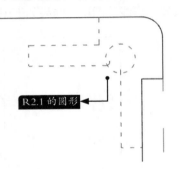

步骤 ⑭ 选择【绘图】▶【圆弧】▶【起点、端点、半径】菜单命令，绘制一段半径为1.6的圆弧，结果如下图所示。

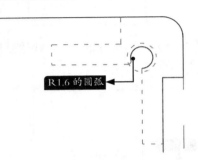

步骤 ⑮ 将刚绘制的R1.6的圆弧放置到虚线层，结果如下图所示。

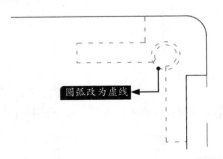

步骤 ⑯ 在另外三个位置进行相同的R1.6的圆弧的创建，结果如下图所示。

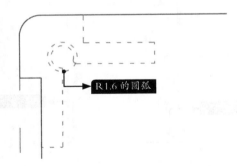

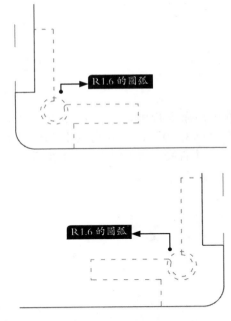

步骤 ⑰ 选择如下图所示的部分图形。

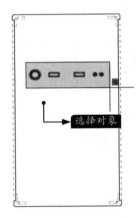

步骤 ⑱ 按【Delete】键将所选对象删除，结果如下图所示。

2. 绘制机箱电源接口

步骤 01 选择【修改】➤【偏移】菜单命令，选择下图所示的直线段。

步骤 02 分别向下偏移12、21、31、83、92，结果如下图所示。

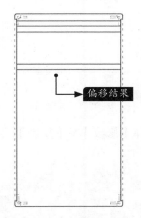

步骤 03 继续选择【偏移】命令，选择下图所示的直线段。

步骤 04 分别向右侧偏移10、20、44、144、

154，结果如下图所示。

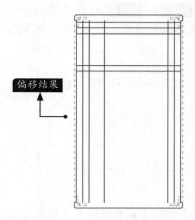

步骤 05 选择【修改】➤【修剪】菜单命令，对**步骤 01**～**步骤 04**所绘制的图形进行修剪操作，结果如下图所示。

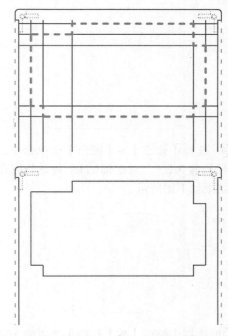

步骤 06 选择【修改】➤【圆角】菜单命令，圆角半径设置为4，进行下图所示的4处圆角操作。

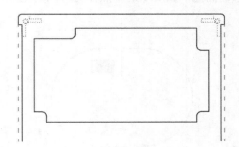

步骤 07 继续选择【圆角】命令，圆角半径设置为"1"，将 步骤 01~步骤 05 绘制的图形中的所有尖角全部进行圆角操作，共计8处，结果如下图所示。

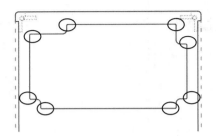

步骤 08 选择【绘图】➤【矩形】菜单命令，在绘图区域的任意位置处单击一点作为矩形的第一个角点，然后在命令行中输入"@7,5"并按【Enter】键结束【矩形】命令后，结果如下图所示。

步骤 09 选择【修改】➤【圆角】菜单命令，圆角半径设置为2.5，对矩形的4个角进行圆角操作，结果如下图所示。

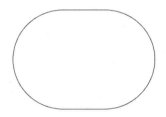

步骤 10 选择【修改】➤【移动】菜单命令，选择 步骤 08~步骤 09 绘制的图形作为需要移动的对象，捕捉下图所示的中点作为移动的基点。

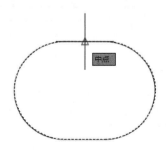

步骤 11 在命令行中输入"fro"并按【Enter】键确认，然后捕捉下图所示的中点作为参考基点。

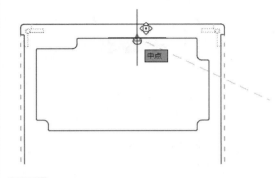

步骤 12 在命令行中输入"@-57，-0.5"并按【Enter】键确认，结果如下图所示。

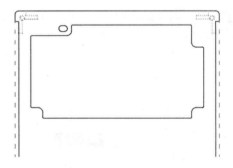

步骤 13 选择【修改】➤【复制】菜单命令，命令行提示如下。

```
命令：_copy
    选择对象： // 选择步骤 08~ 步骤 12 绘制的圆角矩形
    选择对象： // 按【Enter】键确认
    当前设置：复制模式 = 多个
    指定基点或 [ 位移 (D)/ 模式 (O)] < 位移 >： // 在绘图区域中任意单击一点即可
    指定第二个点或 [ 阵列 (A)] < 使用第一个点作为位移 >：@114,-10
    指定第二个点或 [ 阵列 (A)/ 退出 (E)/ 放弃 (U)] < 退出 >：@114,-74
    指定第二个点或 [ 阵列 (A)/ 退出 (E)/ 放弃 (U)] < 退出 >：@-24,-74
    指定第二个点或 [ 阵列 (A)/ 退出 (E)/ 放弃 (U)] < 退出 >： // 按【Enter】键结束复制命令
```
    结果如下页图所示。

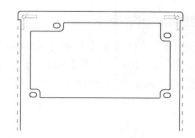

3. 绘制机箱风扇接口

步骤 01 选择【修改】▶【偏移】菜单命令，选择下图所示的直线段。

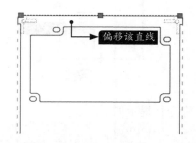

偏移该直线

步骤 02 分别向下偏移138、151、207.5、220.5，结果如下图所示。

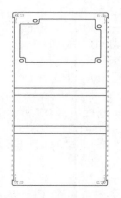

步骤 03 继续选择【偏移】命令，选择下图所示的直线段。

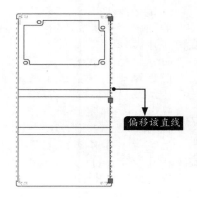

偏移该直线

步骤 04 分别向左侧偏移10、23、79.5、92.5，结果如下图所示。

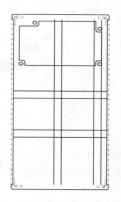

步骤 05 选择【绘图】▶【圆弧】▶【起点、端点、半径】菜单命令，捕捉相应交点分别指定圆弧对象的起点及端点，绘制4条半径为50的圆弧，结果如下图所示。

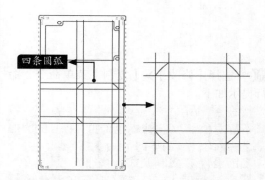

四条圆弧

步骤 06 选择【修改】▶【修剪】菜单命令，对**步骤 01**～**步骤 05**绘制的图形进行适当的修剪操作，结果如下图所示。

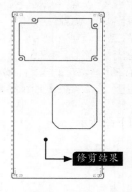

修剪结果

步骤 07 选择【绘图】▶【圆】▶【圆心、半径】菜单命令，在命令行中输入"fro"并按【Enter】键确认，捕捉下页图所示的中点作为参考基点。

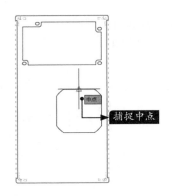

捕捉中点

步骤 08 在命令行中输入"@−41.25，0"并按【Enter】键确认，圆的半径设置为2.25，结果如下图所示。

圆形绘制结果

步骤 09 选择【修改】▶【复制】菜单命令，命令行提示如下。

命令：_copy
选择对象： // 选择刚绘制的 R2.5 的圆形
选择对象： // 按【Enter】键确认
当前设置：复制模式 = 多个
指定基点或 [位移 (D)/ 模式 (O)] < 位移 >： // 在绘图区域中任意单击一点即可
指定第二个点或 [阵列 (A)] < 使用第一个点作为位移 >：@82.5,0
指定第二个点或 [阵列 (A)/ 退出 (E)/ 放弃 (U)] < 退出 >：@82.5,−82.5
指定第二个点或 [阵列 (A)/ 退出 (E)/ 放弃 (U)] < 退出 >：@0,−82.5
指定第二个点或 [阵列 (A)/ 退出 (E)/ 放弃 (U)] < 退出 >： // 按【Enter】键结束复制命令

结果如下图所示。

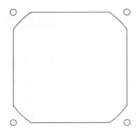

4．绘制机箱输出端接口

步骤 01 选择【绘图】▶【矩形】菜单命令，在命令行中输入"fro"并按【Enter】键确认，然后在绘图区域捕捉下图所示的中点作为参考基点。

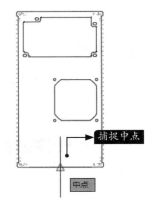

捕捉中点

中点

步骤 02 命令行提示如下。

命令：_rectang
指定第一个角点或 [倒角 (C)/ 标高 (E)/ 圆角 (F)/ 厚度 (T)/ 宽度 (W)]: fro
基点： // 捕捉步骤 01 所示中点
< 偏移 >：@−68.2,56.25
指定另一个角点或 [面积 (A)/ 尺寸 (D)/ 旋转 (R)]: @44.45,158.75
命令：_rectang
指定第一个角点或 [倒角 (C)/ 标高 (E)/ 圆角 (F)/ 厚度 (T)/ 宽度 (W)]: fro
基点： // 捕捉步骤 01 所示中点
< 偏移 >：@−59.5,16.85
指定另一个角点或 [面积 (A)/ 尺寸 (D)/ 旋转 (R)]: @98,12
命令：_rectang
指定第一个角点或 [倒角 (C)/ 标高 (E)/ 圆角 (F)/ 厚度 (T)/ 宽度 (W)]: fro
基点： // 捕捉步骤 01 所示中点
< 偏移 >：@−59.5,37.2
指定另一个角点或 [面积 (A)/ 尺寸 (D)/ 旋转 (R)]: @98,12
命令：_rectang
指定第一个角点或 [倒角 (C)/ 标高 (E)/ 圆角 (F)/ 厚度 (T)/ 宽度 (W)]: fro
基点： // 捕捉步骤 01 所示中点
< 偏移 >：@41.75,16
指定另一个角点或 [面积 (A)/ 尺寸 (D)/ 旋转 (R)]: @12,41

结果如下页图所示。

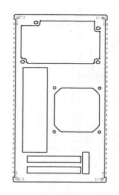

步骤 03 选择【绘图】▶【圆】▶【圆心、半径】菜单命令，在命令行中输入"fro"并按【Enter】键确认，然后在绘图区域捕捉下图所示的端点作为参考基点。

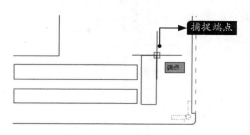

步骤 04 命令行提示如下。

```
命令：_circle
指定圆的圆心或 [ 三点 (3P)/ 两点 (2P)/ 切点、切点、半径 (T)]: fro
基点：    // 捕捉步骤 03 所示端点
< 偏移 >: @–7,–4.5
指定圆的半径或 [ 直径 (D)] <2.2500>: 2.21
命令：_circle
指定圆的圆心或 [ 三点 (3P)/ 两点 (2P)/ 切点、切点、半径 (T)]: fro
基点：    // 捕捉步骤 03 所示端点
< 偏移 >: @–7,–24.5
指定圆的半径或 [ 直径 (D)] <2.2100>: 2.21
结果如下图所示。
```

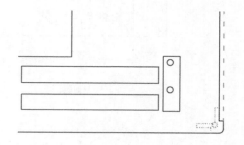

13.2.4 添加注释

下面综合利用标注及文字等命令，为计算机机箱前面板视图和背面板视图添加注释，具体操作步骤如下。

步骤 01 将"标注"层置为当前，选择【标注】命令，为机箱前面板视图和背面板视图添加尺寸标注，结果如下图所示。

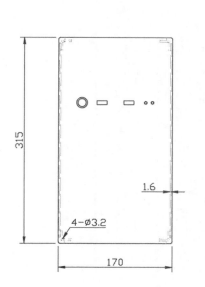

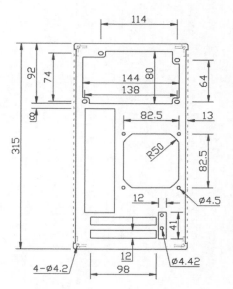

步骤 ⑩ 选择【绘图】▶【文字】▶【单行文字】菜单命令，文字高度设置为"20"，旋转角度设置为"0"，在适当的位置处输入相应的文字内容，结果如下图所示。

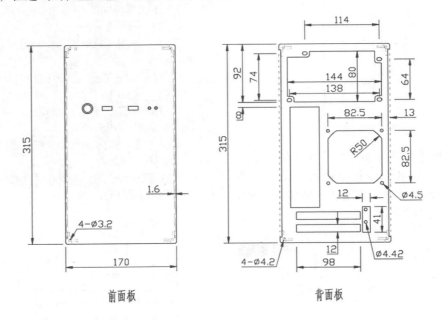

前面板   背面板

第14章

齿轮泵装配图绘制

在手工绘图中，绘制装配图是一项复杂麻烦的工作，而用CAD绘制装配图就容易得多，因为没有必要重画零件的各个视图，用户只要将先前画好的零件图做成块，在画装配图时插入这些图块，再进行适当修改即可。

学习效果

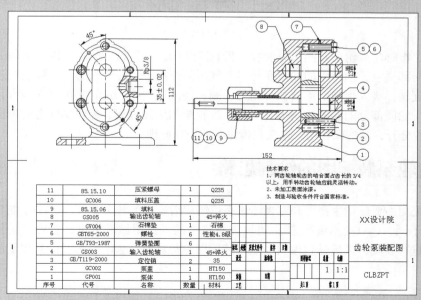

14.1 齿轮泵装配图设计简介

齿轮泵装配图主要用来表达机械或部件的工作原理与装配关系，是机械设计的重要组成部分，在装配、调试、安装、维修等环节中应用较多。

14.1.1 齿轮泵的装配结构和工作原理分析

齿轮泵的工作原理如下图所示，它的主要组成部分是泵盖、泵体和一对相互啮合的齿轮轴，这对齿轮轴与两端盖和泵体形成一密封腔，并由齿轮轴的齿顶和啮合线把密封腔划分为吸油腔和压油腔两部分。电机带动旋转的是输入齿轮轴，另一个叫输出齿轮轴。

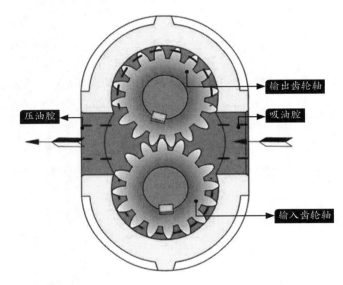

当齿轮泵工作时，齿轮泵右侧（吸油腔）齿轮脱开啮合，齿轮轴的轮齿退出齿间，使密封容积增大，形成局部真空，油箱中的油液在外界大气压的作用下，经吸油管路、吸油腔进入齿间。随着齿轮轴的旋转，吸入齿间的油液被带到另一侧，进入压油腔。这时轮齿进入啮合，使密封容积逐渐减小，齿轮间部分的油液被挤出，形成了齿轮泵的压油过程。齿轮轴啮合时齿向接触线把吸油腔和压油腔分开，起配油作用。这就是齿轮泵的工作原理。

14.1.2 齿轮泵装配图的绘制思路

齿轮泵装配图主要使用主视图和左视图来表达组成齿轮泵的各个零件，CAD绘制装配图与手工绘制有很大不同，CAD绘制装配图，可以先将已有的零件图做成图块，然后根据装配关系调用相应的图块进行装配，最后通过编辑命令对装配图进行修改完善。装配图的具体绘制思路如表14-1所列。

表14-1 齿轮泵装配图的绘制思路

序号	绘图方法	结果	备注
1	通过建立图层、创建写块创建零件库	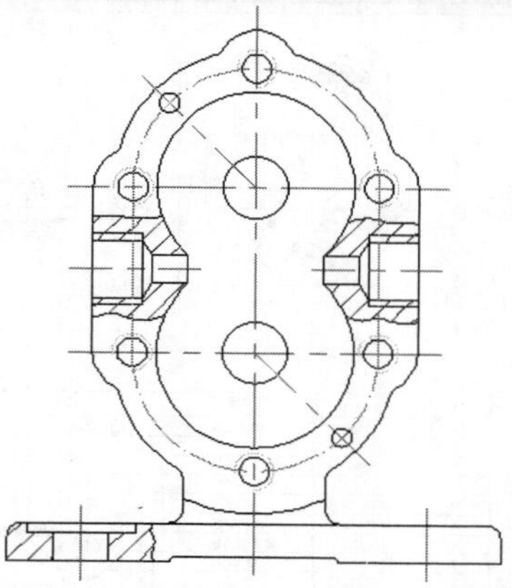	创建零件图库的目的是为了后面的调用和管理
2	利用插入、移动、分解、修剪等命令，将装配图的主要部件泵体、泵盖等插入图形中并进行修改	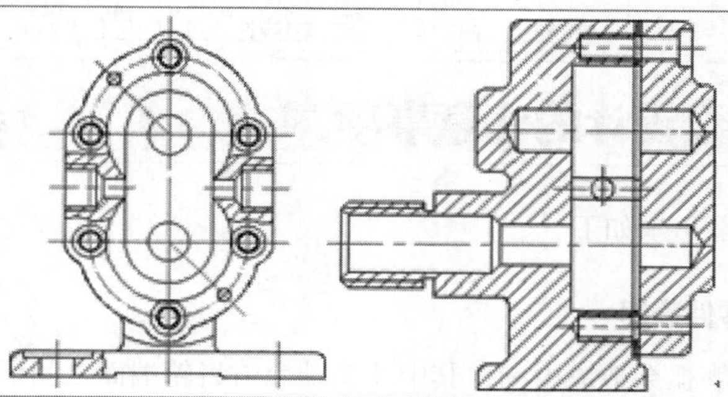	选取图形的特征点进行移动
3	利用插入、对齐、分解、修剪等命令，将输入齿轮轴和输出齿轮轴插入图中并对图形进行编辑	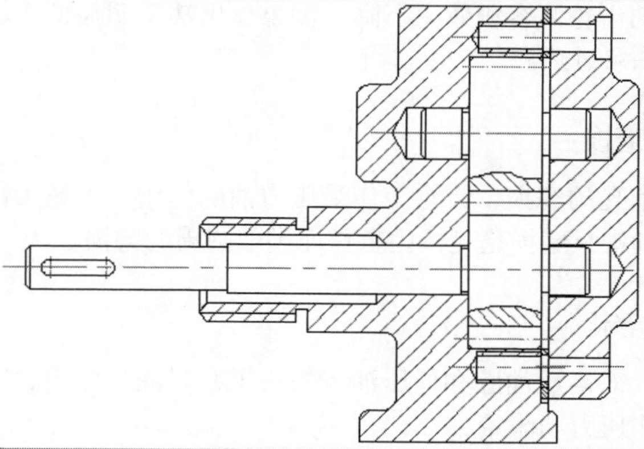	注意对齐命令的应用
4	利用插入、移动、分解、修剪等命令，将其他定位销、螺母、螺钉等紧固件插入图形中并进行编辑	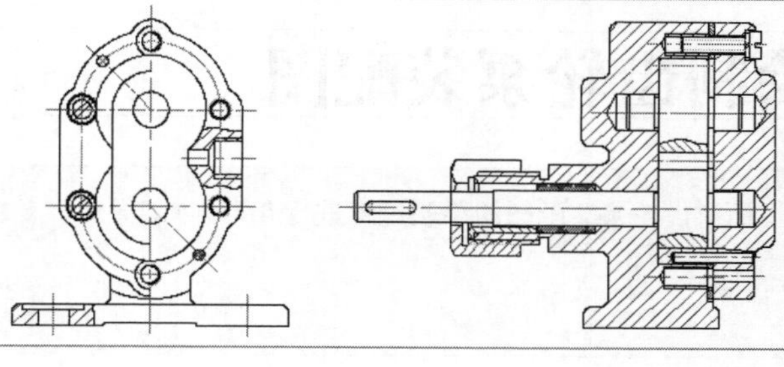	注意利用对象捕捉追踪来精确定位图形的插入位置

续表

序号	绘图方法	结果	备注
5	利用标注、多重引线、文字和表格等命令，给装配图添加标注、零件编号、明细栏和技术要求	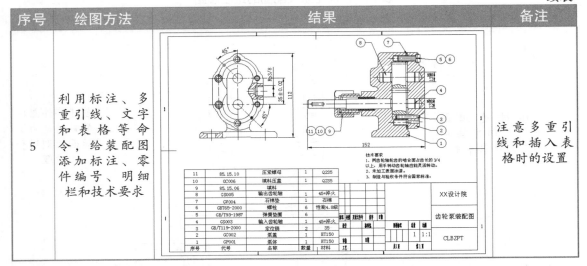	注意多重引线和插入表格时的设置

14.1.3 齿轮泵设计的注意事项

齿轮泵常见注意事项如下。

1. 齿轮油泵内部零件磨损

油泵内部零件磨损会造成内漏，其中浮动轴套与齿轮端面之间泄漏面积大，是造成内漏的主要部位。磨损内漏的齿轮泵容积效率下降，油泵输出功率明显低于输入功率，其损耗会转变为热能，因此容易引起油泵过热。

2. 齿轮油泵壳体的磨损

一般是浮动轴套孔的磨损，齿轮工作受压力油的作用，齿轮尖部靠近油泵壳体，磨损泵体的低压腔部分。另一种常见磨损是壳体内工作面类似圆周的磨损。

3. 油封磨损、胶封老化

油封老化变质，对高压油腔和低压油腔失去了密封隔离作用，产生高压油腔的油通往低压油腔，降低油泵的工作压力和流量。

14.2 绘制齿轮泵装配图

下面对齿轮泵装配图的绘制过程进行介绍。

14.2.1 建立零件图图库

在装配之前，先建立相应的零件图库，然后根据装配关系，直接调用这些零件图库里的零件进行装配即可。具体操作步骤如下。

步骤 01 新建一个名为"齿轮泵零件图及装配图"文件夹，然后打开随书附带的"齿轮泵零件图"文件夹中的"泵体"图形文件，如下图所示。

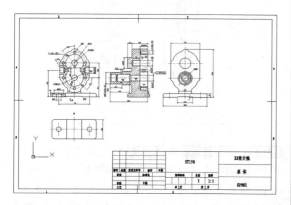

步骤 02 选择【格式】➤【图层】菜单命令，弹出【图层特性管理器】对话框，单击 ⸆ 按钮，创建两个新图层，分别命名为"泵体主视图"和"泵体左视图"，如下图所示。

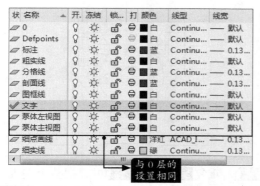

步骤 03 关闭【图层特性管理器】返回绘图窗口，将标注内容删除。选中整个主视图，如下图所示。

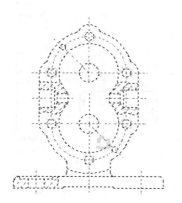

步骤 04 单击【默认】选项卡➤【图层】面板中的图层下拉列表，选择"泵体主视图"，如下图所示。

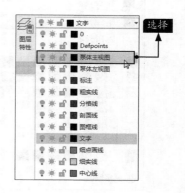

小提示

将每个视图都放在单一的图层下，便于后面装配时对图形进行修改，装配后对图形进行修改时只需将不修改的零件的相应视图层关闭，将要修改的零件的视图分解后进行修改即可。

步骤 05 将整个主视图都放置到"泵体主视图"图层后，结果如下图所示。

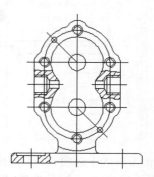

步骤 06 选择主视图中的中心线，如下图所示。

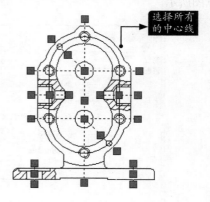

步骤 07 单击【默认】选项卡➤【特性】面板中的对象颜色下拉列表，选择"红"，如下图所示。

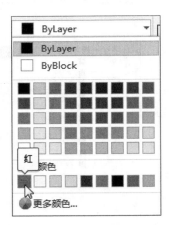

步骤 08 单击【默认】选项卡➤【特性】面板中的对象线宽下拉列表，选择"0.15毫米"，如下图所示。

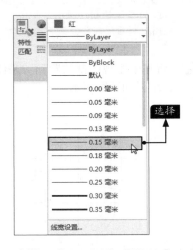

步骤 09 单击【默认】选项卡➤【特性】面板中的对象线型下拉列表，选择"CENTER"，如下图所示。

步骤 10 修改完成后，泵体主视图的中心线发生了变化，结果如下图所示。

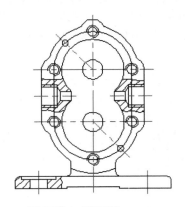

步骤 11 重复 步骤 06 ～ 步骤 10，将所有的细点画线转换成"洋红""ACAD_ISO04W100""0.15mm"。将剖面线转换成"蓝""Bylayer"的线型，线宽改为"0.15mm"，将螺纹孔的大径改为"绿""Balayer"的线型和"0.15mm"的线宽。

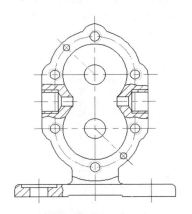

步骤 12 重复 步骤 03 ～ 步骤 10 ，把整个左视图都放置到"泵体左视图"层上，然后将中心线、剖面线等进行相应的修改。

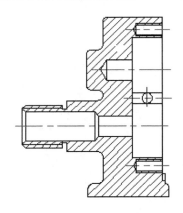

■ 小提示

　　将图层的特性进行相应的修改，是为了便于观察图形。这种修改对象特性的方法，即改变对象的特性又不改变对象的图层，便于后面装配时操作。

步骤13 在命令行输入"WBLOCK（或W）"，弹出【写块】对话框，如下图所示。

步骤14 单击【选择对象】按钮，选择主视图，再单击拾取点，然后选择主视图底边中点，如下图所示。

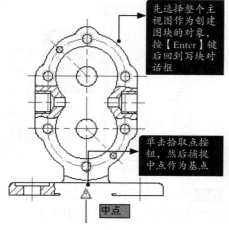

先选择整个主视图作为创建图块的对象，按【Enter】键后回到写块对话框

单击拾取点按钮，然后捕捉中点作为基点

中点

步骤15 单击"文件名和路径"后面的按钮，选择图块的保存路径，将创建的图块保存到**步骤01** 新建的"齿轮泵零件图及装配图"文件夹中，并命名为"泵体主视图"。

步骤16 单击【保存】按钮即可将创建的图块保存到相应的文件夹中。然后再单击确定关闭【写块】对话框。重复**步骤13**～**步骤15**，把左视图也创建成写块，并命名为"泵体左视图"。

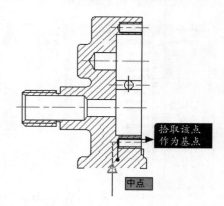

拾取该点作为基点

中点

■ 小提示

　　参照泵体图块的创建方法，继续创建其他零件图的图块，并将创建的图块保存到新建的文件夹中。图块创建完毕后将"泵体"图形文件关闭，并且不保存对象。

14.2.2　插入装配零件图块

　　零件图库创建完成后，即可通过插入命令，将零件图块插入图形中，并通过移动等命令对图形进行组合。

步骤01 选择【文件】▶【新建】菜单命令，创建一个新的".dwg"文件。然后选择【插入】▶

【块选项板】菜单命令，弹出【块选项板】，如下图所示。

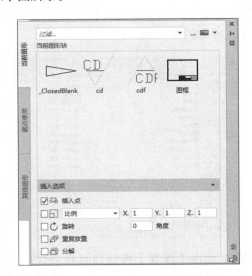

步骤 02 在【块选项板】➤【当前图形】选项卡中单击【…】按钮，选择"齿轮泵零件图及装配图"文件夹，如下图所示。

步骤 03 选择泵体主视图，将它插入新建的图形文件中，如下图所示。

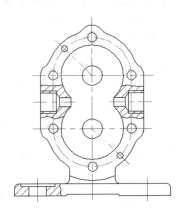

步骤 04 重复**步骤 01** ~**步骤 03**，将泵体左视图也插入新建的图形文件中，如下图所示。

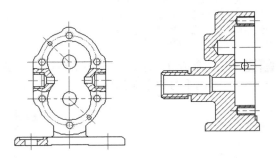

步骤 05 选择【修改】➤【移动】菜单命令，选择泵体左视图为移动对象，选择中心线上的一个端点为移动的第一点，如下图所示。

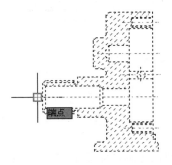

步骤 06 利用对象追踪捕捉，捕捉泵体主视图中心线的一个端点（只捕捉但不选中），然后水平拖动鼠标，如下图所示。

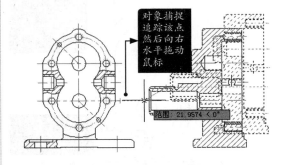

步骤 07 在合适的位置单击鼠标保证左视图与主视图等高对照，结果如下图所示。

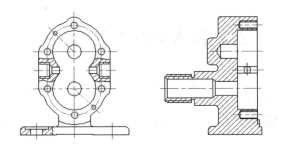

步骤 08 重复 步骤 01 ~步骤 03 ，将石棉垫的主视图和左视图也插入图形中，如下图所示。

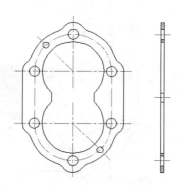

步骤 09 选择【修改】▶【移动】菜单命令，选择石棉垫主视图为移动对象，将它移动到泵体主视图上，结果如下图所示。

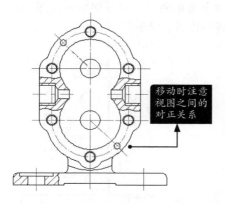

移动时注意视图之间的对正关系

步骤 10 重复 步骤 09 ，将石棉垫左视图移动到泵体左视图上，结果如下图所示。

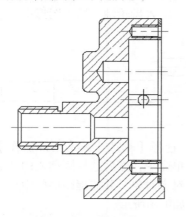

步骤 11 重复 步骤 01 ~步骤 03 ，将"泵盖的主视图"和"泵盖左视图"也插入该图形文件中，结果如下图所示。

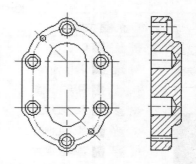

步骤 12 选择【修改】▶【移动】菜单命令，将泵盖主视图移动到泵体主视图上，结果如下图所示。

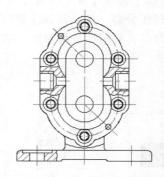

步骤 13 选择【修改】▶【移动】菜单命令，将泵盖左视图移动到泵体左视图上，结果如下图所示。

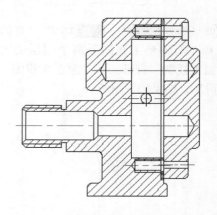

14.2.3 编辑插入的图块

泵体、石棉垫和泵盖组合后，根据图形的特点，主视图宜采用半剖视表达，所以需要对图形重新进行编辑。具体编辑操作如下。

步骤01 单击【默认】选项卡➤【图层】面板中的图层下拉列表，将"泵盖主视图"和"石棉垫主视图"两个图层关闭，如下图所示。

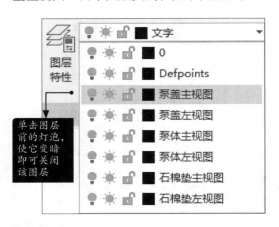

步骤02 选择【修改】➤【分解】菜单命令，将泵体主视图分解，然后选择【修改】➤【修剪】菜单命令，对图形进行修剪，结果如下图所示。

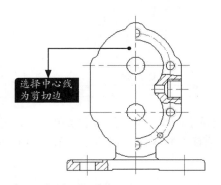

步骤03 重复 **步骤01** ~ **步骤02** 将"泵体主视图"和"石棉垫主视图"两个图层关闭，将"泵盖主视图"打开。将"泵盖主视图"分解和修剪后，结果如下图所示。

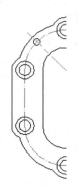

步骤04 单击【默认】选项卡➤【图层】面板中

的图层下拉列表，将所有图层全部打开，结果如下图所示。

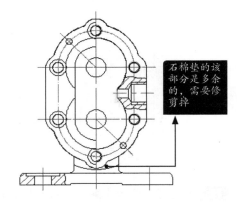

步骤05 选择【修改】➤【分解】菜单命令，将石棉垫主视图分解，然后选择【修改】➤【修剪】菜单命令，将石棉垫主视图中多余的对象进行修剪，结果如下图所示。

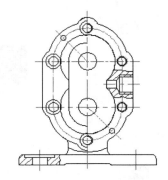

步骤06 选择【插入】➤【块选项板】菜单命令，将"输入齿轮轴"插入图形中，结果如下图所示。

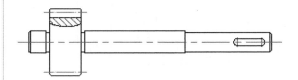

步骤07 选择【修改】➤【三维操作】➤【对齐】菜单命令，然后选择刚插入的"输入齿轮轴"为对齐对象，并捕捉图中的中点为第一个源点，如下图所示。

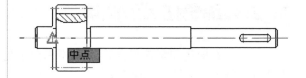

步骤 08 捕捉图中的交点为第一个目标点，如下图所示。

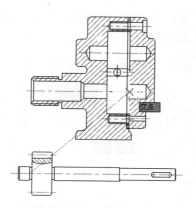

步骤 09 重复 步骤 07 ~ 步骤 08 ，继续选择第二个源点和目标点，如下图所示。

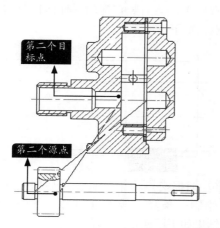

步骤 10 当命令行提示指定第三个源点时按【Enter】键结束源点选择，当命令行提示是否缩放对象时，选择"N（否）"，结果如下图所示。

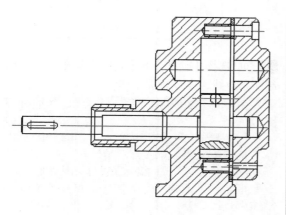

步骤 11 选择【修改】➤【分解】菜单命令，将"泵体左视图"分解，然后选择【修改】➤【修剪】菜单命令，将泵体与输入轴相交的部分修剪掉，结果如下图所示。

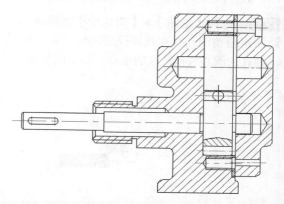

步骤 12 重复 步骤 06 ~ 步骤 10 ，将"输出齿轮轴"图块插入图形中，结果如下图所示。

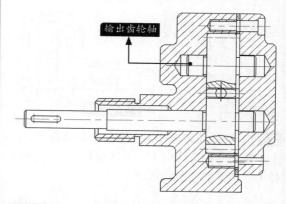

步骤 13 选择【修改】➤【分解】菜单命令，将两个齿轮轴分解，然后将两齿轮轴啮合的部分和泵体上被遮挡的部分删除，结果如下图所示。

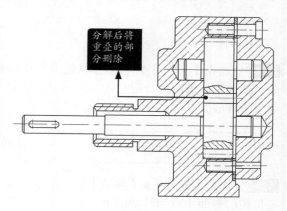

14.2.4　插入定位销

　　泵体、泵盖、石棉垫、输入和输出轴装配完成后，最后将紧固件和填料装配上并对装配后的图形进行修整和完善。本节主要介绍插入定位销并对图形重新修整。

步骤01 选择【绘图】➤【构造线】菜单命令，绘制定位销轴孔在左视图投影的辅助线，捕捉小轴孔的圆心为构造线的中点，如下图所示。

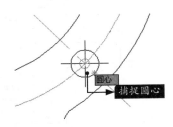

步骤02 水平拖动鼠标，绘制一条水平构造线，结果如下图所示。

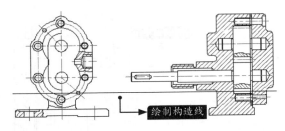

步骤03 选择【修改】➤【偏移】菜单命令，将上步绘制的构造线向上、下各偏移2（销孔的半径），结果如下图所示。

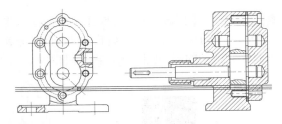

步骤04 选择【插入】➤【块选项板】菜单命令，选择定位销图块，把它插入图形中，结果如下图所示。

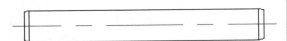

步骤05 选择【修改】➤【移动】菜单命令，以定位销的端面中点为移动的第一点、第一条构造线与左视图最右边的交点为第二点移动定位

销，结果如下图所示。

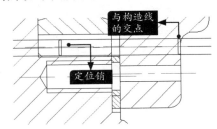

步骤06 选择【绘图】➤【直线】菜单命令，利用对象捕捉追踪捕捉定位销左端面中点（只捕捉不选中），然后竖直拖动鼠标捕捉与构造线的交点，如下图所示。

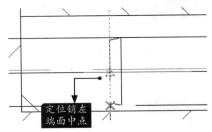

步骤07 捕捉交点为第一点，然后向上拖动鼠标，绘制一条竖直线，且与另一条构造线相交，结果如下图所示。

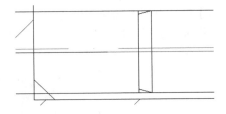

步骤08 选择【绘图】➤【直线】菜单命令，绘制两条直线，命令行提示如下。

```
命令：LINE  指定第一个点： // 捕捉下
图中 A 点
指定下一点或 [ 放弃(U)]: <60 角度替代：60
指定下一点或 [ 放弃(U)]:
// 拖动鼠标在适当的长度处单击绘制直线1
指定下一点或 [ 放弃(U)]:  // 按【Enter】
键结束直线命令
命令：LINE  指定第一个点： // 捕捉下
```

图中 B 点

  指定下一点或 [放弃 (U)]: <120 角度替代：120

  指定下一点或 [放弃 (U)]:

  // 拖动鼠标在适当的长度处单击绘制直线 2

  指定下一点或 [放弃 (U)]: // 按【Enter】键结束直线命令

步骤 09 两条直线绘制结束后如下图所示。

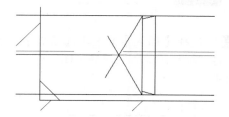

步骤 10 选择【修改】➤【修剪】菜单命令，对绘制的直线和构造线进行修剪，并将多余的线删除，结果如下图所示。

步骤 11 选择【绘图】➤【样条曲线】➤【拟合点】菜单命令，绘制一条样条曲线作为定位销的剖断线，结果如下图所示。

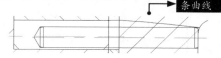

绘制的样条曲线

步骤 12 选择【修改】➤【分解】菜单命令，选择泵盖左视图将其分解，然后选择【修改】➤

【修剪】菜单命令，把泵盖与定位销重合处修剪或删除掉，结果如下图所示。

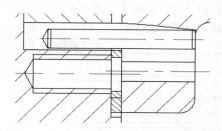

步骤 13 选择【绘图】➤【图案填充】菜单命令，重新对左视图销孔处进行填充，结果如下图所示。

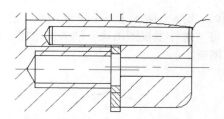

步骤 14 重复 **步骤 13** 对销孔主视图的剖切位置进行填充，结果如下图所示。

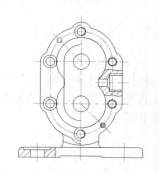

14.2.5　插入紧固件和填料

  本节主要是将螺栓、垫片、螺母等紧固件和填料等图块插入装配图中，并对装配后的图形进行修改和完善。

步骤 01 选择【插入】➤【块选项板】菜单命令，将"弹簧垫圈"图块和"螺栓左视图"图块插入图形中，结果如下图所示。

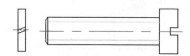

步骤 02 选择【修改】➤【移动】菜单命令，将"弹簧垫圈"图块和"螺栓左视图"图块装配

到左视图上，结果如下图所示。

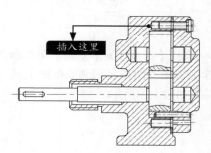

插入这里

步骤 03 选择【修改】▶【分解】菜单命令，将"泵盖左视图""螺栓左视图"和"垫圈左视图"分解，然后选择【修改】▶【修剪】菜单命令，将多余的图素修剪掉，结果如下图所示。

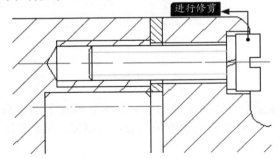

进行修剪

步骤 04 选择【插入】▶【块选项板】菜单命令，将"螺栓主视图图块"插入图形中，结果如下图所示。

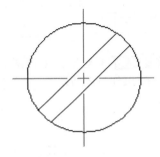

步骤 05 选择【修改】▶【移动】菜单命令，将"螺栓主视图"图块移动到装配图的主视图上，结果如下图所示。

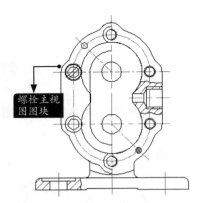

螺栓主视图图块

步骤 06 选择【修改】▶【复制】菜单命令，把"螺栓主视图"图块复制到装配图的其他位置上，结果如右上图所示。

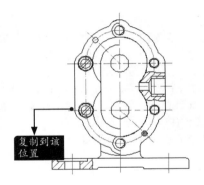

复制到该位置

步骤 07 选择【插入】▶【块选项板】菜单命令，将"填料压盖"图块插入图形中，结果如下图所示。

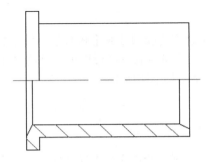

步骤 08 选择【修改】▶【移动】菜单命令，选择"填料压盖"图块上的端点为移动第一点，如下图所示。

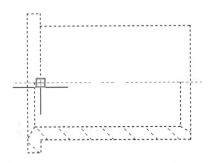

步骤 09 通过对象捕捉捕捉左视图上泵体左视图最左侧的端点（只捕捉不选取），如下图所示。

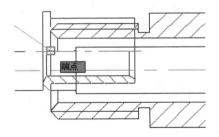

端点

步骤 10 竖直向下拖动鼠标，利用对象捕捉追踪捕捉竖直指引线与中心线的交点，如下图所示。

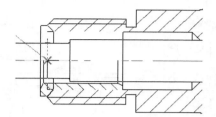

步骤⑪ 单击鼠标，将"填料压盖"图块插入左视图上，结果如下图所示。

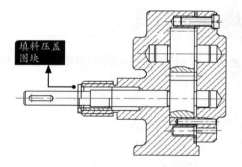

步骤⑫ 选择【修改】▶【分解】菜单命令，将"填料压盖"图块分解，然后选择【修改】▶【修剪】菜单命令，将遮挡住输入轴的部分修剪掉，结果如下图所示。

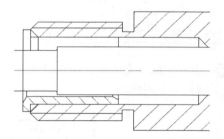

步骤⑬ 选择【绘图】▶【图案填充】菜单命令，选择"ANSI37"并将比例改为"0.25"，将"泵体"和"输入齿轮轴"之间的间隙填入填料，填充后结果如下图所示。

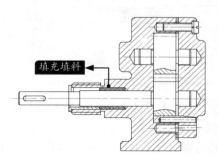

步骤⑭ 选择【插入】▶【块选项板】菜单命令，将"压紧螺母左视图"图块插入图形中，结果如下图所示。

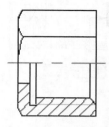

步骤⑮ 选择【修改】▶【移动】菜单命令，选择"压紧螺母左视图"图块的端点为移动的第一点，如下图所示。

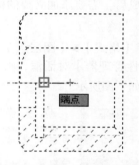

步骤⑯ 选择装配左视图上的中点为移动的第二点，如下图所示。

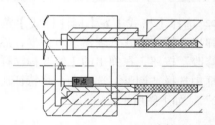

步骤⑰ 单击鼠标，将"压紧螺母左视图"图块插入装配图的左视图上，结果如下图所示。

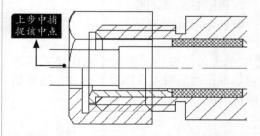

步骤⑱ 选择【修改】▶【分解】菜单命令，将"压紧螺母左视图"图块分解，然后选择【修改】▶【修剪】菜单命令，将遮挡住输入轴的

部分修剪掉，结果如下图所示。

整个装配图完成后如下图所示。

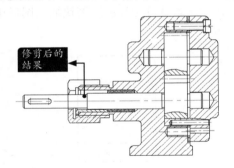

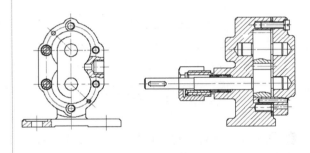

14.2.6 添加标注、明细栏和插入图块

装配完成后，需要添加必要的标注和技术要求。此外，针对装配图还要添加明细栏。具体操作步骤如下。

步骤01 选择【格式】➤【图层】菜单命令，弹出【图层特性管理器】对话框，将"标注"层置为当前，如下图所示。

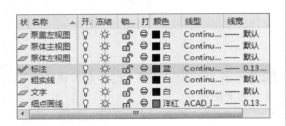

步骤02 选择【格式】➤【标注样式】菜单命令，弹出【标注样式管理器】对话框，然后单击"修改"按钮，在弹出的【修改标注样式】对话框中选择"调整"选项卡，将特征比例改为"2"，如下图所示。

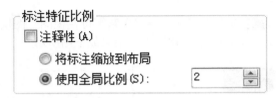

步骤03 单击关闭按钮，关闭【标注样式管理器】对话框，然后对主视图进行标注，结果如右上图所示。

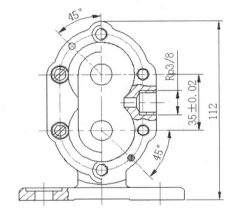

步骤04 主视图标注完成后，接着对左视图进行标注，结果如下图所示。

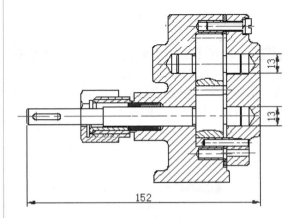

步骤05 选择【修改】➤【对象】➤【文字】➤【编辑】菜单命令，选择上图中标注为13的尺寸，将它修改为"Φ13H6/f6"，如下页图所示。

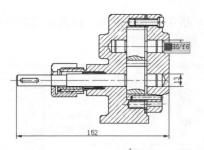

步骤06 选中H6/f6，然后单击右键选择堆叠选项，如下图所示。

步骤07 重复**步骤04**~**步骤05**，将另一处标注为13的尺寸也修改成公差配合的形式，结果如下图所示。

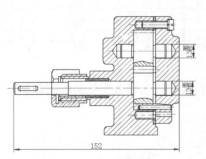

步骤08 选择【格式】➤【多重引线样式】菜单命令，弹出【多重引线样式管理器】对话框，如下图所示。

步骤09 单击【修改】按钮，在弹出【修改多重引线样式管理器】对话框中选择"内容"选项卡，对内容选项卡进行下图所示的修改。

步骤10 单击确定按钮，返回【多重引线样式管理器】对话框后单击"置为当前"按钮，然后关闭对话框。选择【标注】➤【多重引线】菜单命令，添加零件编号，如下图所示。

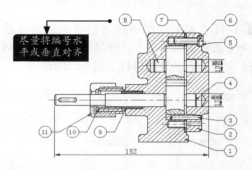

步骤11 选择【修改】➤【对象】➤【多重引线】➤【合并】菜单命令，然后选择编号5和6将它们合并在一起，结果如下图所示。

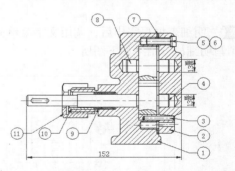

步骤12 重复**步骤11**，将编号为9、10和11的3个零件也合并成一体，结果如下图所示。

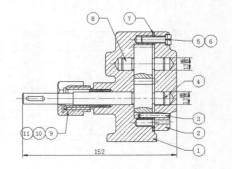

步骤⑬ 选择【插入】▶【块】菜单命令，将"图框"插入图形中，结果如下图所示。

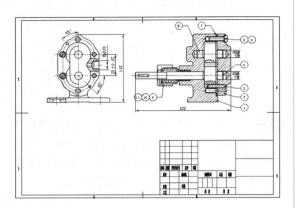

步骤⑭ 将"文字"图层置为当前，选择【绘图】▶【表格】菜单命令，弹出【插入表格】对话框，对要插入的表格进行下图所示的设置。

步骤⑮ 指定合适的位置，将创建的表格插入图框中，结果如下图所示。

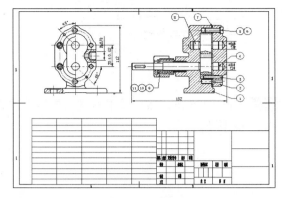

步骤⑯ 选中明细栏，拖动夹点将各列的宽度调整到合适的大小，然后双击表格填写明细栏，如下图所示。

11	85.15.10	压紧螺母	1	Q235
10	GC006	填料压盖	1	Q235
9	85.15.06	填料		
8	GS005	输出齿轮轴	1	45+淬火
7	GV004	石棉垫	1	石棉
6	GBT65-2000	螺栓	6	性能4.8级
5	GB/T 93-1987	弹簧垫圈	6	
4	GS003	输入齿轮轴	1	45+淬火
3	GB/T 119-2000	定位销	2	35
2	GC002	泵盖	1	HT150
1	GP001	泵体	1	HT150
序号	代号	名称	数量	材料

步骤⑰ 明细表填写完毕后，调用文字菜单命令，利用多行和单行文字分别给装配图添加技术要求和填写明细栏，结果如下图所示。

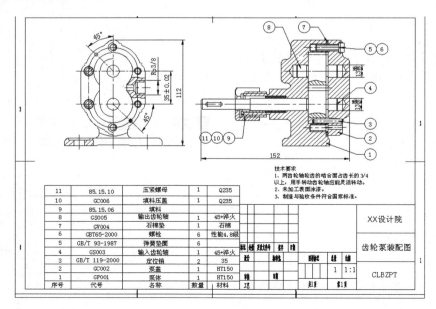